普通高等教育"十三五"规划教材

环境监测技术与实验

李丽娜　主编

北　京

冶金工业出版社

2020

内 容 提 要

本书分为课堂教学和实验两个环节。课堂教学环节包含7章内容，分别为环境监测概述、物理污染监测技术、生物监测技术、生态监测技术、环境遥感监测技术、自动连续监测技术、现场监测技术。实验环节包括一些常规监测项目和综合实验项目。常规监测项目主要考虑学生是否能重现经典实验，达到环境监测的一般水平要求；综合性实验项目着重训练学生面对实际环境问题时的综合设计和创新能力。本书旨在提升学生在实践过程中的操作能力，从而实现良好的实践教学效果，为学生以后顺利开展环境监测工作打下基础。

本书为环境科学专业的本科特色教材，也可作为广大环境监测从业者的学习资料。为从事环境监测工作者介绍基本的实验技术和解决环境问题的思路和方法。

图书在版编目（CIP）数据

环境监测技术与实验/李丽娜主编 . —北京：冶金工业出版社，2020.9

普通高等教育"十三五"规划教材

ISBN 978-7-5024-8641-9

Ⅰ.①环… Ⅱ.①李… Ⅲ.①环境监测—实验—高等学校—教材 Ⅳ.①X83-33

中国版本图书馆 CIP 数据核字（2020）第 218213 号

出 版 人　苏长永
地　　址　北京市东城区嵩祝院北巷 39 号　邮编　100009　电话　（010）64027926
网　　址　www.cnmip.com.cn　电子信箱　yjcbs@cnmip.com.cn
责任编辑　刘小峰　美术编辑　郑小利　版式设计　禹　蕊
责任校对　李　娜　责任印制　李玉山
ISBN 978-7-5024-8641-9
冶金工业出版社出版发行；各地新华书店经销；三河市双峰印刷装订有限公司印刷
2020 年 9 月第 1 版，2020 年 9 月第 1 次印刷
787mm×1092mm　1/16；14.25 印张；345 千字；218 页
45.00 元

冶金工业出版社　投稿电话　（010）64027932　投稿信箱　tougao@cnmip.com.cn
冶金工业出版社营销中心　电话　（010）64044283　传真　（010）64027893
冶金工业出版社天猫旗舰店　yjgycbs.tmall.com
（本书如有印装质量问题，本社营销中心负责退换）

前　言

党的十八大以来，我国加快推进生态文明顶层设计和制度体系建设，相继出台《中共中央　国务院关于加快推进生态文明建设的意见》《生态文明体制改革总体方案》，制定了40多项涉及生态文明建设的改革方案，从总体目标、基本理念、主要原则、重点任务、制度保障等方面对生态文明建设进行全面系统部署安排。十九大报告进一步强调了生态文明建设的重要作用，细化了未来生态工作的重点。因此，当前我国的环境污染治理力度空前，生态环境质量改善提速，制度体系不断完善，治理能力明显提升，以达到以生态文明建设促进高质量发展的目的。

环境监测是生态环境保护的基础工作，是打好污染防治攻坚战的重要抓手和支撑。党中央、国务院高度重视生态环境监测工作，尤其是党的十八大以来连续出台《生态环境监测网络建设方案》《关于省以下环保机构监测监察执法垂直管理制度改革试点工作的指导意见》《关于深化环境监测改革提高环境监测数据质量的意见》等系列重要文件，环境监测管理和制度体系已基本搭建形成。这就要求环保工作者尽快熟悉国家相关新文件、新规定，更好地投身于国家环保事业建设。基于此，为了适应新形势下环境相关人员提升个人素质的需求，编写了本教材。

本书结合生态文明建设与生态环保新形势下的应用人才新需求，介绍有关生态保护、生态评估、生态监测、环境监测的相关理论基础、关键技术或方法，可满足生物科学、生物技术、环境科学、环境工程、农业资源与环境等专业的学生及从事生态保护、生态修复、环境监测等相关专业人员的学习需要。

本书分为课堂教学和实验两个环节。课堂教学环节包含7章内容，分别为环境监测概述、物理污染监测技术、生物监测技术、生态监测技术、环境遥感监测技术、自动连续监测技术、现场监测技术。为了更好地开阔学生视野，书中还收录了一些课外阅读资料。实验环节包括一些常规监测项目和综合实验项目，各实验比较详细地记录了相关实验仪器、试剂和实验步骤。常规监测项目主要考虑学生是否能重现经典实验，达到环境监测的一般水平要求；综合性实验项目着重训练学生面对实际环境问题时的综合设计和创新能力。综合这两个方面，提升学生在实践过程中的操作能力，从而实现良好的实践教学效果，为学生以后顺利开展环境监测工作打下基础。

　　本书课堂教学内容由李丽娜编写；实验由李丽娜、刘沐生、何宁、李晓婷、丰娟、王舸泓、却志群共同编写。全书由李丽娜统稿。黎明、潘佳静、李尚彬、邓智文、徐伟强、胡彦聪等同学参与了资料收集和文稿录入等工作。对他们的支持和帮助，深表感谢。

　　由于编者水平所限，书中不妥之处，望广大读者批评指正。

编　者

2020 年 8 月

目　录

课　堂　教　学

实　　验

课 堂 教 学

第一章 概 述

环境监测（environmental monitoring），是通过对人类和环境有影响的各种物质的含量、排放量的检测和监控，实时了解环境质量变化，确定环境质量状况，为环境管理与规划、污染预防与治理等工作提供基本的保障。生产生活中出现的污染问题，以及环境影响评价、环境化学、环境工程学等学科开展的基础，都需要了解环境质量状况或环境质量发展趋势，因此，开展环境监测工作是开展一切环境工作的前提。

环境监测开展的一般工作流程为：研究对象调查、监测方案设计、优化布点、现场样品的采集、样品的运送与保存、样品分析测试、数据统计处理、综合分析与评价等过程。简而言之，就是调查—计划—采集—测试—综合分析的过程。

在科技进步及工业发展的背景下，环境监测的内容也不断地延伸，从对单一方面的污染监测，延伸到对整个环境的监测，增加了生物监测、生态监测等。因而，随着人类环境意识的觉醒和提高及环境学的发展，环境监测的对象主要为：反映环境状况的自然因素；各种人为因素；环境中的各污染组分。监测过程中运用到的技术手段也越来越完善，越来越与时俱进，包括物理、化学、生物和生态的监测等。国务院办公厅于 2015 年 7 月 26 日以国办发〔2015〕56 号印发《生态环境监测网络建设方案》中要求至 2020 年初步建成与生态文明建设要求相适应的陆海两全、天地一体、上下协同、信息共享的生态环境监测网络，基本实现环境质量、重点污染源、生态状况监测全面覆盖；各级各类监测数据系统的互联共享；监测与监管的协同联动，显著提升监测预报预警、信息化能力以及保障水平。

第一节 环境监测技术的作用和意义

一、环境监测技术的作用

（一）环境监测技术在污染控制与治理中的作用

环境污染问题已成为人们共同面临的全球问题，对于污染的控制与治理工作，世界各国也愈加重视。近年来，为了迎合实际工作需要，越来越先进、快速、方便的监测技术被开发应用，提高了监测数据的快速、实时、精确等性能，大大保证了污染控制治理工作的顺利开展。通过对这些准确、实时数据综合分析，环境保护工作者采取有针对性的污染物处理措施，提高了解决污染事件处理的能力和效率。例如，在大气污染排查中，监督机构通过对烟囱在线监测实时排放数据的评估，判断企业产排污情况，是否存在超标排放情况；企业根据实时排放数据，评估废气处理设施或处理工艺的处理效果，可进一步判断是否存在机器故障等。

（二）环境监测技术在环境标准制定中的作用

环境质量标准、污染物排放标准等环境相关标准的制定离不开对现实环境状况的调查与分析，这当然需要环境监测技术的应用。环保工作者利用现代监测技术和设备对区域内的各环境因子（大气、水、土壤等）进行综合的分析，并进行科学的评价，为环保部门制定相应的环境标准提供依据。通过标准的实施来保障生态环境的质量。在制定环境方法标准中，更是需要利用通用、稳定的监测技术实现对环境中污染物的标准化量化。通过标准化才可能使出现的人员失误或设备偏差被排除，实现监测信息的准确性，保证监测信息的可比性。从而保证生活环境的基本功能，促进生态环境的良性发展。

（三）环境监测技术在环境评估中的作用

环境监测技术是开展环境评估工作的基础，针对现有环境质量进行评估时，需要识别环境评价因子，利用环境监测技术确定各评价因子的定性定量数据，并结合当前区域环境情况进行评判。

环境评价因子涉及的要素较多，需要针对当前环境中具有代表性因子的相关信息进行采集，环保工作者利用监测技术获得相应因子的信息，这些信息也需要符合环境评估工作的要求，才能进一步被使用，从而保证评估工作的准确性和客观性。此外，环境监测技术也是开展环境保护工作的监督手段，利用监测确定产排污位置、产排污量及污染物种类等，保证监督部门开展环境评估工作的顺利进行，并及时定位到可能违法的企业和个人。为环保执法提供实时证据，使环保主管部门对严重企业进行定向管理，促使其优化生产工艺，把经济效益和环境效益有机结合起来，实现地方生态环境的良性发展。

（四）环境监测技术在城市设计及规划中的作用

随着城市人口的快速增长，城市化过程中环境问题凸显，大气污染、水污染、噪声污染等问题日益影响着人们的生活。为了更好地适应新的发展时期城市设计、规划和管理的需要，对城市生态环境质量的监控是必然之路。利用多样化的现代监测技术掌握城市质量状况，为调整城市结构，优化城市布局提供必不可少的信息。例如，根据对监测结果的分析研究，避开重大污染源对敏感区水、气、土等污染，实现城市发展过程中环境外部经济性。因此，在对城市进行规划设计时，需要结合环境监测技术带来的各种有效信息，应用到城市建设的具体工程当中，保证城市发展和环境保护有机结合。

（五）环境监测技术在经济建设中的作用

经济的发展推动社会的发展，在人类走过的工业化道路过程中，经济发展促进了社会进步，但也带来了环境问题，人类通过近百年来的探寻，找到了解决这个问题的新思路：实现经济增长和环境保护协调统一，实现二者共生，既发展经济，又不破坏生态环境，坚持一起发展，同步进步，同步规划，同步进行，实现人类社会的协调发展。当然，这个过程不是一蹴而就的，需要各行各业的努力，为了保证社会经济效益而又不影响其环境效益，需要环境监测技术融入各行各业，提供科学、客观的数据保证经济的良性发展，如在企业中实现清洁生产、推行产品生命周期理论、引入国际化的企业管理体系等。

（六）环境监测技术在科学发展上的贡献

技术的进步离不开科学的发展，反之，技术的进步也会推动科学的发展，二者相生相惜。例如，爱因斯坦统一场论是其后半生研究的主题，可是由于受限于相关技术的发展，终其半生也无所获。因此，环境监测通过自身技术的发展为科学发展提供测量各种指标的最新技术手段，推动科学自身的进步。例如，通过检测技术找出藏量丰富的自然资源，天然气的开采和利用，改变了我们生活中的用能结构，从而推动了新能源的科研工作。总而言之，搞好环境监测工作，能实现科学和技术互利共赢。

二、环境监测技术的意义

环境科学是基于 20 世纪环境问题的频发，人们为解决这个问题而逐渐形成的一门学科，环境监测技术就是随着环境科学学科体系的建立而产生的。现代环境监测技术是结合现代仪器设备、遥感影像、无人机技术等对环境质量掌握其现状及变化的过程。因此，环境监测技术对于环境保护工作的开展具有以下重要意义。

（1）环境监测技术是实现环境保护工作的重要手段。随着工业化进程的加快，震惊世界的污染事故层出不穷，环境污染问题日益普遍化，世界各国相继出台了约束和治理环境污染的许多政策、标准和法律法规等。而实施这些文件的基础，就需要环境监测技术的应用，针对环境污染问题进行综合检测和分析，反映环境质量的真实状况，为环境相关人员客观地开展工作提供基础。

（2）环境监测技术指明环境保护工作的方向。环境保护工作是一项系统工程，需要政府、企业、个人各方协调配合和积极参与才能最终实现社会、经济、环境的协调发展。因此，要解决污染及生态破坏问题，需要利用现代环境监测技术对污染源、污染程度、污染趋势进行排查分析，提出环境保护的工作方向，有针对性地解决实际问题，提高环境保护工作效率，推动环境保护工作健康发展。

（3）环境监测技术为环境保护工作提供有力的数据支持。环境监测通过化学分析技术、物理检测技术、遥感卫星监测技术等为环境保护工作提供实时、在线数据，这些数据是环保工作者了解污染物种类、数量、形态及传播途径的依据，也是制定正确环境保护方案和环保相关法律法规的依据。

（4）环境监测技术是及时应对突发性环境污染事故的前提。在自然和人类活动中，由于某种原因导致环境偏离了"动态平衡"，引起环境质量短时间的激烈变化，产生严重局部污染，形成了突发性环境污染事故。针对突发性事故的时间紧迫性，需要利用先进快速的技术手段及时找出污染源、污染物，及时确定污染物扩散速度和范围，为快速制定和及时启动应急预案争取时间，并将事故造成的负面危害降到最低。

（5）环境监测技术为实现环境保护监督服务提供技术支持。环境监测贯穿环境保护工作的始终，无论是项目建设期、运行期及期满期都离不开环境监测工作。通过监测工作的介入，了解建设过程中带来的环境影响、运行期污染排放达标情况、期满后的处理处置情况，进一步发现环保措施中的漏洞和不足，及时调整环境保护工作的工作重点及方法，提升环境保护的工作效果。

（6）环境监测技术有利于激发人们的环保意识，进而可开展合理有效的环境保护工作。通过环境监测，行政职能部门、企业及公众获取相关区域环境信息，增强行政职能部门对环境的管控、企业的自我约束、公众对环境问题参与的积极性。以我国城市大气污染为例，随着大气污染问题愈发严重，使得全国各地空气质量严重下降，影响人们生活，不仅引起呼吸道疾病的高发，而且对我国国际形象也带来一定程度的负面影响。近年来，国家开始大力建设大气自动监测点，尤其是 PM2.5 站点的建设，政策标准上不断修订大气质量或污染控制的相关标准等，如 2018 年 7 月 31 日，生态环境部常务会议审议并原则通过《环境空气质量标准》（GB 3095—2012）修改单。公众对于大气污染的认识也逐渐深刻，秸秆和垃圾随处焚烧现象大大减少，越来越多的人加入大气环境保护的工作中来。

课堂练习

一、填空题

1. 环境监测是_____。
2. 环境监测的一般工作流程为研究对象调查、_____、_____、现场样品的采集、样品的运送与保存、_____、数据统计处理、综合分析与评价等过程。
3. 环境监测的对象主要为：_____；各种人为因素；_____。
4. 现代环境监测技术是结合现代仪器设备、_____、_____等对环境质量掌握其现状及变化的过程。

二、简答题

举例说明在生活中环境监测技术起到的作用和意义。

第二节　环境监测技术的类型与内容

环境监测技术根据监测流程可分为样品采集技术、检测技术及数据处理技术三种；根据监测手段可分为化学监测技术、物理监测技术、生物监测技术、遥感监测技术、卫星监测技术等；也可按使用技术的部门不同来分类，如环境资源监测技术、环境卫生监测技术和环境气象监测技术等。

一、按监测流程分类

（一）样品采集技术

环境介质是多样化的，包括水、气、土壤、固体废物等不同形态的物质，相应的样品采集和处理也不是单一的，是复杂系统化的过程。因此，样品采集和处理技术需要根据样品外观、性状、质地等条件进行选择，如水样的采集需要配备采水器、采样容器、车、船等工具，大气采样需要专门的大气采样器、吸收剂、车等，具体内容在后面章节分别阐述。

样品采集极为重要，直接影响监测结果，因此采集的样品要有代表性、可比性和完整性。采样中存在误差，尤其人为因素影响最大，所以为了提高环境监测采样质量，需要加强样品采集过程中的质量保证。造成样品不具有代表性的原因较多：

（1）采样工具和容器不规范选择，如选择塑料容器装测定痕量金属和有机质的样品等；

（2）采样人员现场操作不当，在转移、处理中出现误差，如采集地下水样分析金属离子时需过滤，再加硝酸为保护剂，反之，会造成悬浮黏土溶解，带来误差；

（3）生物、化学、物理等因素，如光、热、水、气、金属等容易与样本发生反应，造成样本成分变化。

另外，采样误差与实验分析误差并无关联，实验分析误差不能确定采样质量，样品采集误差需在采集阶段控制。可通过以下两方面进行控制：

（1）采样操作规范化、制度化。详尽规范采样容器、采样指标、采样频次、采样点数、采样操作步骤及流程等。

（2）强化采样人员责任意识，定期组织人员培训。加强个人工作岗位责任意识，提高个人业务能力，减少问题出现。

（二）检测技术

环境中污染物成分、形态及结构分析，多采用化学分析法和仪器分析法。

如水中悬浮物、残渣、石油类，大气中降尘、飘尘、硫酸盐化速率等的测定常用重量法。水中化学需氧量、硫化物、氰化物、酸碱度的测定常用容量法。金属离子、有机污染物、较多的无机化合物都采用仪器分析的方法。

随着现代仪器分析技术的发展，光谱技术、色谱技术、联用技术等已普遍运用到环境污染物的定量和定性分析当中，如采用原子发射光谱法可同时定量分析几十种元素；采用紫外光谱法、红外光谱法、质谱法及核磁共振等技术可对污染物定性和结构分析；大气中VOCs、S-VOCs和水中氯酚类有机污染物的 GC-MS 技术测定，有机卤化物（AOX）、总有机卤化物（TOX）的 IC 技术分析等。

环境中的病原菌、微生物常用生物技术进行检测，了解其存在水平。生物检测技术是运用病原学、免疫学、生物化学试验和分子生物学检测技术对环境中的病原菌、微生物及有毒有害物质进行分析检测的过程。目前被运用在不同的生物学检测领域，如利用发酵或免疫法测定大肠杆菌，利用酶联免疫法检测微生物及农药残留等。

（三）数据处理技术

数据处理是指收集、整理、分析数据，找到研究问题中有用信息，判断环境问题，评价环境质量。在获取一定的监测数据后，运用高效科学方法进行处理，常用的方法包括有效数据规整、无效数据剔除、实验数据多重验证、时间序列分析等。

（1）有效数据规整是指为获得数据的合理性、准确性判断，利用有效方法筛选数据，并进行整理和分类，增加数据条理性，后续的数据分析比对工作更易进行。

（2）无效数据剔除是指由于环境监测中采样点数多，采样数量多，最后的数据结果比较庞杂，需要有目的的筛选，把握监测关键点，清除参考价值不大的数据信息，实现数据的更新，保证数据的可靠性。常用的有狄克法和格鲁布斯法。

（3）实验数据的多重验证是指对同一样本采取多次反复的实验检测，避免随机误差的影响。由于环境指标检测方法的多样性，可采用多种不同检测技术协同检验，提高数据的准确性和合理性。

（4）时间序列分析。环境监测工作是长期且持续的，同一样点会进行多次监测，有效规划监测频率可提高数据的代表性和可靠性，节约工作成本。

二、按监测手段分类

按监测手段分类，环境监测技术可分为化学监测、物理监测、生物监测、生态监测（遥感监测、卫星监测）等技术。

（1）化学监测是指采用化学分析法和仪器测试法等手段来监视环境介质中各种化学环境因子变化的监测方法。

（2）物理监测。对环境中的噪声、热、光、电磁辐射、放射性污染因素监视监测的过程，运用到的技术为物理监测技术。

（3）生态环境综合质量的监控可利用生物监测技术。生物监测技术主要利用动植物对污染物的各种反应信息来判断环境质量，包括污染物含量的检测，根据生物的受害反应测定其生理生化、种群群落变化的方法。例如，利用敏感生物的指示特征对环境做出定性和定量分析。

（4）生态监测从宏观角度研究生态系统是否良性发展。生态监测技术就是对反映生态系统质量的指标进行度量和判断，以掌握生态系统的现状和变化趋势，为生态环境保护提供数据依据。生态监测方法主要包括地面监测、空中监测及卫星监测三种方法。

课堂练习

一、填空题

1. 环境监测技术根据监测流程可分为_____、_____、_____三种。
2. 检测分析中针对污染物成分、形态及结构分析，多采用化学分析法和_____。
3. 按监测手段环境监测技术可分为_____、_____、_____、_____、卫星监测等技术。

二、简答题

1. 简述环境监测技术按监测手段分类的类型与内容。
2. 简要介绍一下环境监测技术中的数据处理技术。

第三节　环境监测技术的发展

一、环境监测技术发展趋势

（一）环境监测技术不断创新升级

落后的技术手段不能为预警、预测复杂环境问题提供客观、准确的数据，因此，需要发展先进、快速、系统化的监测，建立健全各类环境监测网，如加强环境监测站点自身建设、配置各项应急措施、升级技术服务等，实现环境监测的自动化管理系统及监测网络，提升处理突发污染事故的能力。2019 年 12 月 18 日，《第一届生态环境监测技术交流会》强调以中国环境监测总站为龙头的监测技术队伍要围绕优化监测网络设置技术、统一监测技术方法、强化监测质量控制技术、完善监测评价方法、加强监测信息共享技术开展研究，明确未来生态环境监测的发展目标和建设方略，开拓面向全球的生态环境监测技术体系，为推进国家生态环境治理体系和治理能力现代化发挥更大作用。

（二）环境监测技术趋向于痕量化

环境污染物由于生物累积和生物放大作用，尽管处于低浓度状态，也会给生物带来巨大危害，通过痕量分析技术检测环境中试样成分及分布状况，控制低含量物质在环境中迁移转化及危害。例如，利用 ICP-MS 技术完成多种元素的痕量分析，该方法精度高、多种元素同时检测、应用广；GC-MS 联用技术实现低含量有机物污染的定性、定量分析，为解决环境问题提供新思路。

（三）在线自动监测是未来工作重点

目前，我国国家层面的环境自动监测站点有 3400 多个，包括地表水和地下水监测站点、大气监测站点、环境噪声监测站点、海洋监测站点、生态监测站点、酸雨监测站点及放射性物质监测站点。其中，绝大多数空气质量监测站点实现了在线自动监测和自动上报数据的全自动化过程；在线自动水质监测技术在淮河流域也取得了重大进展；其他监测领域也都取得了不错的应用成果。因此，实现环境监测的在线自动技术法是我国现阶段环境监测工作的重点。

（四）多技术联用综合发展

中国环境监测总站在《第一届生态环境监测技术交流会》上倡议加快形成生态环境监测大联合的格局，开展生态环境监测大数据的集成。基于生态环境大数据平台总体框架，建立覆盖全国、统筹利用、开放共享的全国生态环境监测大数据平台，统一发布生态环境监管信息，实现决策科学化、治理精准化、服务高效化。

二、环境监测发展中存在的问题

新时期做好环境监测工作对提高环境保护工作的效率，降低环境风险隐患有重要的价值。虽然我国目前环境监测工作取得了一定成效，但是由于我国环境监测工作起步比较晚，所以仍然存在很多问题。

（1）环保意识不强。由于环境监测工作服务于环境保护工作，环境监测工作人员应该以环保工作的需要为出发点来对环境进行监测。但是有些工作人员的环保意识不强，对工作职责的认识不足，在监测过程中收集来的有效数据比较少且不够客观准确，没有进一步优化完善环境数据的相关机制，致使影响环境监测的整体质量水平。

（2）工作流程问题。以客观、科学、法制的相关理念优化监测工作程序为基础才能提高监测工作质量。一些环境监测工作质量不高，其中大多都是因为环境监测缺乏科学性，整体质量水平低，处置样品检测和数据分析的方法不得当，操作过程中有一些潜在的危险问题没有注意到，因为不正确的操作使环境监测缺少可靠性与安全性，导致说服力不足。还有些环境监测工作没有按正规程序进行有效监测取样，没有科学地处理工作过程中出现的问题，使获得的数据不够客观准确，不具备法律上的效力。所以，要想解决好环境监测质量方面的问题，应当为了提高监测操作的准确性来严格按照正规的程序去科学地操作。

（3）监测设备问题。必须使用科学的监测控制设备，我们才能保证环境监测质量符合环保工作的现实需要。但是由于监测设备的缺乏更新，现有设备不能深入、高效、全面地进行环境监测工作。例如，有些监测站的大气采样仪、分光光度计、气相色谱仪等相关设备的水平较低，不能智能、实时、直观地分析数据，这使环境监测工作的整体质量大幅降低。正是因为引进科学的环境监测设备不够，所以不但降低环境监测的质量，还不利于高效地达到环境监测的目标。

（4）人员素质落后。环境监测这一工作需要专业的技术团队才可以得到最准确的数据，所以要求其技术人员要拥有较高的能力水平。近年，我国越来越重视环境监测，但却发现很多基层监测站缺少专业的技术人员，大多数工作人员只会使用惯例技术手段进行环境监测。一些工作人员在监测站引入先进设备后没有掌握好新设备的使用方法，从而得到的数据会存在比较大的误差。还有一些管理层人员对引进人才的工作不够重视，没有进一步完善管理制度，部分工作人员也没有明确自己的工作职责。由于工作人员的专业知识与素质的有限性，尽管环境监测标准一直在提升，却达不到与时俱进，影响提升环境检测水平。

三、环境监测技术发展建议

（1）优化监测工作方案。首先，应根据环境保护工作的需要确定工作目标与主要实施手段，形成具有针对性的样品采集体系，明晰采集样品工作的重点，对有关采集样品的方案进行改良，重视样品采集的质量，从而确保采集相关的数据信息较全面。其次，还要加强对原始数据信息的采集力度，侧重详尽记录样品采集的环境、状态、方法等情况以保证后续工作的顺利进行。为保证样品采集的质量与环境监测质量，应建立全员参与的岗位职责控制机制。最后要以优化采集样品的程序为基础，出台相关的工作制度，明确监测的基本标准，达到科学全面监测的目标。

（2）加强仪器设备管理。新时期应当做好有关环境监测质量管理的全部工作，要把重点放在全面科学监督管理仪器设备，处理好在使用仪器设备时出现的种种问题。首先，要把仪器设备的使用数据与分析机制建立好，确保仪器设备保护、保养做到位，需要依照仪器设备的使用拟定好科学的使用管理规范。其次，根据实际情况的需要不断引入先进的仪器设备，提升设备水平，加大智能化设备的应用，从而满足环境监测工作的需要。最后，侧重于依据环境监测的工作需要制定仪器设备更新换代的计划，及时更换陈旧的仪器设备，大力筹措更新设备的资金，确保仪器设备的更新持续性，进一步提高环境监测的效率。

（3）加大数据审核力度。为确保得到客观准确地监测数据信息和结果，现代环境监测工作应该具有完善数据审核机制、加大对有关的数据信息的复核、提高核查有误数据的能力。基于采集的样品对相关数据及时分析，为减少样品分析的错误设立相应的数据跟踪监督审核体系，降低出现错误数据的机会。

（4）加强技术人员培训。可以通过一些方式吸引更多优秀的人才加入环境监测的队伍中来，比如给予有吸引力的薪酬。确保录用的环境监测技术人员有一定的工作经验和较高的专业水平，全面审查评定技术人员的业务水平，从优选择。加大对技术人员的培训力度，强化绩效考核，调动工作人员的积极主动性，使其能够对工作充满责任感，重视提升自身的技术水平。

（5）创新监测技术。随着时间的推移，监测技术被不断发展，监测设备技术含量也在逐渐地提高。所以随着发展监测设备的体积将会不断缩小并不断提升其相对误差和准确度的级别。通过创新环境监测技术，可以提供更准确可靠的监测数据，有效预防和治理环境污染以及预测对未来的变化形势。为全面提升环境监测的实效性，应以先进的互联网信息技术为依托构建并完善监测技术体系，实时在线监测污染源，要提前预测重大污染事件并进行防范，把科学合理的应急预案拟定好，把应急响应污染事件的自动化系统构建好，及时将危险源数据传入到系统之中，提高系统的应急能力。

课堂练习

一、简答题

1. 简述我国目前环境监测发展现状及发展对策。
2. 列举三项环境监测相关政策法规。

第四节　环境监测新技术开发

随着科学技术的进步和生态环境发展的需要，环境监测相关从业者为了更加快速、便捷、准确地提供反映实际情况的数据，持续不断地开发监测新技术和新方法。目前，多集中在红外、色谱、质谱、荧光和磷光、雷达、激光诱导击穿光谱（LIBS）等领域，涌现出数据处理、智能化监测、物联网、生物芯片、三维激光雷达遥感、无人机等新技术，如新型监测仪器 GC-MS、GC-FTIR、ICP-MS、ICP-AES、HPLC、HPLC-MS、RS、GDS、GIS、XRF 等联用技术。我国自主研发的荧光设备测定一些无机和有机污染物具有极高的灵敏度，尤其对 Hg、As、Sb、Bi、Se、Te 的化合物及有机致癌物的定量分析既快又准确，因此在我国环境监测分析技术中很有发展前途。

一、有机污染监测技术的开发

我国环境标准里针对有机污染物监测的项目不多，主要有多环芳烃类、苯并［a］芘类、二噁英、有机氯化物、农药等，没有覆盖生产生活中使用和排放的大量化学品和特征污染物。而且对于特征污染物明确的，也没有标准检测方法。如《建设用地土壤污染风险筛选指导值》中，规定了酞酸酯类、灭蚁灵等污染物的风险指导值，但无相关检测标准方法，导致"指导值"的执行较为困难。另外，由于用地类型多，人为活动强度大，涉及化学品生产工艺复杂，因而从复杂多样的污染源中确定企业用地的特征因子难度也比较大。风险因子的确定和监测方法的制定完善，都是当前实际监测过程中亟待解决的问题。

有机标准品的研制也是我国有机污染物监测过程中存在的难题。当前针对重金属等无机化合物测试用的标准品基本能满足需求，而水基有机氯农药、苯系物、多氯联苯、挥发性氯代烃等有机标准品较为缺乏，不能满足水中有机物污染分析方法评价要求。主要原因有：（1）有机污染物水中溶解度较低，稀释过程容易污染；（2）有机污染物在水中易发生水解、光合反应等导致量值变化；（3）水中微生物也容易造成有机物含量的不稳定。另外，大多数监测需要多组分标准品，而多组分混合液制备难度大，较难准确配置，市场上有的大多数多组分标准品价格也极为昂贵，很难实现实验室普遍化使用。

当前，有机污染物的提取和净化技术逐渐向微型化和自动化发展，从需要较多提取剂的液相萃取技术到少量的固相萃取技术，再到使用微量的液相微萃取技术和固相微萃取技术；从手工操作向样品采集、提取、浓缩富集及测试一体化方向发展；在线处理痕量污染物的技术也是当前发展的方向。

二、无机污染监测技术的开发

各类环境标准中无机污染物监测项目种类繁多，覆盖面也比较广，针对不同指标，国家有比较完备成熟的系列标准体系，但也不可避免存在一些项目测试中使用药品毒性大、步骤烦琐和仪器设备复杂等问题，并且对污染物形态的分析也比较少。因此，研发新的快速、便携及在线的检测设备非常有必要，解决一线采样和测试人员工作中实际问题，大大节约人力。如国家针对水和空气在线监测工作开展的电极流动法和公布的流动注射在线富集法测定 Cl^-、NO_3^-、$-N$、F^-、Cu、Zn、Pb、Cd、硬度等，除能保证良好的测定精度外，还节省时间，便于实现自动化，也是三个效益俱佳的方法体系。

另外，检测无机污染物的新技术和联用技术也是当前研究开发的重点，例如利用原子荧光法可实现环境中砷、汞、硒、铅的痕量检测，ICP-MS 联用技术实现多种金属污染物的超痕量分析，HPLC-ICP-MS 联用技术和 IC-ICP-MS 联用技术进行尿液中不同形态 As 分析，利用同位素标记技术追踪污染物的运行和变化规律。如美国和日本已把采用 ICP-MS 技术分析水中 Cu、Cr（VI）、Cd 和 Pb 的方法列为标准方法；ICP-MS 联用技术在许多领域包括新材料、药物和医学等的应用均有报道。因此，应加快对无机污染物监测新技术的开发，从而实现无机污染物智能快速监测。

三、优先监测污染物监测技术的开发

当前有数以百万计的化学品被人类发现和生产，人们不可能对进入环境的所有化学品进行监测和控制，只能有选择性地对少量污染物监测和控制。环境保护部门根据环境中污染物出现的频率、在环境中的累积性、对人体和生物的潜在危险及是否是"三致"物质等因素，对有毒污染物进行分级排队，筛选出来需优先进行监测的污染物为优先污染物。优先污染物是国家优先监测与优先控制的对象，具有难以降解、有一定残留水平、出现频率高、生物累积性、为"三致"物质及毒性较大的特点。对优先污染物进行的监测，称为"优先监测"。

1979 年，美国以法律形式公布了优先监测的 129 种污染物，其中 114 种为人工合成有机物，15 种重金属和无机毒物。中国于 1989 年提出了 68 个优先污染物，其中除铍、铜、铅、砷、镉、铬、锑、铊、镍及其化合物外，其他均为有机污染物（包括农药），具体监测指标见表 1-1。

表 1-1　我国水中优先监测污染物指标

化学类别	名　称	分析技术
挥发性卤代烃类	二氯甲烷、三氯甲烷、四氯化碳	HS-GC-ECD（填充柱）
	三溴甲烷、三氯乙烯、四氯乙烯、1，2-二氯乙烷、1，1，1-三氯乙烷、1，1，2，2-四氯乙烷	HS-GC-ECD（毛细柱）
苯系物*	苯、甲苯、乙苯、邻二甲苯	HS-GC-FID
	间二甲苯、对二甲苯	SE-GC-FID
氯代苯类	氯代苯、邻二氯苯、对二氯苯、六氯苯	HS-GC-ECD
多氯联苯	多氯联苯	SE-GC-ESD

化学类别	名 称	分析技术
酚类	苯酚、间-甲酚、2，4-二氯酚	GC-FID
	2，4，6-三氯酚，五氯酚、对硝基酚	HPLC
硝基苯类*	硝基苯、对硝基甲苯、2，4-二硝基甲苯	SE-GC-ECD
	对硝基氯苯、2，4-二硝基氯苯	HS-GC-ECD
多环芳烃*	萘、荧蒽，苯并 [b] 荧蒽、苯并 [k] 荧蒽、苯并 [a] 芘、茚并 [1，2，3，c，d] 芘、苯并 [g，h，t] 芘	HPLC
苯胺类	苯胺、2，4-二硝基苯胺、对硝基苯胺、2，6-二氯硝基苯胺	HPLC
酞酸酯类	酞酸二甲酯、酞酸二丁酯、酞酸二辛酯	SE-GC-ECD
		SE-HPLC
农药*	六六六、滴滴涕、敌敌畏、乐果、对硫磷、甲基对硫磷、除草醚、敌百虫	SE-GC-ECD
		SE-GC-FID
丙烯腈	丙烯腈	
亚硝胺类	N-亚硝基二甲胺、N-亚硝基二正丙胺	HPLC
氰化物*	氰化物*	SP
石棉	石棉	光学显微镜法
重金属及其他合物	砷及其化合物*	SP
	铍及其化合物	
	镉及其化合物*	AAS、SP
	铬及其化合物*	AAS、SP
	铜及其化合物*	SP
	铅及其化合物*	AAS、SP
	汞及其化合物*	AAS、SP
	镍及其化合物*	AAS、SP
	铊及其化合物	

注：表中带 * 号表示已具有标准方法，其他指标的分析方法尚未经过标准化程序。

我国从 20 世纪 80 年代后期就开始了"中国环境优先监测研究"，提出了《中国水中优先污染物黑名单》，开展了采样布点方法和质量保证程序的研究、标准物质的研发及监测方法和各项环境标准的制定等工作，建立了大量配套的优先监测技术。但目前出台的环境监测优先指标的覆盖范围比较窄，需要探索大气和土壤等领域的优先监测指标。其次，不同历史阶段，人类活动特点不同，也会带来优先监测指标变化。如当前我国生态系统保护措施比较弱及技术水平也有限，污染和开发为主要矛盾，有关优先监测的生态指标要与二者之间的压力有关，未来污染类型和开发方式都会变化，优先指标也要随之匹配。再次，技术水平、监测能力及人类认识水平等都会对优先监测指标的确定带来影响。这些都将是优先监测技术研究需要探讨和解决的问题。

四、自动监测系统和技术开发

目前，我国环境监测网络体系已经较为完备，实现了国家环境监测事权的集中化，监测数据的"真、准、全"也正全方位实现。

中国环境监测总站的数据显示，我国已建成了 1436 个已入国家网的大气自动监测站和 5000 多个已入地方网的空气质量自动监测站，2767 个地表水国控水质监测断面（建自动监测站点 1881 个）和 1.1 万个地表水地方监测断面（建自动监测站点约 5000 个），419 个国控近海监测点，8 万多个土壤监测点。覆盖了各个环境要素，逐渐形成了完善的国家生态环境监测网络。同时，通过监测网络建设，国家 2016 年上收了 1436 个国控城市空气质量监测站点的监测事权，2017 年以采测分离为基础上收了地表水监测事权，2018 年上收了考核断面水质自动站建设和事权，2019 年逐渐过渡到水质自动监测。

在 2020 年 1 月 20 日至 3 月 14 日新冠病毒疫情期间，全国 337 个城市空气自动监测数据显示，平均优良天数占比 85.7%，高于去年同期 10.1 个百分点。PM2.5 的全国平均浓度为 44μg/m³，同比下降 18.5%。1845 个国家水质自动站预警监测数据表明，同去年同期相比，Ⅰ～Ⅲ类水质有近 10 个点的上升，Ⅳ、Ⅴ类和劣Ⅴ类都有所下降。通过对饮用水源地 17949 次的监测，未发现有受疫情防控影响的情况。根据疫情期间的湖北省饮用水源地 865 次的监测数据结果显示，该区水质均达到或优于Ⅲ类地表水标准。可见，国家和地方自动监测网站的建设取得初步成效，非常时期的环境监控及时高效。

但我国企业自动监测的实施还存在不少的"痛点"，这就需要通过市场机制，协调企业、政府和环境第三方服务公司之间的关系，建立起"专家把脉，对症下药，企业照章办事，政府监督执行"的运行机制，使企业的环境监管由"被动"变为"主动"。例如，根据上海振华重工（集团）股份有限公司长兴基地大气污染排放情况和上海市重点产业园 VOCs 组分监测因子要求，第三方环境服务公司按照监测站点以点线相结合的方式设计，采用成熟的 GC-FID/MS、DOAS、β 射线、光谱等在线监测技术监测环境空气中 VOCs 组分（监测组分涵盖环保部印发的《2018 年重点地区环境空气挥发性有机物监测方案》提到的所有 VOCs 种类）、非甲烷总烃、PM10、$NO_x/NO_2/NO$、NH_3、HCl 等特征污染物，建设监控中心和综合监控及预警平台。实现了工业聚集区大气污染防治"环保管家"服务新模式，为地区环境空气质量持续改善提供数据支撑，为绿色可持续发展提供技术保障。

为了有利于企业在线自动监测工作的顺利开展，近期有不少有关自动在线监测的相关标准出台，如 2018 年 9 月 1 日起实施，生态环保部颁布的《环境空气气态污染物（SO_2、NO_2、O_3、CO）连续自动监测系统运行和质控技术规范》和《环境空气颗粒物（PM10 和 PM2.5）连续自动监测系统运行和质控技术规范》；为提高环境空气挥发性有机物监测技术水平，加强 VOCs 自动监测质量保证与质量控制，中国环境监测总站制定的《国家环境空气监测网环境空气挥发性有机物连续自动监测质量控制技术规定（试行）》；为了规范化学需氧量（COD_{Cr}）水质在线自动监测仪的技术性能，制定了《化学需氧量（COD_{Cr}）水质在线自动监测仪技术要求及检测方法》（2020 年 3 月 24 日起实施）；2020 年 4 月 12 日起实施有关《环境空气臭氧监测一级校准技术规范》（HJ 1096—2020）、《环境空气中颗粒物（PM10 和 PM2.5）β 射线法自动监测技术指南》（HJ 1097—2020）、《水华遥感与地面监测评价技术规范》（HJ 1098—2020）等标准，加强了环保部门对企业的监管力度。

总之，我国的自动监测系统在环境管理和控制上发挥了重要作用。因而，未来自动监测技术的开发和利用，也要考虑我国环境监测事业的具体情况，有选择地吸收外来的先进经验、技术和产品，发展我国特色化的环境自动监测事业，能更早实现污染物总量控制。

五、现场简易监测分析仪器和技术开发

简易监测技术在现代环境监测中尤为重要，利用简便的仪器或方法，在野外对污染物进行现场监测，具有快速、简便、价格低的特点，极大地节约了时间和经费。常用的简易监测方法有：简易比色法（溶液比色、试纸比色、植物酯酶片、人工标准色列）；检测管法；环炉检测技术；便携式分析仪器法等。

简易比色法采用样品试液或试纸变色后与标准色列比较，确定污染物组分的方法。常用在水质分析中的色度、pH 及一些金属、非金属离子的测定，空气中硫化氢、汞蒸气等物质的检测，及蔬菜、水果当中有机磷农药（敌敌畏、敌百虫、氧乐果、甲胺磷等）的定量分析等。检气管法是将多孔颗粒物质浸泡后填于玻璃管中，制成测试管，气体通过时显色，根据颜色深浅或柱子变色长度确定污染组分含量。常用来测定空气中气态或蒸汽态物质，检气管有限制测量的参数，需按规定操作来保证其准确性。环炉检测技术是指以恰当的溶剂冲洗滤纸中央的微量样品，把样品中的测试组分有选择地洗出，进一步通过环炉加热而浓集在外圈，再用显色剂显色，达到分离和检测的目的。当比色法、检气管法和环炉检测不能满足现场应急要求时，便常常采用便携式分析仪器法，目前针对 pH、溶解氧、水温、浊度、电导率和总磷测定的便携式仪器较为成熟，实际中应用较为普遍；也有针对有机污染物综合指标测定便携式化学需氧量测定仪，有机成分的便携式气相色谱仪和便携式色谱-质谱联用仪等，这些仪器体积小，灵敏度和选择性高及检测结果可比性强，应用前景较好，在有机污染的现场监测中发挥了重要作用。

六、生物检测技术的开发

生物检测技术具有简单、迅速及价廉的特点，能在野外或实验室内进行大批量的筛选试验。目前，研究较为活跃的生物检测技术有酶联免疫技术、电子显微技术、纳米探针、智能传感、生物芯片、基因差异显示技术等，有关这些技术应用在环境监测与评价的报道也日益增多。美国环保机构 USEPA 重点研发野外便携式和实验室内的酶联免疫快速检测技术，建立便于野外检测危险污染物的方法。美国食品药物管理局（USFDA）将酶联免疫技术用来检测食品和饲料中农药残留，并开发了黄曲霉素免疫分析法，还开发了 Phenama-phos 和 Carbendazine 免疫快速分析法。美国农业食品安全检查部门（USFSIS）对除草菊酯、有机氯杀虫剂等化合物免疫分析法的开发进行了资助。而且，近几年酶免疫分析法逐渐形成了小且方便的试剂盒，越来越成熟，为其成为环境监测中的常规分析方法创造了条件。

智能传感技术作为前端感知工具，是智能制造和物联网的前驱技术，具有非常重要的意义。工业生产中，利用智能传感器可直接对产品质量指标（例如黏度、硬度、表面光洁度、成分、颜色及味道等）进行快速测量，其主要通过产品生产过程中的某些量（如温度、压力、流量等）同产品间的关系，建立神经网络或数学模型来推断产品质量。医学领域，利用智能传感技术制成"葡萄糖手表"实时监控掌握糖尿病患者的血糖水平，可及时调整饮食和胰岛素注射。我国智能传感器市场发展迅速，到 2015 年时市场规模已达 1100 亿元，但其技术水平和生产工艺同国外差距较大，尤其高端传感器，研发技术成本大，企业不愿承担开发风险，造成我国中高端传感器进口比例达到 80%。

　　总之，生物检测技术在污染物综合分析方面具有较为明显的优势，而且大多数生物检测技术具有操作简单、快速、耗资少等优点，有着广泛的应用前景。但目前我国对这些技术的开发利用能力还非常有限，因此，迫切希望未来我国的生物检测技术覆盖纳米探针、微型器件、智能传感，产品覆盖体外诊断抗原抗体核心原料、生物检测监测核心技术方法、生物检测监测自研仪器设备，市场覆盖临床快检（POCT）、精准医疗、疾控防治等方面，且有较大的发展。

七、生态监测技术的开发

　　生态监测以空中遥感监测为主，地面监测为辅，结合地理信息系统（Geographic Information System，GIS）和全球定位系统（Global Position System，GPS）技术，建全生态监测网，构建全面的生态监测指标体系与合适的评价方法，进而科学评价生态环境质量及预测其变化趋势。

　　近年来，随着空间技术的发展，"3S"技术在生态监测过程中的作用越来越突出，也体现了生态监测向更加宏观化发展的趋势。"3S"包括RS、GPS和GIS三项技术。RS技术包括航空遥感与卫星遥感两种技术，经过数十年的发展，它能提供不同几何精度级别的土地利用和覆盖信息，各种生物量信息，气象信息及大气环流等，未来，RS技术将会在生态监测中得到更加广泛的应用。GIS作为"3S"技术的核心也将会发挥更大的作用，它将各类信息经过计算机系统的存储、管理和分析，可测算生态指数，预测预报沙尘暴的具体危害路线和范围等。通过三种技术的结合，生态监测技术能在全球尺度上反映生态要素的关系及变化，提供环境影像的精确定位，从而为更大尺度研究各个圈层的关系提供技术依据。

　　然而，"3S"技术在环境上的应用较为分散，多种新技术联合作战的作用没有充分发挥出来，为了在更大尺度上掌握污染物的时空分布规律，有效监测非点源污染、无组织排放面源和实施宏观监控，需要建立健全生态监测网络，开展水陆空天地一体化监测。进一步从世界各国生态监测的发展看，未来需要从微宏观两种视角审视生态质量水平，要求空中监测技术和地面监测技术相结合及一体化生态监测网络设计，加强国和国之间的合作交流，逐步转变生态质量现状评价为生态风险评价，增强生态质量早期预警的能力。

　　近些年，中国对生态环境变化和生态环境监测较为注重，参加了国际上的地圈-生物圈计划，同时，成立了中国全球变化委员会（挂靠中国科学院），不断加强中国生态监测网络建设，并取得了很大的进步，初步建成了海陆一体化、天地一体化、协作共享的生态环境监测网络。该网络覆盖了全国环境质量监测、重点污染源监测及生态监测，把从子站到总站的各级各类数据上传到监测网络中共享，大大提升了信息处理及监测预警预报能力，形成了监测与监管的协同联动。2020年，国家层面的生态保护红线监管平台将建成，该平台通过卫星遥感及地面监测技术获取生态红线数据，了解生态系统分布、组成及动态变化，及时评估和预警生态风险的大小，实时在线监控人为破坏生态保护红线的活动，形成天-空-地一体化监控网络。

八、环境预警监测体系的构建

　　目前我国环境预警监测体系存在监测预警信息不一致、技术规范不统一、体系建设不协调和预警能力发展不平衡等一系列问题，而且环境预警监测体系的构建对实现环境保护的顺利开展有着举足轻重的意义。时任总理温家宝在第六次全国环保大会上也强调我国需要建立现代化的环境监测预警系统，来反映全国范围内的环境质量水平及趋势，并能及时准确预警突发污染事故。

国家环境保护部于 2009 年 12 月 28 日印发的《先进的环境监测预警体系建设纲要（2010—2020 年）》指出，构建良性化环境预警监测体系，必须统筹技术优势，充分利用监测手段的全天候、多门类、多层次、多地域的特点，凭借先进的网络通信资源，及时调动各种系统，例如先进的网络和计算支撑系统、高频的数据采集系统、安全迅速的数据传输系统，以及功能完备的业务联动预警响应对策，实现监测数据信息的代表性、准确性、精密性、完整性，全面反映环境质量状况和变化趋势，准确预警突发环境事件的目标。纲要还指出，到 2020 年在国家环境宏观战略规划基本架构的基础上，全方面对我国环境监测网络、技术装备、人才队伍等薄弱方面进行改善，重点区域流域具备预警评价前瞻性和战略性监测的能力，要巩固好支撑环境监测技术发展的基础，显著提升环境质量的监管能力，全面实现环境监测管理和技术体系的定位、转型和发展。掌握环境质量状况及变化趋势，查明污染物排放情况，有效进行预警响应，当面对突发环境事件和潜在的环境风险时，形成监测管理全面一盘棋、监测队伍上下一条龙和监测网络天地一体化的现代化环境监测格局。

课堂练习

一、填空题

1. 环境优先污染物的特点：_____、_____、_____、_____、_____。
2. 生态监测以_____为主，_____为辅，结合_____和_____技术，建全生态监测网，构建全面的生态监测指标体系与合适的评价方法，进而科学评价生态环境质量及预测其变化趋势。
3. 生物检测技术具有_____、_____及_____的特点。

二、简答题

1. 简述环境优先监测的定义。
2. 简述至少三种环境监测新技术。

 **课外阅读**

环境激素类物质

在英国 BBC 广播从事制作工作的 D. 卡布里于 1997 年推出了《雌性化的自然》，引起了广泛的讨论。后来，科学界人士认为环境激素类物质是继温室效应、臭氧层破坏之后的又一全球性环境问题。环境激素类物质也称为内分泌干扰物质、环境荷尔蒙或环境雌激素等，通过食物链或接触等方式进入人体的具类激素性质的物质。它干扰人类正常激素的分泌，引发内分泌紊乱，造成男性精子减少、不育及雄性退化，增加孕妇胎儿畸形率，降低哺乳期产妇乳量，造成婴幼儿、青少年发育障碍、生殖异常等多方面问题。它们不仅危害人体，而且也会危害动物。另外，这类物质分布广、难降解，具有较高的亲脂性或脂溶性，有些能在环境中保持几十年不变，具有很高的环境滞留性。因此，它们的危害不仅大而且时间长，都是不可逆的。

生活中的激素类物质：生活激素类物质存在我们生活中的方方面面，如金属罐头里衬的金属膜、塑料材质的生活用品、洗涤剂及化妆品等里面均含有这些物质。塑料制品中常含有双酚 A、苯乙烯、氯化有机物等。

环境中的激素类物质：主要是工业生产中（如表面活性剂、塑料黏合剂和润滑油等产品中含有烷基苯酚类的物质）产生的大量"三废"物质都含有环境激素，有邻苯二甲酸酯类、己二酸-2-乙基己烷、酚类、苯乙烯二聚体、氯化乙烯、苯乙烯和环氧氯丙烷等。

其他的激素类物质：比较常见的有雌激素类药物（如口服避孕药、激素辅助性治疗药），农药（常用催熟剂如乙烯利、脱落酸），激素饲料（使鱼虾类、家禽类短期内快速生长的），化妆品。

环境激素类物质的检测：环境激素类物质在环境中的含量都较低（ppm 和 ppb 级），同类物质的性质相近，需要同时检测。目前，针对这类的检测常用的技术有 GC-MS、HPLC-MS、ICP-MS 联用技术。

第二章　物理污染监测技术

所谓物理污染，即不等同于化学污染，这种污染以光污染、噪声污染、电磁波污染等诸多形式为主。人们通过视觉、听觉、触觉等感官就可以感到大部分的物理污染。伴随着科学技术的不断发展，人们的生活条件越来越好。生活条件逐渐变好的同时，人类赖以生存的环境却在遭受愈发严峻的破坏。大气污染、水污染、噪声污染、核辐射等污染开始陆续进入人们的生活。这些污染影响日常生活，干扰工作，威胁健康。为了避免环境污染和生态破坏的发生，保证人类健康，必须对物理性污染进行及时的监测控制。

第一节　噪声污染

一、噪声污染概述

（一）噪声污染的概念

经济高速发展的同时，带来了许多环境问题，其中与人们切身相关的噪声污染得到了广泛的关注。噪声是指对人们没有作用并且令人感到厌烦的声音。噪声污染是指产生的噪声超出国家所规定的排放标准的现象。噪声污染与其他的污染最大的不同之处在于，噪声污染对人们的生活、学习和工作产生的影响，是能量性质的，损伤的是人们的身心健康。

（二）噪声污染的成因

城市环境噪声主要包括生活噪声与建筑施工噪声。生活中的噪声主要来源交通、商业区、娱乐场所等，这些区域产生的噪声具有及时性、可控性；建筑施工噪声是指城市发展过程中的建楼、修路等建设噪声，这类噪声具有突发性、冲击性、不连续性等特点。无论是哪一种类型噪声，对人们的身心健康所带来的影响和危害都是不容小觑的。因此，做好相应的噪声监测工作是十分必要的。

（三）噪声污染的危害

（1）影响人们的日常生活工作。噪声污染给人们的生活带来的危害是比较严重的。分贝较大的噪声会损伤人们的听力功能，长期处于高分贝的噪声环境中，人们的听力以及身体会产生极大的不适，损害健康；长时间处于噪声环境中，人们的心理与精神也会产生较大的压力，容易产生易怒暴躁的坏情绪，集中力大幅度衰退，这样对人们的身体以及日常生活是十分有害的。

（2）影响动植物健康。据一定的调查研究表明，噪声污染所产生的影响十分广泛，它不仅影响着人类社会，还对动植物界存在着影响。一些研究证明，动植物也会像人类一样对环境的变化做出相对应反应。动物的中枢神经系统以及内分泌系统在经受过长时间的噪声污染后，都会遭到严重损坏，促使动物出现反常的行为。当动物的行为失去控制，人类的安全问题不免令人担忧。

（3）影响社会经济建设和发展。噪声污染所带来的危害，正在影响着社会经济的建设和发展。噪声污染对民众生活的各个方面都产生较大的危害，无论是在精神还是生理方面。在精神上，噪声污染容易让人们产生易怒暴躁的情绪，这样的负能量情绪对于工作来说是不好的；在生理上，噪声污染损伤人们的听力，影响人们注意力的集中，同时工作效率的下降直接造成的是企业的经济损失。

二、噪声标准

（一）城市区域噪声标准

我国现行的环境噪声的标准以《声环境质量标准》（GB 3096—2008）和《社会生活环境噪声》（GB 22337—2008）两大标准为主。根据区域的使用功能和环境要求等，标准把城市声环境功能区划分为五大类型（表2-1）。

表2-1　城市各类区域环境噪声限值　　　　　　　　单位：dB（A）

声环境功能区类别		时　段	
		昼间	夜间
0类		50	40
1类		55	45
2类		60	50
3类		65	55
4类	4a类	70	55
	4b类	70	60

（1）0类声环境功能区：要求十分安静的区域，如疗养院等。

（2）1类声环境功能区：需要相对安静的区域，如居民住宅、医院、学校、行政办公等区域。

（3）2类声环境功能区：需要确保居民住宅安静的区域，如商业、娱乐、市场等区域。

（4）3类声环境功能区：需要控制工业噪声的区域，如工业园区等。

（5）4类声环境功能区：需要控制交通噪声的区域，如交通干线等。此类区域可分为4a与4b两种类型。4a类为高速公路、一级公路、二级公路、城市快速路、城市主干路、城市次干路、城市轨道交通（地面段）、内河航道两侧区域等；4b指的是铁路干线两侧区域。

（二）工业企业厂界噪声标准

为规范噪声污染企业，如企业事业单位、工厂等，在2008年国家颁布的《工业企业厂界环境噪声排放标准》（GB 12348—2008），明确了四种类型区域的厂界噪声标准值，见表2-2。

表 2-2 工业企业厂界环境噪声排放限值 单位：dB（A）

厂界外声环境功能区类别	时 段	
	昼间	夜间
0	50	40
1	55	45
2	60	50
3	65	55
4	70	55

（三）建设用地厂界环境噪声排放标准

建筑施工区域，环境噪声排放所执行的标准是《建筑施工厂界环境噪声排放标准》（GB 12523—2011），见表 2-3。

表 2-3 建筑施工厂界环境噪声标准 单位：dB（A）

昼 间	夜 间
70	55

（四）铁路、机场环境噪声排放标准

《铁路边界噪声限值及测量方法》（GB 12525—1990）规定：距城区铁路外侧轨道中心线的 30m 处（即铁路边界）的等效声级不得超过 70dB。机场周边受飞机经过产生的噪声污染的区域执行《机场周围飞机噪声环境标准》（GB 9660—1988）标准，此类区域分为两类，相对应的标准值见表 2-4。采用一昼夜的计权等效连续感觉噪声级作为评价标准，用 L_{WECPN} 表示，单位 dB。

表 2-4 机场周围飞机噪声标准值 单位：dB

适用区域	标准值 L_{WECPN}
一类区域（特殊居住区；居住文教区）	≤70
二类区域（除一类以外的生活区）	≤75

三、噪声污染监测仪器

（一）声级计

声级计又叫噪声计，是指测量噪声的声压级和计权声级的仪器。声级计是一种不同于其他电子仪表的电子仪器。声级计的工作原理是将声信号转变为电信号，通过模仿人的耳朵对声波的反应，模拟出根据高低不同频率特征具有不一样灵敏度、不一样响度的调整频率的特性。因此，可以说声级计是一款具有主观性质的电子仪器。声级计的用途有很多，不仅应用于对环境、交通、机械设备等噪声的测量，而且还应用在电声学、建筑学等领域。

1. 声级计的分类

声级计按用途、精度、体积、指示方式分为四大类。按用途分类：一类用于测量稳态噪声（精密声级计和一般声级计）；另一类用于测量不稳态噪声和脉冲噪声（积分声级计和脉冲声级计）；按精度分类，可以将声级计分为一级和二级、二者最大不同在于允许的误差，其中一级声级计对应的是±0.7dB，二级声级计对应的是±1.0dB；根据体积的大小，声级计可分成台式、便携式、袖珍式声级计；按指示方式的不同，声级计又可分为模拟指示（电表、声级灯）声级计与数字指示声级计两种类型。声级计上设有阻尼开关，当测量较稳定的噪声时可以选择快挡"F"；若噪声起伏超过4dB，可利用慢挡"S"。有的仪器还有读取脉冲噪声的"脉冲"挡。

图 2-1   TY-9600A 型声级计

旧式声级计的示值采取的是表头刻度方式。现式声级计普遍具有自动加权处理数据的功能。图 2-1 是 TY-9600A 型声级计的外形图。

2. 声级计的工作原理

声级计通常包括电容式传声器、前置放大器、减器、放大器、频率计权网络以及有效值指示表等构造。声级计的工作原理见图 2-2。声级计的工作过程一般是：传声器膜片感应到声压后，将声信号转变为电信号，再通过前置放大器的阻抗作用，输送进输入衰减器。仪器表头提供的指示范围一般只有 20dB，声音的变化可达 140dB，需要通过衰减器从而达到降低信号的效果。衰减信号后并通过放大器将信号放大。放大后的信号在计权网络中进行频率计权（做频谱分析时，需要在计权网络处外接滤波器）。之后通过输出衰减器将输出信号减至规定数值，送至输出放大器进行放大处理，以使得信号达到相对应的功率输出。

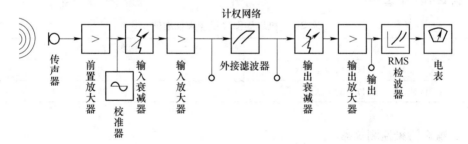

图 2-2   声级计工作原理图

（二）声级频谱仪

频谱仪中装备了完整的计权网络-滤波器，可用来测量噪声的频谱，基本构造与声级计大致一样。由于存在滤波器，可以让频谱仪把声频范围分为不同的频率带进行测量。在这个过程中，只有某个特定的频带的声音可以通入，这时指示的读数即为该频带的声压级，这并不是总声压级。按照规定，一般需要用到 10 个频挡，即中心频率为 31.5Hz、63Hz、125Hz、250Hz、500Hz、1000Hz、2000Hz、4000Hz、8000Hz、16000Hz。

频谱分析仪十分重要的原因在于它能够分别测量噪声中包括的不同频带的声压级。

（三）自动记录仪

为更加科学地探析噪声来源的特征，在对噪声进行现场测量时，常常把声级频谱仪与自动记录仪同时使用，这样不仅可以把噪声的声频信号按时间变化进行记录，还可以把噪声的频率信号进行对数转换，将噪声的峰值、有效值、平均值等数据表示出来。可以根据噪声特性选用适当的笔速、纸速和电位计。

（四）录音机

在现场测量时，如果没有相应仪器无法进行现场分析时，可以利用录音机对噪声信号进行储备，回实验室后再做分析。此类用于测量的录音机有着较高的性能要求，比如频率范围（一般为 20~15000Hz）、失真（小于 3%）、信噪比（35dB 以上），频响特性尽可能平直、动态范围大等要求。

（五）实时分析仪

实时分析仪是数字式谱线显示仪的一种，能在较短时间内把测量范围的输入信号同时罗列在信号通道屏上，适用于脉冲信号分析。

四、噪声污染监测方法

（一）城市环境噪声监测方法

城市环境噪声监测包括对城市区域环境、城市交通、功能区等的噪声监测，另外还包括对城市环境噪声的长期监测和城市环境中影响市民生活的噪声源的调查以及监测等。使用的监测仪器性能要符合《声级计的电、声性能及测试方法》（GB 3785—1983）和《积分平均声级计》（GB/T 17181—1997），同时要求精度 2 级及 2 级以上，满足要求的仪器目前有积分式声级计和环境噪声自动监测仪器两种。测量仪器、声校准器等仪器要严格按照相关规定进行定期检查。监测的天气条件应为晴天、无雨雪。当风速达到 5.5m/s 以上时终止测量。在测量时，在传声器上安装风罩，可以避免风的噪声影响，同时对保持传声器清洁也起到一定的作用。在铁路两侧区域进行测量时，应选择无列车通过的时间段。

测量时间分为昼间（6：00~22：00）和夜间（22：00~次日 6：00）两部分。白天测量一般选在 8：00~12：00 时或 14：00~18：00 时，夜间一般选在 22：00~5：00 时。测量时间的选择可以根据地区和季节的变化以及当地政府要求进行选择。昼间等效声级 L_d（夜间等效声级 L_n）指的是在昼间（夜间）的一定时间内测量的等效 A 声级。昼夜等效声级 L_{dn} 指的是昼间和夜间等效声级的能量平均值，单位 dB。在进行昼夜等效声级计算时，要求将夜间等效声级加上 10dB 后再计算，这是因为夜晚时候的噪声对人们的干扰更严重。如昼间规定为 16h，夜间为 8h，昼夜等效声级为：

$$L_{dn} = 10\lg\left[\frac{16 \times 10^{0.1L_d} + 8 \times 10^{0.1(L_n+10)}}{24}\right] \tag{2-1}$$

对城市区域的环境噪声进行普查的基本方法分为网格测量法和定点测量法两种。此类普查的方法是用于调查某一类区域或整个城市的总体环境噪声水平、环境噪声污染的时空分布规律。

1. 网格测量法

网格测量法是将测量要求区域分为多个同等大小的正方形网格，网格需包括所有测量区域，要求每个网格内的道路、工厂与非建成区面积和小于每个网格总面积的 50%，若未满足以上要求，划分的网格则被视为无效。满足要求的网格称之为有效网格，并要求其总数大于 100。所测量的点位应该位于网格的中心位置，如果网格的中心点不适合进行测量（如为建筑物、厂区内等），则需要将测点转移至距离中心点最近的、容易进行测量的位置上进行测量。

测量分为两次进行：昼间和夜间。在相应的测量时间段内，每个测量点每一次都需要测 10min 的连续等效 A 声级（L_{Aeq}）。测量结束后，将测量所得的连续等效 A 声级进行算术平均运算，算得的平均值表示的是该测量区域的噪声水平。测量所得的连续等效 A 声级按 5dB 一挡分级（如 60~65dB、65~70dB、70~75dB）。不同的颜色或阴影线表示的是不同挡级的等效 A 声级，绘制在需要测量区域的网格上，便可以表示该区域的噪声污染分布情况。

2. 定点测量法

定点测量法通常用在对城市声环境功能区的噪声监测。步骤如下：在标准规定的城市建成区中，选取一个或多个具有代表性的测点，这些点能代表该区域环境噪声平均水平，要求测量时间为 24 小时。测量每小时的 L_{Aeq}、昼间的 L_d 和夜间的 L_n。用网格测量法测量，则需把每小时测得的连续等效 A 声级按时间进行排列，这样就可以获得 24 小时的声级变化图形，通过该图则可以了解到某一区域或城市环境噪声的时间分布规律情况。

（二）城市交通噪声监测

在对城市交通噪声进行监测时，要求测点布置在两个路口间的道路旁边的人行道上，距离车行道的路沿 20cm 处，此测量点与路口的距离要求大于 50m，如此两路口间的该段道路的交通噪声则可由该测点的噪声来代表。

在进行道路两侧区域的道路交通噪声分布调查时，垂直道路，测点的布置应根据噪声传播由近及远方向来选择，噪声级应小于或等于临近道路的功能区（如混合区）的允许标准值。

在测量期间，每个测点 5s 进行一次瞬时 A 声级（慢响应）的记录，不间断地记录 200 个数据，并且还需要记录车流量（辆/h）。测量结束后，把记录的 200 个数据按从小到大的顺序进行排列，第 20 个数为 L_{90}，第 100 个数为 L_{50}，第 180 个数为 L_{10}。交通噪声基本符合正态分布，因此计算 L_{eq} 可用下式：

$$L_{eq} \approx L_{50} + \frac{d^2}{60}, \quad d = L_{10} - L_{90} \tag{2-2}$$

现在的积分式声级计都带有计算 L_{eq} 的功能，将所测数据按从大到小排列后输入，声级计自动进行计算并显示 L_{eq} 的值。评价量为 L_{eq} 或 L_{10}，按 5dB 一挡将每个测点 L_{10} 进行分级（方法同前），绘制每段马路的噪声值时可以使用不同颜色或不同的阴影线，最终获得城市交通噪声污染分布图。城市测量结果要求能够得到城市交通干线 L_{eq}、L_{10}、L_{50}、L_{90} 的平均值、最大值、标准偏差等，这些数据则可用于各城市间比较：

$$L = \frac{1}{l} \sum_{k=1}^{n} L_k l_k \tag{2-3}$$

式中，l 为全市干线总长度，km；L_k 为所测 k 段干线的声级 L_{eq}（或 L_{10}），dB（A）；l_k 为所测第 k 段干线的长度，km。

在对工业企业噪声进行监测时，不需要人在现场，但要求传声器的位置布置在操作人员的耳朵位置。监测点的选择具有以下原则：

（1）如果工作间内每处 A 声级波动小于 3dB，仅需在工作间内选择 1~3 个测点。

（2）如果工作间内每处 A 声级波动大于 3dB，那么需要按照声级大小，将工作间划分成若干区域，任意两区域的声级应大于或等于 3dB，各区域内的声级波动要求小于 3dB，同时在各区域选择 1~3 个测点。以上区域要求包括所有工人通常工作、活动的范围。若为稳态噪声则测量 A 声级，记为 dB（A）；不稳态噪声，在测量等效连续 A 声级或不同 A 声级下的暴露时间时，计算等效连续 A 声级。测量时调成慢挡，记录平均读数。

为减少气流、电磁场、温度以及湿度等因素对数据的影响。在测量期间，需要特别注意外在因素，尤其是环境因素的影响。

在测量时，应对数据进行实时记录，A 声级的暴露时间一定要填入相应的中心声级下面，方便计算。如 78~82dB（A）的暴露时间填在中心声级 80dB（A）之下，83~87dB（A）的暴露时间填在中心声级 85dB（A）之下。

（三）机场周围飞机噪声测量

1. 测量条件

测量要求在晴天、无雨雪的天气条件下，且距离地面 10m 处的风速小于等于 5m/s，相对湿度保持在 30%~90% 范围内。

安装好的传声器要求在宽阔的区域，距离地面 1.2m 左右，其他反射面至少 1m，并远离高压线与大型变压器，传声器膜片落于飞机标称飞行航线与监测点所在的平面内。离机场不远的区域，选择声压型传声器，其频率相应的平直部分应达到 10kHz。为保证测量结果准确性，一般测量数据要大于环境背景噪声至少 20dB。

2. 测量方法

精密测量——要求作为时间函数频谱分析的测量。通过声级计传声器可以把飞机噪声信号传输至测量录音机，并记录存于磁带内。实验室通过原速回放录音信号，即可对信号进行频谱分析。

简易测量——仅要求是频率计权的测量。声级计与声级记录器连接，声级计和测量录音机读 A 声级或 D 声级的最大值，记录飞行时间、状态、机型等测量条件。分析计算记录信号，算出持续时间 T_d，用最大声级 L_{Amax} 或 L_{Dmax} 及持续时间 T_d 计算有效感觉噪声级 L_{EPN}：

$$L_{EPN} = L_{Amax} + (T_d/20) + 13 = L_{Dmax} + 10\lg(T_d/20) + 7 \tag{2-4}$$

课堂练习

一、填空题

1. 噪声污染的危害有：_____、_____、_____。

2. 进行噪声污染监测时，使用的仪器有：_____、_____、_____、录音机、_____ 等。

3. 城市环境噪声监测测量时间分为：_____、_____。

二、简答题

1. 简述噪声污染监测方法和相关仪器。
2. 简述噪声污染的控制标准。

第二节　振动污染

一、振动污染概述

（一）振动概述

振动是自然界一种常见现象，表征物体运动的一种状态，即物体在单位时间内的往复运动。环境中振动的主要类型有铁路振动、公路振动、地铁振动、工业振动等。过度的振动会带来一些危害，振动原理运用得当也可帮助人们解决一些生产生活问题，如人们利用振动检测地下管道泄漏、检查旋转机械的平衡性能等。

人类对振动的感觉常用振动加速度来表示，人的可感振动加速度通常是 0.03m/s，当振动加速度高至 0.5m/s 时人会感到不适，振动加速度为 5m/s 时，人体则无法承受。虽然人的可感振动频率最高可达 1000Hz，但反应较敏感的振动频率一般在 100Hz 以下，当振动频率与人体共振频率相等或接近时达到最敏感的振动频率。人体的共振频率在站立时约为 4~10Hz，俯卧时约为 3~5Hz。

（二）振动的危害

生活中的振动不仅会造成人体不适、疲劳及更严重的健康问题，而且对建筑物也会产生破坏作用。工业上机械设备的噪声可通过固体声方式传播，破坏机械设备、建筑结构和损害机体等。

人体对振动的感受主要通过"感觉阈"，"感觉阈"是指人体开始能感受到振动时的感觉。对于超出感觉阈一点的振动，通常人们不会感到不适。当加振幅至一定程度，人会觉得不适应，甚至做出"厌恶"的反应，称之为"不舒适阈"。"不舒适"是人脑对振动信息的一种判断，属于心理反应，对生理并无影响。当振幅持续加大，从"不舒适阈"过渡到"疲劳阈"，"疲劳阈"不仅会加强心理不适，而且会造成人体功能的损伤，导致注意力下降、效率低下等，在这一阶段及时停止振动，生理影响可恢复。当振幅继续加强，就会达到"危险阈"（或"极限阈"），这一阶段带来的心理、生理损伤无法恢复，造成机体的永久性伤害。

二、振动标准

在城市区域环境振动标准（GB 10070—1988）中有城市区域环境振动的标准值相关的规定（表 2-5）。该标准适用于城市区域环境中持续发生的稳态振动、冲击振动和无规振动。每日发生几次的冲击振动，其最大值在白天不允许超过 10dB，夜间不超过 3dB。

振动标准适用地带范围的划定如下。

（1）特殊住宅区：特别需要安宁的住宅区。

（2）居民、文教区：生活区、教学区、行政区等。

（3）混合区：商业与住宅混合区，工业、商业、较少交通与住宅混合区。

（4）商业中心区：商业集中的繁华地区。

（5）工业集中区：在一个区域内明确规划的工业区。

（6）交通干线道路两侧：车流量每小时 100 辆以上的道路两侧。

（7）铁路干线两侧：距离每日车流量不少于 20 列的铁道外轨 $30m^2$ 外两侧的住宅区。

（8）标准适用的地带范围：由地方人民政府划定。

（9）标准昼间、夜间的时间：由当地人民政府根据当地习惯和季节变化划定。

表 2-5　城市各类区域铅垂向 Z 振级标准值　　　　　　单位：dB

适用地带范围	昼间	夜间
特殊住宅区	65	65
居民、文教区	70	67
混合区、商业中心区	75	72
工业集中区	75	72
交通干线道路两侧	75	72
铁路干线两侧	80	80

三、振动测量仪器

振动测量系统与声学测量系统的主要区别是将振动传感器（如加速度计）及其前置放大器来代替电容传声器和传声器前置放大器，再把声音计权网络转换为振动计权网络，就变为了振动基本测量系统，如图 2-3 所示。压电式加速度计和公害测振仪是一般使用的振动测量仪器。

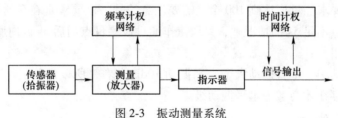

图 2-3　振动测量系统

四、振动测量方法（城市区域环境振动测量）

（一）测量布点

振动测量位置布设见表 2-6。

表 2-6　环境振动测量位置布设

测量对象	测 点 布 设
室内振动	在室内居中位置选择一个测点
室外振动	在受干扰的城郊居住区、机关、学校、医院等环境，在室外距建筑物外墙 1m 处选择振动敏感点，对于建筑稠密区的测点，距外墙距离可缩短到 0.5m

续表 2-6

测量对象	测 点 布 设
工厂厂界振动	在工厂法定边界线上布置测点，若工厂有围墙，则在围墙外 1m 处布点
铁路振动	距铁路中心线 7.5m 处选择测点，若要掌握铁路振动传播规律和影响则在 15m、30m 处加布测点
交通干线振动	应在公路便道上距公路边缘 0.5m 处（距路口距离应大于 50m）选择测点，若要掌握公路振动传播及影响，则在距边缘 2.5m、5m、10m 处加布测点
建筑施工振动	在规定的工地边界选择测点

（二）测量及读值方法

测量量值指的是铅垂向 Z 振级。读数及评价方法见表 2-7。

表 2-7　各种振动类型读值方法

振动类型	读 值 方 法
稳态振动	每个测点测量一次，取 5s 内的平均示数为评价量
冲击振动	取每次冲击过程中的最大示数为评价量。对于重复出现的冲击振动，以 10 次读数的算术平均值作为评价量
无规振动	每个测点等间隔地读取瞬时示数，采样间隔不大于 5s，连续测量时间不少于 1000s，以测量 VL_{z10} 值为评价量
铁路振动	读取每次列车通过过程中的最大示数，每个测点连续测量 20 次列车，以 20 次读数的算术平均值为评价量

工厂和施工产生的振动，一般采用 100 个时间间隔为 5s 的测量值来评定，特殊情况下，可采用 50 个至少 1s 间隔的测量值进行评定。交通道路振动测量，通常以 5s 为间隔进行连续测量，并要求测量值达到 100 个。需要注意的是，该要求是在交通量不超过 200 辆且汽车经过该测点不足 5s 的情况下，只取汽车通过该测量点前后 5s 以内所测得的测量值，其他测值不予采用。

由于环境振动中，垂直振动大于水平振动 10dB 左右，所以评价值一般只取垂直振动级，有特殊情况存在才会考虑水平振动级。

（三）测量条件

（1）测量时振动源需保持正常工作状态。

（2）测量时间：白天是上午 8：00~11：00；下午是 14：00~17：00。

（3）测点不可以选择松软地面，传感器一定要妥当地放置在坚实的地面上。

（4）测量时需要考虑如温度剧变、强电磁场、强风、地震或其他非振动污染源引起的干扰，以免影响环境振动测量值。

（四）测量数据记录和处理

环境振动测量根据待测振源的类别，在对应表格上进行相应记录，并绘制"测点分布示意图"。示意图需标出测点与主要振动源的相对位置和距离、测点的周边环境条件，如公路交通干线的走向、附近的工厂及工作间的分布等。测量交通振动，一般需要记录车流量。

课堂练习

一、填空题

1. 振动指的是物体的_____随时间在_____和_____之间交替变化的过程。

2. 机械设备的噪声以_____、_____形式进行传播。

二、判断题

1. "感觉阈"是指当加振幅至一定程度，人会觉得不适应，甚至做出"厌恶"的反应。
（　　）

2. 交通干线道路两侧指的是距离每日车流量不少于20列的铁道外轨$30m^2$外两侧的住宅区。
（　　）

三、简答题

1. 简述振动的标准以及振动的测量步骤。

2. 简述振动污染监测的危害。

第三节　电磁污染

一、电磁污染概述

（一）电磁污染概念

电磁污染指生产生活中存在的各类电磁波超过人体或物体所能承受的最大限值，造成人体健康受损或物体破坏的现象。电磁辐射是指在电场和磁场的共同作用下产生的电磁波向空中发射和汇讯的现象。在日常生活中，由于无线电、雷达、微波技术的迅速发展，相关设备的更新迭代，其功率不断增强，最终导致地球表现的电磁辐射大幅度增加，并且已达到威胁人类生命安全的程度。

电磁辐射的主要源头来自两方面：天然来源与人为来源。

（1）天然来源。自然界中，较为常见的天然来源就是雷电的产生，雷电的形成过程中正负电荷移动发生碰撞，产生强烈的电磁辐射。此外，太阳风暴、太阳黑子活动、宇宙射线等也都会产生电磁干扰。天然的电磁波常常干扰短波通信。

（2）人为来源。电磁辐射除了自然界会产生以外，其大部分的来源，是人们日常生活中经常接触的电子产品。常见的有微波炉、电脑、手机、传真机等家电和通信产品，广播电视信号塔（是城市电磁污染的重要辐射源），高压电力系统，还包括雷达、电子工业设备等都是电磁辐射的来源。

（二）电磁污染的危害

（1）对无线电通信的影响。研究表明，功率较大的无线电波产生较大的辐射干扰导致周围的通信基站失灵，甚至系统瘫痪。雷电天气时，天然强电磁辐射容易导致家用电器设备的短路烧毁，有时由于雷电的电磁脉冲作用带来森林大火等。

（2）对军事领域的影响。自然界中的雷电通过瞬时脉冲作用传导到电子装备上从而破坏战斗武器，沉积静电会导致电晕、电弧放电，严重影响飞机通信或导航等；太阳辐射引起高温使材料的绝缘性下降及塑料橡胶制品的变形、粉化等都会影响电子设备的电性能和机械性能。人为电磁干扰，由于电磁兼容性问题导致对军事装备的无意干扰，以及通过高空核爆电磁脉冲带来的有意干扰等引起电子通信和指挥控制系统的失灵和雷达故障。

（3）对计算机的影响。计算机为低电频系统，工作频率在 $150\sim500kHz$ 范围内，同广播、雷达、电视、通信等设备的工作频段一致，导致它很容易受射频辐射、工频电源、静电及雷电的影响，带来计算机系统不稳定、硬件电路破坏和数据信息破坏等问题。大型信息系统机房应设置在远离大功率发射设备、大型振动源、雷电多发地的区域，及时做好机房的屏蔽和接地，加强防护数据传输接口等工作。

（4）对人类植物神经功能的影响。生物学家发现，生长在机场、无线基站附近的植物，长势普遍较弱，枝叶较少、枝干脆弱，是极度营养不良的体现。这说明高频的电磁辐射对于植物的生长有较大的影响。而且相关心理学实验研究还发现，当人置身于强电磁环境中，睡眠质量得不到保障，很难进入深层睡眠状态，而且睡眠过程容易心神不宁，常做噩梦，最终导致神经疲劳、精神较差。

二、电磁污染标准

（一）工频电磁场

工频电磁场（EMF）是电器设备发射的一定波段的电磁"力"线。常见的电线、输电设备及电吹风、电冰箱、电磁炉等都能发射工频电磁场。目前国际国内的众多研究组织均未找到工频电磁场健康风险的证据，因此，针对一些场合如高压环境的工频电磁场强度国家未规定限值。根据有关研究和规定，以 $4kV/m$ 作为居民区工频电场最高标准。

（二）射频和微波电磁辐射

《电磁辐射防护规定》（GB 8702—88）（以下简称《规定》）中磁辐射防护限值的适用频率范围为 $100kHz\sim30GHz$，其所列的防护限值是可以接受的防护水平的上限，并包括各种可能的电磁辐射污染的总值。该《规定》规定，电磁辐射公众照射基本限值，在 24h 内，任意连续 6min 按全身平均的比吸收率（SAR）应小于 $0.02W/kg$；电磁辐射公众照射导出限值，在 24h 内，环境电磁辐射的场量参数在任意连续 6min 内的平均值应满足规定值（表 2-8）。

表 2-8 职业照射导出限值

频率范围/MHz	电场强度/$V \cdot m^{-1}$	磁场强度/$A \cdot m^{-1}$	功率密度/$W \cdot m^{-2}$
0.1~3	40	0.1	40
3~30	$67/\sqrt{f}$	$0.17/\sqrt{f}$	$12/f$
30~3000	12	0.032	0.4
3000~15000	$0.22\sqrt{f}$	$0.001\sqrt{f}$	$f/7500$
15000~30000	27	0.073	2

资料来源：GB 8702—88。f 为频率，单位为 MHz。

在国家环境保护行业标准《辐射环境保护管理导则　电磁辐射环境影响评价方法与标准》（HJ/T 10.3—1996）中明确规定，公众总受照射剂量为各电磁辐射的总和，包括拟建项目将要或已造成的辐射及背景电磁辐射，且总受照射剂量限值要符合《电磁辐射防护规定》（GB 8702—88）的规定，并且国家环保总局审批的大型项目需取《电磁辐射防护规定》（GB 8702—88）中功率密度限值的1/2或场强限值的1/2，其他则可取场功率密度限值的1/5或场强限值的1/5作为评价依据。

《环境电磁波卫生标准》（GB 9175—88）中规定的环境电磁波容许辐射强度分级标准见表2-9。

表 2-9　环境电磁波容许辐射强度分级标准

波长/MHz	单位	一级（安全区）	二级（中间区）
0.1~30	V/m	10	25
30~300	V/m	<5	<12
300~300000	$\mu W/cm^2$	<10	<40

资料来源：GB 9175—88。

一级（安全区）是指在该环境电磁波强度下长期居住、工作、生活的一切人群（包括婴儿、孕妇和老弱病残者），均不会受到任何有害影响的区域。新建、改建或扩建电台、电视台和雷达站等发射天线，在其电磁波覆盖的居民区内，必须符合一级（安全区）的要求。

二级（中间区）是指在该环境电磁波强度下长期居住、工作、生活的一切人群（包括婴儿、孕妇和老弱病残者），可能引起潜在性不良反应的区域。在此区域内可建造工厂和机关，但不许建造居民住宅、学校、医院和疗养院等，已经建造的必须采取适当的防护措施。

超过二级标准的地区，对人体会产生有害影响，可通过绿化或种植农作物降低其危害，此区禁止建设住宅及人们经常活动的公共设施，如商店、影剧院、工厂等，如已建有这些建筑，应采取措施或限制辐射时间。

三、电磁污染监测仪器

电磁污染监测仪器根据测量目的分为非选频式宽带辐射测量仪和选频式辐射测量仪。

（一）非选频式宽带辐射测量仪

非选频式宽带辐射测量仪由探头、三个相互正交的偶极子天线、肖特基检波二极管和RC滤波器组成。探头分为偶极子和检波二极管两部分；偶极子天线每根长约2~10cm。辐射信号转变为电流信号，经高阻传输线或光缆送入数据处理中心和显示电路。根据探头材料不同又可分为热电偶型探头辐射测量仪和磁场探头辐射测量仪。非选频式宽带辐射测量仪根据使用场合不同有较多种类，表2-10详细列举了不同测量仪的性能参数，实际工作中可根据需要选择仪器。

表 2-10　常用的非选频式宽带辐射测量仪

名　称	频　带	量　程	各向同性	探头类型
微波漏能仪	$0.915 \sim 12.4\text{GHz}$	$0.005 \sim 30\text{mW/cm}^2$	无	热偶结点阵
微波辐射测量仪	$1 \sim 10\text{GHz}$	$0.2 \sim 20\text{mW/cm}^2$	有	肖特基二极管偶极子
电磁辐射监测仪	$0.5 \sim 1000\text{MHz}$	$1 \sim 1000\text{V/m}$	有	偶极子
全向宽带近区场强仪	$0.2 \sim 1000\text{MHz}$	$1 \sim 1000\text{V/m}$	有	偶极子
宽带电磁场强计	E：$0.1 \sim 3000\text{MHz}$ H：$0.5 \sim 30\text{MHz}$ E：$20 \sim 10^5\text{Hz}$ H：$50 \sim 60\text{Hz}$	E：$1 \sim 20000\text{V/m}$ H：$1 \sim 2000\text{A/m}$ E：$0.5 \sim 1000\text{V/m}$ H：$1 \sim 2000\text{A/m}$	有	偶极子 环天线
辐射危害计	$0.3 \sim 18\text{GHz}$ $200\text{kHz} \sim 26\text{GHz}$	$0.1 \sim 200\text{mW/cm}^2$ $0.01 \sim 20\text{mW/cm}^2$	有	热偶结点阵
宽带全向辐射监测仪	$0.3 \sim 26\text{GHz}$ $10 \sim 300\text{MHz}$	8621B 探头： $0.005 \sim 20\text{mW/cm}^2$ 8623 探头： $0.05 \sim 100\text{mW/cm}^2$	有	热偶结点阵
宽带全向辐射监测仪	$10 \sim 300\text{MHz}$	8631 探头： $0.005 \sim 200\text{W/cm}^2$ 8633 探头： $0.05 \sim 100\text{mW/cm}^2$	有	热偶结点阵
宽带全向辐射监测仪	$0.3 \sim 26\text{GHz}$ $10 \sim 300\text{MHz}$	8621B 探头： $0.005 \sim 20\text{mW/cm}^2$ 8631 探头： $0.05 \sim 100\text{mW/cm}^2$	有	热偶结点阵
宽带全向辐射监测仪	8635、8633 $10 \sim 3000\text{MHz}$ 8644 $10 \sim 3000\text{MHz}$	8633 探头： $0.05 \sim 100\text{mW/cm}^2$ 8644 探头： $0.0005 \sim 2\text{W/cm}^2$ 8635 探头： $0.0025 \sim 10\text{W/cm}^2$	有	热偶结点阵
全向宽带场强仪	E：$5 \times 10^{-4} \sim 6\text{GHz}$ H：$0.3 \sim 3000\text{MHz}$	E：$0.1 \sim 30\text{V/m}$ H：$0.1 \sim 1000\text{A}^2/\text{m}^2$	有	热偶结点阵

（二）选频式辐射测量仪

选频式辐射测量仪一般用于测量环境中的电磁兼容、低电平电场强度及电磁干扰。实际工作中，一般先用接收天线与频谱仪或测试接收机组成的系统校准之后才可进行电磁辐射测量。常用的选频式辐射测量仪见表 2-11。

表 2-11　常用的选频式辐射测量仪

名 称	频 带	量 程	备 注
干扰场强测量仪	10~150kHz	24~124dB	交直流两用
	0.15~30MHz	28~132dB	
	28~500MHz	9~110dB	
	0.47~1GHz	27~120dB	
	0.5~30MHz	10~115dB	
场强仪	2×10⁻⁸~15GHz	1×10⁻⁸~1V	NM-67 只能用交流
EMI 测试接收仪	9kHz~30MHz	<100V/m	交流供电
	20MHz~1GHz		显示被测场频谱
	5Hz~1GHz		
	20Hz~1GHz		
	20Hz~26.5GHz		
电视场强计	1~56 频道	灵敏度：10μV	交直流两用
电视信号场强计	40~890MHz	20~120dB	交直流两用
场强仪	40~860MHz	20~120dB	交直流两用

四、电磁污染监测方法

（一）监测点的布设方法

根据监测目的，采用不同的测量方式，调查辐射源空间辐射分布及强度，一般采用点测和面测。

（1）点测：以辐射源为中心，把待测区分成 5°~10° 小扇形区，在小扇形的两条射线上近中心区每隔 5~20m 设点测量，远离区每隔 50~100m 设点测量，或根据特殊要求选点。

（2）面测：待测区根据统计人口划分成小区，在每个小区的重心上选择测点，该测点应具有代表性，要求选择具有全频段自动扫描、自动测量和实时处理的环境电磁波自动监测系统。最后按各小区人口数加权，可得出该区居民环境电磁波暴露强度累加百分数。

（二）监测条件的选择

（1）测量高度。野外较为平整的环境一般在 1.7m 左右处测量，若为待建区，需选择待建物体相应高度位置测量。建筑物内部测量要求选择不同层次有代表性的一些点测量。

（2）测量仪器。点源测量，常选用灵敏度不大于 1V/m 或不大于 $1μW/cm^2$，精度不大于 2dB 的场强仪；面源测量，常选用由宽频带天线、频谱分析仪和计算机组成的自动处理系统。

（3）测量时间。面源测量时间一般根据城市环境电磁辐射高峰期：5：00~9：00、11：00~14：00、18：00~23：00 来确定。如果需进行 24 小时全天的测量，则测量点应该大于等于 10 个。测量的时间间隔为 1h，每个点连续测 5 次，每次测量观察的时间应该大于等于 15s，取稳态下的最大值。

（4）其他要求。现场测量需记录：地点、时间、日期、仪器型号、天线高度及人员情况等。

（三）场强计算

读出仪器上显示的场强瞬时值，单位为 dBμV/m，然后根据式（2-5）换算为以 V/m 为单位的值。

$$E_i = 10^{\frac{x}{20}-6} \tag{2-5}$$

其中 x 为场强仪读数（dBμV/m），然后依次按下列各公式计算。

$$E = \frac{1}{n} \sum_{i}^{n} E_i \tag{2-6}$$

$$E_s = \sqrt{\sum_{i}^{n} E} \tag{2-7}$$

$$E_G = \frac{1}{M} \sum_{i}^{n} E_s \tag{2-8}$$

式中 E_i——在某测量点、某频段中被测频率 i 的测量场强瞬时值，V/m；

     n——E_i 值的读数个数；

     E——在某测量点、某频段中被测频率 i 的场强平均值，V/m；

     E_s——在某测量点、某频段中各被测频率的综合场强，V/m；

     E_G——某测点在 24h（或一定时间）内测量某频段后的总的平均综合场强，V/m；

     M——在 24h（或一定时间）内测量某频段的测量次数。

（四）绘制辐射场强污染图

一般有点源辐射污染图和居民区环境辐射污染图。污染图一般通过绘制场强—频率、场强—时间、时间—频率、测点—总场强值等曲线实现绘图过程。点源辐射污染图通常以辐射源为圆心，标注等值线或等场强值线来区分不同距离辐射大小；居民区环境辐射污染图通过标准等场强值线，用不同颜色或形状图和线显示不同场强值区域。

课堂练习

一、判断题

1. 对电磁污染进行测量时测量高度应取离地面 1.7~2m，也可根据不同目的，选择测量高度。   （   ）

2. 电磁辐射一定会造成电磁污染。   （   ）

二、简答题

简述电磁污染的监测方法。

第四节　核污染

一、核污染概述

（一）核污染概念

核污染也称"放射性核同位素污染"，指天然或人工的放射性核同位素在环境介质中的扩散。核污染是人类造成的物理性污染中，危害最大、最受重视的一项污染。常见的有核素辐射、原子尘埃及核物质衍生物的次生污染问题，主要来源于核武器爆炸、核反应堆产物和废料及放射性物质留存等，一般通过气溶胶放射物进入呼吸道污染和随风向扩散进入各种环境媒介产生污染。例如切尔诺贝利核污染事故，有学者研究指出，当时核燃料爆炸产生的烟尘进入了我国北方地区。

（二）核污染的特点

（1）作用时间的持续性。核污染属于特殊的物理污染，有着比较强的持续性。不同的放射性核素半衰期是不同的，有些衰变只需几天或几年，但有些衰变则需要几百年甚至上千年。因此，核污染的持续性较强，受其半衰期的影响，较多的放射性核素污染在短期内很难消除。

（2）稳定性。核污染与化学污染不同，核物质在环境中无法自然降解，很难同环境中的化学物质产生反应，热和光的各种效应也无法从根本上改变放射性核素的放射活度。当前人们也没有更好的手段来处理核污染，只能封闭并深处填埋。因此，核污染的稳定性使其具有更长的污染周期。

（3）作用效果（剂量）累积性。核物质不仅能对人体形成外辐射，还可通过呼吸道、消化道及皮肤接触进入人体进而形成危害更大的内辐射。存在于空气中的气溶胶态放射性核素，经呼吸道进入肺泡膜后可直接进入血液；经消化道进入人体的放射性核素最终经肝脏随血液进入全身；皮肤接触放射性核素，可通过外伤口进入人体。进入人体的放射性核素一些随人体排泄排到体外，一些由于器官的亲和作用被截留在体内，长期接触摄入，累积效应明显，损害效应大大增强。

（4）公众无感知性。核污染不像声、光、热、振动污染，公众能直接感知它们的存在，核素的放射性辐射无色无味，哪怕是致死剂量，人们的感官对它都没有直接感受，除非有专业设备检测确认核素的存在，否则，很难采取有效防范措施，只能任由伤害继续。

（三）核污染的主要来源

核污染的主要来源有：核试验、核工业、人工放射性核素的应用等。

（1）核试验。核试验是核素全球性污染的主要原因，包括大气层核试验、地下核试验、地表核试验等。1970 年之前，核试验进入大气层的 ^{90}Sr 达到 $5.76×10^{17}GY$，是核工业后处理厂排放量的 1 万倍以上。

核爆炸会产生大量放射性沉降物（气溶胶），粒径小于 $25\mu m$ 的气溶胶离子可长期存在大气中。这些放射性沉降物在大气平流层的停留时间大约在 $0.3 \sim 3$ 年之间，主要有 ^{90}Sr、^{137}Cs 和 ^{14}C 等；对流层中常见的裂变产物主要 ^{89}Sr、^{131}I 和 ^{40}Ba 等。

（2）核工业。核工业在生产运行中的"三废"物质的排放是导致核污染的重要因素。核反应堆的产物及裂变核废物常常密封后深埋地下 $500 \sim 2000km$ 的盐矿或运送到太空或储于南极冰帽之中。如若涉及的生产、运输及加工过程，只要一个环节有泄漏，都会造成危害。特别是发生重大事故时带来的危害更大，如日本福岛核泄漏事故，美国三英里岛核电站 2 号反应堆外泄事故和苏联的切尔诺贝利核电站事故等。

（3）工农业、医疗卫生及科研活动产生的放射性核素。石油开采钻探、矿石选矿处理以及燃煤电站等工业生产活动过程中会产生天然放射性物质，其易富集在工业废料中，造成环境核污染；工业、科研中所涉及的非密封放射性核素，在进行放射性同位素示踪，放射源运输、换装、废源处理保存等过程中，也都会产生一定的环境核污染风险；用于注入人体进行功能检查、疾病诊断、治疗疾病等医用放射性核素，其分装、注入、容器清洗、病人排泄等过程也都有可能造成核污染。

（四）核污染的危害

核污染危害不仅周期长、程度深、不易清除，而且极易通过水、气进入生物圈流动，扩散污染范围。放射性核素可直接进入人体，如通过呼吸作用吸入放射性气体氡，带来内辐射，可大大增加肺癌的发病率。目前有研究表明，氡是除吸烟之外，导致肺癌的第二大元凶。其次，放射性核素通过食物链从植物体进入人体带来内辐射，危害消化道等器官。

二、核污染监测仪器

核污染监测仪器是能对辐射和物质相互作用产生的电离、光、电、热等效应进行观测与测量的设备。常用的核污染探测仪主要有三种：电离探测器、闪烁探测器及半导体探测器。

（一）电离探测器

电离探测器的工作原理为当射线通过气体时使介质产生电离，产生的电离电荷被收集产生脉冲信号，根据脉冲信号大小，定量射线强度。目前，比较普遍使用的电离探测器有电离室、正比计数管及盖革计数管（GM 管）三种。电离室常用于测量放射性较强的射线，正比计数管和盖革计数管则常用于测量较弱的射线，由于三种仪器工作电压不同，电离过程不同，形成了差异化的工作状态和功能。

1. 电离室

电离室是测量电离电流的，一般由带电粒子所引起的总电离效应采用这种探测器，可掌握辐射强度及随时间变化的情况。由于该探测器非常灵敏，对任何电离都有反应，因此该设备不能用于甄别射线类型。图 2-4 所示是电离室工作原理示意图。从结构上看，电离室是由 1 个充气的密闭容器、2 个电极和两极间有效灵敏体积组成。当有射线进入电离室时，气体电离产生的正离子和电子在外加电场作用下分别向两极移动，产生电离电流。射线的强度会

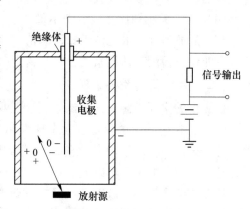

图 2-4　电离室工作原理示意图

随着电流的增大而增大，利用这种关系进行定量。电流与电压的关系如图 2-5 所示。开始时，随电压增大电流不断上升，待电离产生的离子全部被收集后，相应的电流达饱和值则电流不再增加，达饱和电流时对应的电压称为饱和电压，饱和电压范围（*BC* 段）称为电离室工作区。

2. 正比计数管

图 2-6 所示为正比计数管的结构，该设备是一个圆柱形的电离室，以圆柱筒的金属外壳做阴极，以中央安放的金属细丝做阳极。这种探测器在图 2-5 所示的电流-电压关系曲

线中的正比区（*CD* 段）工作。在此区，电离电流突破饱和值，随电压增加继续增大。这是由于在这样的工作电压下能使初级电离产生的电子在电场作用下向阳极加速运动，并在前进中与气体碰撞，使之发生次级电离，而次级电离的电子又可能再发生三级电离，如此形成"电子雪崩"最后到达阳极的电子数变得非常多，这种过程称为"气体放大"。

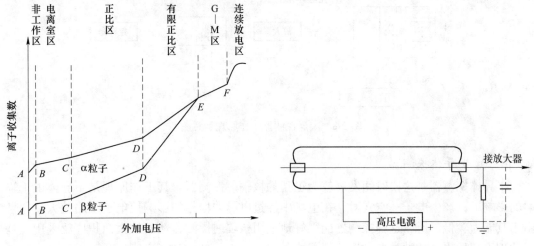

图 2-5　外加电压-电离电流关系曲线　　　　　图 2-6　正比技术管工作原理示意图

3. 盖革计数管

盖革计数管是目前应用最为广泛的放射性探测器，该设备对进入灵敏区域的粒子的有效计数率接近 100%，因此，被普遍用于 β 射线和 γ 射线的检测。但是它无法区别不同射线，因为它所给出的不同射线的脉冲大小是一样的（图 2-5 中 *EF* 段），因此只针对已知射线的强度分析。常见的盖革计数管结构如图 2-7 所示。它是一个密闭的充气容器，中间是作为阳极的金属丝，周围是以金属筒或在玻璃筒内涂有金属物质作为阴极。窗可以根据探测器的射线种类不同来用厚端窗（玻璃）或薄端窗（云母或聚酯薄膜）。管内充以氮气或氩气等惰性气体和少量有机气体（乙醇、二乙醚）。当射线进入计数管内，引起惰性气体电离，形成的电流使原来加有的电压产生瞬时电

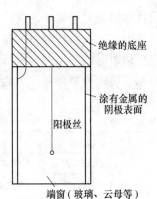

图 2-7　盖革计数管工作原理示意图

压降，向电子线路输出，即形成脉冲信号。在一定的电压范围内，放射性越强，单位时间内输出的脉冲信号越多，从而达到测量的目的。

（二）闪烁探测器

闪烁探测器是以物质与射线作用为基础，当射线照射到闪烁体上，闪烁体内部的原子或分子在高能射线的作用下激发发射出光子，利用光导和反光材料将大多数光子聚集在阴极上，光子碰撞阴极激发出光电子，通过光电倍增管的倍增放大作用在阳极上产生电压脉冲，此脉冲再经电子线路放大和处理后记录下来。由于这种脉冲信号的大小与放射性的能量成正比，利用此关系进行定量。该探测器可用于测量带电粒子 α、β，不带电粒子 γ、中子射线等，同时也可用于测量射线强度及能谱等。闪烁探测器的工作原理如图 2-8 所示。

常用的闪烁剂有碘化钠（用于测定 γ 射线）、硫化锌（用于测定 α 射线）和有机闪烁剂（如蒽，被用于测定射线）。用闪烁探测器来测量放射性能量，实际上是对脉冲高度进行分析，它可以制成各种闪烁谱仪。

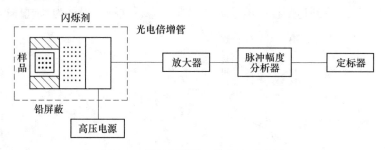

图 2-8　闪烁探测器工作原理示意图

（三）半导体探测器

半导体探测器是这段时间发展较为迅猛的核辐射探测器，其工作原理是半导体由于辐射的影响下，产生电子—空穴对，在电场中经过电脉冲信号的影响使电子线路放大。并且由于其能力较低，所以这种探测器能很好地适用核辐射探测，从而被大面积广泛采用。基于此理论衍生出来各种类型的探测仪器，如 GL-5、GL-20、GM-5、GM-30 等。

除此以外，对于核辐射的探测，还可以通过照相乳胶曝光方法。由于射线对于照相乳胶就如同光对于影子，射线与乳胶发生反应时，可以产生电子，从而使卤化银还原成金属银。因此，在对核辐射的探测中，一般会对样本进行底片曝光，通过分析曝光的深浅来确定核辐射射线的强度。由于放射性探测器种类繁多，因此需要进一步依据监测目的、样本形态、射线类型与强度、能量大小等去选择合适的方法。表 2-12 列举了不同类型的放射性检测仪器。

表 2-12　常用放射性检测仪器

射线种类	监测仪器	特点	射线种类	监测仪器	特点
α	闪烁探测器	监测灵敏度低，探测面积大	β	盖革计数管	监测效率较高，装置体积较大
	正比计数管	监测效率高，技术要求高			
	半导体探测器	本底小，灵敏度高，探测面积小		闪烁探测器	监测效率较低，本底小
	电流电离室	监测较大放射性活度		半导体探测器	探测面积小，装置体积小
β	正比计数管	监测效率较高，装置体积较大	γ	闪烁计数器	监测效率高，能量分辨能力强
				半导体探测器	能量分辨能力强，装置体积小

三、核污染监测方法

通常情况下，放射性元素的活跃水平较低，大概在 $1 \sim 104Bq/kg$ 之间，由于溶度过低，这给监测工作带来一定的困难。针对样本的放射性监测主要包括污染物浓缩、分离、提纯、分析测试及评估等，根据资料分析核污染源射线产生的特点，可以更精确的定位和查找污染源，进一步获取有效信息对该区域实施有效的核污染预防和治理。

目前，对于核污染的监测主要针对大气中的放射性核素监测及对相关单位河流下游的放射性元素监测，并评估它们的核污染水平。由于空气中含有^{131}I、^{134}Cs、^{137}Cs 等放射性元素，因此对于空气中以上元素的监测，通常的做法是先用大容积气体采样器对空气进行采样，紧接着利用高纯锗的 γ 能谱仪对样本空气中的放射性元素进行监测、观察，分析记录其在监测空气区域中的分布情况以及变化情况，并以此数据来进一步判断评估该监测区域的核污染强度及其扩散程度。为了对核污染进行监测，人们可以从^{90}Sr、^{137}Cs、^{134}Cs、^{58}Co、^{60}Co、^{110}Ag、^{54}Mn 等放射性元素入手，由于这些元素之间存在一定的差异，因此对于它们所使用的监测方法也各不相同。

对于^{90}Sr 的监测，人们常用的方法有沉淀法、离子交换法、溶剂萃取法等，因为^{90}Sr 是钚元素裂变产物之一，所以溶剂萃取法是比较简单且实验现象最为明显的方法，因而成为了行业较为常用的监测方法。由于^{137}Cs 在水中含量非常微小，因此，对于^{137}Cs 的监测，必须要对它进行一定的浓缩分离处理，六硝基二苯胺钾法、硅钨酸盐法是两种常用的处理方法。

在对^{58}Co、^{60}Co、^{110}Ag、^{54}Mn 以上放射性元素进行监测的时候，行业一般采用的是 γ 核素的联合分析，值得注意的是，市面上出现所谓非放射性元素选用的监测方法，得到的结果并非是绝对的，因而在实际应用上应该要具体分析生态环境的情况，结合实际灵活运用监测方法，并且对于一些特殊的情况，为了确保其监测结果的科学性和合理性，还要综合使用两种甚至多种监测方法。

课堂练习

一、填空题

1. 核污染的特点有：_____ 、_____、_____、_____。
2. 核污染主要来源于：核武器爆炸、_____、_____。
3. 进行核污染监测使用的仪器有：_____、_____、_____。

二、判断题

1. 核污染主要是指核物质泄漏后所遗的产物对环境的破坏。　　　　（　　）
2. 闪烁探测器的工作原理是半导体由于辐射的影响下，产生电子—空穴对，在电场中经过电脉冲信号的影响使电子线路放大。　　　　　　　　　　（　　）

三、简答题

简述核污染的监测仪器。

 **课外阅读**

核污染
——日本东海村核燃料加工厂事故

20 世纪末，在日本茨城县那珂郡东海村的核燃料加工厂中，工人们进行纯化铀的操作，在硝酸铀酰过程，为加快速度，早点下班，一名工人将 U-235（铀富集率为 18.8%）的硝酸盐溶液经漏斗倒入沉淀槽中（这种做法违反了规定，正确操作步骤为 U_3O_8 的粉末应先投入到溶解塔里，并将其溶于硝酸中，再用泵把该物料倒进贮存塔里得到最终产品硝酸铀酰），另一名工人站在沉淀槽旁边扶着漏斗，第三名工人在几米外的办公室工作。据分析，铀的最大量为 2.4kg，而这个工人却直接把 16kg 的铀硝酸盐溶液全都倒入沉淀槽中，随即诱发了链式核裂变反应，随即 3 名工作人员眼前出现了"蓝色的闪光"，γ 辐射监测报警器立马响起，发生了事故。因为 3 名工人所处的位置与辐射源的距离分别是 65cm、1m 与 2.6m，因此他们都受到了因核裂变产生的大剂量中子和 γ 射线的严重照射。事故发生后，该厂四周环境中的辐射含量上升至往常的 7~10 倍。据统计，在这次事故中，受到不同程度照射的人员约有 213 人，其中 1 人在事故后第 82 天死亡，1 人在事故后第 210 天死亡，另 1 人因自身恢复较好，在事故后第 3 个月后出院。从东海村核燃料加工厂的这次临界事故中，发现了包括事故发生时的应急处理问题与事故发生后的救援疏散等问题上都存在着许多不足。由于事故发生单位和相关管理部门都认为这种事故不可能发生，所以没有制定相关的应急处理措施，导致了救援行动迟缓，临时成立各指挥部，对于本次事故的原因与教训解析如下：

（1）人员不遵守操作规程。日本东海村核燃料加工厂曾有质量控制规定以严格控制铀的加工处理或使用量。本次临界事故的发生是因为操作人员未严格遵守操作规程，为加快工作进度，一次性向沉淀槽中加入了超过铀临界量的大量铀溶液而发生。根据事故调查，这起事故中的操作人员不仅没有按照国家认可的正规操作规程进行工作，甚至违反了工厂内部的操作规程。分析此次事故，发现尽管有十分完善的设计与设施，也无法完全保证不会发生事故。所以，进行安全管理机制的深度完善和强化，防止不遵守操作规程的现象再次发生是多么的重要。

（2）忽略对中子辐射的防护。铀临界事故发生时会产生中子辐射，中子辐射能够穿透墙壁。此次事故的发生，可以看出该单位在事故发生前未进行中子辐射的监测和防护，厂内未配备要求监测中子辐射的专门仪器，同样未配备应对中子辐射的防护装备，如此一来给救援工作带来巨大困难，导致许多抢救人员不得不在现场外待命，延误了抢救时间。当然，安全有效的中子辐射防护服，当今世界上几乎还没有，这也将是今后研究的课题。

（3）事故报警不规范。东海村消防队接到报警，只说了有急救的患者，而并没有强调发生的是核辐射事故，消防员没有做任何的保护措施便进入事故现场，均受到了不同程度的放射线照射。所以，为快速降低核辐射对现场人员与救援人员的伤害，以及实施有效的救援活动，有关部门以及报警人员都要牢记自己的职责与义务。事故发生时，不仅要做到及时主动报警，还应准确全面地描述报警内容。

第三章　生物监测技术

生物监测是通过环境污染或生态破坏导致生物个体、种群或群落产生不同程度的反应，来实现环境质量的定性或定量描述，为环境质量的监测和评估提供生物学角度的方法。从农业环境学角度，生物监测是指利用对污染物比较敏感的生物作为监测生物，根据其在污染环境中所释放的信息来判断环境污染情况的一种手段。生物监测，也被叫作"生物测定"，它能弥补物理化学方法只能客观反映环境中污染物具体含量的不足，对于生物体在不同量下所产生的生物危害很难知晓，而生物监测可以直观地反映出不同污染含量下，生物的变态反应情况。它是一种综合性监测，能综合反映整个生态环境的好坏。如利用敏感植物监测大气污染、利用水生指示生物监测水体污染等。

环境生物学根据其理论基础，可分为四大类监测方法——生理学方法、毒理学方法、生物化学成分分析法以及生态学方法。

第一节　水体污染生物群落监测

一、水体污染生物群落监测概念

水体污染生物群落监测，又称作水污染生物监测。

一般情况下，水环境与水生生物群落保持着动态均衡关系，既相互关联又彼此制约。当污染物进入水体后，会影响生存在其中的生物个体、种群和群落，使生态系统固有种群的物种组成和数量、类型特点、生产力和生理状况发生变化，导致一些水生生物的消失或者促使另一些水生生物的持续生长繁殖，数量上升。因此，水污染生物监测是指利用水生生物群落结构等的变化来监测水质好坏的方法。如有机污染物污染严重时，水中溶解氧较低，好氧生物消失，厌氧生物大量繁殖生存。

二、水污染生物群落的监测方法

没有受到污染的环境水体中生活着各种各样的水生生物是生态系统相对平衡的标志。当环境水体被污染，自然生态系统的平衡就会被打破，导致水生生物的个体数量和群落结构发生改变，导致敏感生物的消失，而抗性生物则会生长的愈发旺盛，使群落的结构变得更加单一，这都是建立在指示生物的基础上的生物群落监测法的理论依据。

（一）水污染指示生物法

像底栖生物、浮游生物、着生生物、微生物和鱼类等能因水体中污染物产生各类定性、定量反应的生物被称为水污染指示生物，它们对水环境的改变比较敏感，尤其是对化学污染反应十分敏感且有较高耐受性。观察水体中的指示生物的数量变化和种类来判断水体污染程度的方法就是水污染指示生物法。1909 年，德国学者调查了受有机物污染的河流生物分布情况，研究发现在河流的不同污染带上，存在着能表征相应污染带特性的生物，依据此提出了指示生物的概念。比如水质清洁的水中蜉蝣目稚虫、责翅虫或毛翅目幼虫比较常见；而有机物污染严重的水体则颤蚓类或食蚜蝇幼虫等比较常见。

底栖动物也被称为底栖大型无脊椎动物，是指体长超过2mm，广泛分布在江、河、湖、海洋、水库和其他小水体中的水生无脊椎动物，包括水生昆虫、环节动物、软体动物、大型甲壳类、圆形动物、扁形动物等动物门类，一般存在于水体底部的石块、淤泥之中或者砾石的表面以及其缝隙中栖息，又或者附着在水生植物之间。由于底栖动物没有较强的移动能力，所以一般来说底栖动物在环境稳定的水体中种类较多、结构稳定且种群的个体数量也比较适当。当环境水体的群落结构在受到污染后会发生变化。较为敏感的种类和不适应缺氧的种类会在有机污染严重和毒物存在的情况下逐渐减少直至消失，而耐污种类的数量会逐渐增加最终成为优势种类。从现在来看，各国在对污染的水体进行监测与评价时已经广泛地应用底栖动物。

悬浮在水体中的生物叫作浮游生物，一般分为两大类：浮游植物和浮游动物，它们比较小，不擅长游泳或者完全不具备游泳能力，过着"随波逐流"的生活。浮游植物主要是以丝状体、群体或单细胞的形式出现的藻类。浮游动物在淡水中主要有桡足类、原生动物、枝角类和轮虫。水生生物链的基础是浮游生物，在水生生态系统之中占有十分重要的地位，水质的指标生物可以是对环境变化反应具有敏感性的水生生物。所以在水污染调查中指示生物常常被列为主要研究对象。

着生生物（即周丛生物）是指包括真菌、细菌、藻类、甲壳动物、原生动物、轮虫、线虫、寡毛虫类、昆虫幼虫、软体动物，甚至鱼卵与幼鱼等，这些生物类别存在于有机体群落，长期附着在水中各种被浸没的基质（动物、植物、人工、石头）表面上。目前来说，着生生物的研究越来越受到重视，最重要的是因为其可指示水体的污染程度，对河流水质评价有着非常好的效果。

在清洁的湖泊、河流、池塘中，有机质的含量少，微生物的含量也很少，一旦水体受到有机物的污染后，微生物的数量将大幅度增加，故水体中含微生物的多少可以作为反映水体有机物污染状况的一种方式。

若浮游和大型无脊椎动物生态平衡被破坏，那么鱼类种群的生态平衡也会被破坏，因此可以说鱼类代表水生食物链的最高营养级水平。而且鱼类和无脊椎动物的生理特点也是不同的，低等生物可能不会对某些污染物有太大反应，则有可能会对鱼类产生较大影响。因而，水环境的总体质量能被鱼类全面反映。例如，胭脂鱼是上海的土著鱼，对水中重金属和溶解氧的含量敏感度比较高，会影响它的生长指标、生理指标和死亡率。将其投放到苏州河，通过对其体征状态的监测，可起到监测水质的作用。又如，德国在治理莱茵河的过程中，治理的最终目标是"让大马哈鱼重返莱茵河"，所以把大马哈鱼作为指示生物，监测河流生态恢复的情况。

当水体污染严重时，选择颤蚓类、细长摇蚊幼虫、纤毛虫、绿色裸藻等能在溶解氧较低的环境中生活的生物作为指示生物。颤蚓类在15%溶解氧的水体中，仍能正常生活，所以成为受有机物污染非常严重水体的优势种。颤蚓类数量越多，表明水体污染越严重。

水体中度污染的指示生物有被甲栅藻、脆弱刚毛藻、环绿藻、瓶螺、轮虫等，它们对低溶解氧也有较好的耐受能力，经常在中度有机物污染的水体中大量出现。

清洁水体的指示生物有蜻蜓的稚虫、扁蜉和生物纹石蚕，以及簇生竹枝藻、田螺等，只能在溶解氧很高、未受污染的清洁水体中大量生长。

（二）生物指数监测法

生物指数：运用数学算法计算出来的反应生物种群或群落结构变化的数值，用以评价水环境质量。

（1）贝克生物指数。1955 年，贝克（Beck）首先提出简易的生物指数计算方法。他把从采样点取到的底栖大型无脊椎动物分为两类，即耐有机物污染的耐污种和不耐有机物污染的敏感种，按下式计算生物指数：

$$生物指数（BI）= 2M+N \tag{3-1}$$

式中　　M——敏感底栖动物种类数；

　　　　N——耐污底栖动物种类数。

水域为清洁状态时，BI>10；水域为中等污染程度时，BI 为 1~6；水域为严重污染状态时，BI=0。

（2）贝克-津田生物指数。1974 年，津田松苗于 1974 年在贝克指数的基础上进行多次修改，提出不仅仅是在指定采集点采集，也在监测或拟评价的河段中采集各类底栖生物，再用贝克公式计算，当水质为清洁水区时，BI≥20；当水质轻度污染时，10<BI<20；当水区中度污染时，6<BI≤10；当水质遭到严重污染时，0<BI≤6。

（3）生物种类多样性指数。马格利夫（Margelef）、沙农（Shannon）、威尔姆（Willam）等通过对水生指示生物群落、种群的调查和研究，提出了以生物种类的多样性指数作为水质评价指标。该指数的特点是能够准确、定量地反映群落中生物的种类、数量和种类组成比例的变化信息。如沙农-威尔姆的种类多样性指数的计算式为：

$$\bar{d} = - \sum_{i=1}^{s} \frac{n_i}{N} \log_2 \frac{n_i}{N} \tag{3-2}$$

式中　　$\bar{d}$——种类多样性指数；

　　　　N——单位面积内样品中的各类动物总个数；

　　　　n_i——单位面积样品中第 i 种动物的总数；

　　　　S——收集到的动物种类数。

该表达式表明水质越好，动物种类越多，$\bar{d}$ 值越大；反之，则表明水质受污染情况越严重，种类越少，$\bar{d}$ 值越小。威尔姆对十几条美国的河流进行调查，对 $\bar{d}$ 值与水样污染程度总结出如下关系：水质受到比较严重的污染时，$\bar{d}<1.0$；水质受到中等污染时，$\bar{d}$ 为 1.0~3.0；水质为清洁状态时，$\bar{d}>3.0$。

采用底栖大型无脊椎动物种类多样性指数（$\bar{d}$）来评价水域被有机物污染状况是相对来说较好的方法，但由于受到多方面的影响多样性指数变化的因素，如水中营养盐的变化、生物的生理特性等，所以想要取得比较可靠的评价结果，需要结合底栖大型无脊椎动物种类多样性指数（$\bar{d}$）与化学指标及各种生物数量的相对均匀程度。

硅藻生物指数可以用底栖大型无脊椎动物，也可以用浮游藻类来计算生物指数，比如硅藻指数：

$$硅藻指数 = \frac{2A + B - 2C}{A + B - C} \times 100 \qquad (3\text{-}3)$$

式中　A——不耐污染藻类的种类数；

　　　B——广谱性藻类的种类数；

　　　C——只出现在污染水域的藻类种类数。

万佳等于 1991 年提出，多污带的硅藻指数为 0～50；α-中污带的硅藻指数为 50～100；β-中污带为 100～150；寡污带则为 150～200。

（三）污水生物系统法

德国学者于 20 世纪提出了污水生物系统的概念，其原理在于：按照污染程度与自净过程将受有机物污染的河流中相互连续河段自上游向下游划分为多污带段、α-中污带段、β-中污带段和寡污带段 4 种带段，不同带段有相应的理化和生物学特征。后来经过一些学者的研究和补充，津田等于 1964 年编制出如表 3-1 所列的污水生物系统生物学和化学特征。通过系统调查和采样，根据栖息生物的生态学特征、植物、动物、原生动物、后生动物等生物学指标来判断河流水体的综合污染程度。

表 3-1　污水系统生物学、化学特征

项目	多污带	α-中污带	β-中污带	寡污带
化学过程	还原和分解作用明显开始	水和底泥里出现氧化作用	氧化作用更强烈	因氧化使无机化达到矿化阶段
溶解氧	没有或极微量	少量	较多	很多
BOD	很高	高	较低	低
硫化氢的生成	具有强烈的硫化氢臭味	没有强烈硫化氢臭味	无	无
水中有机物	蛋白质、多肽等高分子物质大量存在	高分子化合物分解产生氨基酸、氨等	大部分有机物已完成无机化过程	有机物全分解
底泥	常用黑色硫化铁存在，呈黑色	硫化铁氧化成氢氧化铁，底泥不呈黑色	有 Fe_2O_3 存在	大部分氧化
水中细菌	大量存在，每毫升可达 100 万个以上	细菌较多，每毫升在 10 万个以上	数量减少，每毫升在 10 万个以下	数量少，每毫升在 100 个以下
栖息生物的生态学特征	动物都是摄食细菌者，且耐受 pH 值强烈变化，耐低溶解氧的厌氧生物，对 H_2S、NH_3 等毒物有强烈抗性	摄食细菌动物占优势，肉食性动物增加，对溶解氧和 pH 值变化表现出高度适应性，对氨有一定耐性，对硫化氢耐性较弱	对溶解氧和 pH 值变化耐性较差，并且不能长时间耐腐败性毒物	对 pH 值和溶解氧变化耐性很弱，特别是对腐败性毒物如硫化氢等耐性很差
植物	硅藻、绿藻、接合藻及高等植物没有出现	出现蓝藻、绿藻、接合藻、硅藻等	出现多种类的硅藻、绿藻、接合藻，是鼓藻的主要分布区	水中藻类少，但着生藻类较多
动物	以微型动物为主，原生动物居优势	仍以微型动物占大多数	多种多样	多种多样

项目	多污带	α-中污带	β-中污带	寡污带
原生动物	有变形虫、纤毛虫，但无太阳虫、双鞭毛虫、吸管虫等出现	仍然没有双鞭毛虫，但逐渐出现太阳虫、吸管虫等	太阳虫、吸管虫中耐污性差的种类出现，双鞭毛虫也出现	鞭毛虫、纤毛虫中有少量出现
后生动物	仅有少数轮虫、蠕形动物、昆虫幼虫出现；水螅、淡水海绵、苔藓动物、小型甲壳类、鱼类不能生存	没有淡水海绵、苔藓动物，有贝类、甲壳类、昆虫出现，鱼类中的鲤、鲫、鲶等可在此带栖息	淡水海绵、苔藓动物，水螅、贝类、小型甲壳类、两栖类动物、鱼类均有出现	昆虫幼虫种类很多，其他各种动物逐渐出现

（四）PFU 微型生物群落监测法（PFU 法）

1. 原理

微型生物群落是指包括细菌、真菌、藻类、微型后生动物和原生动物等在显微镜下才能看到的水生态系统中的微小生物。它们在一定的生境中能够构成特定的群落，彼此之间有复杂的相互作用，其群落结构特征与高等生物有相似之处。水体环境受到污染后，群落的平衡被打破，种群数量减少，多样性指数出现下降趋势，结构和功能参数等发生变化。即用微型生物群落替代大型水生生物系统，用定点模拟替代环境采样，通过微型生物群落的多样性指标——结构和功能参数的观测，判断水体污染的程度。

PFU 法是美国 Cairns 博士 1969 年创立的。我国于 1991 年颁布 GB/T 12990—91。PFU 法是把聚氨酯泡沫塑料块（PFU）作为人工基质沉入水体一段时间后，水体中的大部分微型生物聚集在 PFU 内，生物种类最终会达到种数平衡，为了了解水质的状况可以通过仪器观察和测定有关该群落的各种参数。不但如此，毒性试验法还可用于预测废水和水体中微生物群落的毒性强度，可提出群落级水平的基准并制定出安全浓度和最高允许浓度。

2. 测定要点

用绳子固定重物垂吊的 PFU 块，挂在水中取样，不同水环境下采样时间也不同，一般静水中 4 周左右，流水中 2 周左右；将采得样品用显微镜观察微型生物种类并进行活体计数。此方法可以用来监测塘、江、河、湖等水体中的微型生物群落。国家推荐标准（GB/T 2990—91）中规定镜检原生动物，要求看到 85% 的种类，如果要求种类多样性指数，需取水样于计数框内进行活体计数观察。

进行毒性试验时，既可采用静态式，又可采用动态式。静态毒性试验是在盛有不同毒物（或废水）浓度的试验盘中分别挂放空白 PFU 和种源 PFU，后者在盘中央（每盘 1 块），前者（每盘放 8 块）在后者的周围，并均与其等距；将试验盘置于玻璃培养柜内，在白天开灯，天黑关灯的环境下试验，于第 1、3、7、11、15 天取样镜检。种源 PFU 是在无污染的水体中已放数天，群集了许多微型生物种类的 PFU，它群集的微型生物群落已接近平衡期，但是未成熟。动态毒性试验是用恒流稀释装置配制不同废水（或毒物）浓度的试验液，分别连续滴流到各挂放空白 PFU 和种源 PFU 的试验槽中，在第 0.5、1、3、7、11、15 天取样镜检。

3. 结果表示

微型生物群落观察和测定结果可用表3-2所列的结构和功能参数表示。表中分类学参数是通过种类鉴定所获得的，非分类学参数是用化学分析法或仪器测定后计算出的。群集过程3个参数的含义是：Seq 为群落达平衡时的种数；G 为微型生物群集速度常数；$T\,90\%$ 为达到 90% Seq 所需时间。利用这些参数即可评价污染状况。例如，干净水体的异养性指数在 40 以下；污染指数与群落达平衡时的种数呈负相关，与群集速度常数呈正相关等。

表3-2　微型生物群落结构和功能参数

项目	结 构 参 数	功 能 参 数
分类学	(1) 种类数； (2) 指标种类； (3) 多样性指数	(1) 群集过程（Seq、G、$T90\%$）； (2) 功能类群（光合自养者、食菌者、食藻者、食肉者、腐生者、杂食者）
非分类学	(1) 异养性指数； (2) 叶绿素 A	(1) 光合作用速度； (2) 呼吸作用速度

课堂练习

一、名词解释

1. 生物监测
2. 水生生物监测

二、简答题

1. 生物监测的特征有哪些？
2. 简述几种水体污染生物群落监测方法。

课外阅读

水环境中的生物修复

生物学修复是利用生物的生命代谢活动，以降低有毒有害物质在被污染环境中的浓度或对其进行无害化处理，从而使被污染物影响的环境能够部分或完全恢复到原来状态的过程。它利用生物对环境污染物的吸收、代谢以及降解等功能的原理，对环境中污染物的降解起催化作用，加快环境中的污染物的除去速率。许多土著微生物在大多数环境中都有自然净化过程，但是，由于溶解氧或其他营养盐的缺乏以及环境毒性物质等会抑制微生物的生长。常常会采取一些强化措施加快污染物的分解，如增加氮磷等营养盐和微量营养物质、接种高效微生物等手段，强化和提高微生物活性及分解能力。

（1）微生物强化净化。常见的河流水体治理的三类微生物修复方法如下：

1）将经过培养筛选的一种或多种微生物菌种直接投入到污染河道水体。

2）将微生物促生剂（营养物质）投进污染河道水体，促进土著微生物的生长。

3）生物膜技术。生物强化技术实际上是外源微生物投放技术，在水产养殖、农业等方面得到了广泛的应用，向水体中添加一定量的微生物制剂，可以加速污染物在水中的降解，提高水体自净功能。

生物膜技术是利用微生物群体可以附着于某些载体的表面上的特性（附着情况呈膜状），与污水接触，生物膜上的微生物吸收并同化污水中的有机物为营养物质，从而净化污水。结合国内外的具体工程实例来看，生物膜技术更适合中小河流净化方面，具有净化效果好、方便管理等优点。由于我国目前环保设施建设存在资金短缺、技术落后以及废水处理率低的问题，大部分城市地区的污废水现状是：散流、漫流、渗入或汇入周围水体。生物膜技术在我国城市中黑臭小河流的综合整治中具有广阔的应用前景。

（2）水生植物净化。水生植物净化法是利用水生植物的自然净化原理，达到净化污水，降低污染负荷的目的。利用水生植物来净化水质，就是利用其具有的消化吸收污染物质、承受一定的环境胁迫的能力，而水生植物有着其自身的污染物承受极限，超过极限，水质过度恶化水生植物无法生存。因此，在污染河流水质条件极为恶劣的情况下，会进行预培养试验选择植物的种类，一般可以将大型水生植物分为四类：挺水植物、沉水植物、漂浮植物和浮叶植物，其中比较典型的是水葫芦、水芹菜、大藻、香蒲、水葱和薄草等水生植物，明显地净化黑臭河道。生态浮床或生态浮岛、人工湿地和水生植物氧化塘等，都是以水生植物为主要操作对象的修复技术的应用。

从 20 世纪 70 年代后期开始，对人工湿地的污水净化进行了研究。在人工湿地技术的应用中，能否正常发挥污染治理效能的关键是选择使用的水生植物的耐污和净化性能。其净化原理主要为：接触沉淀作用、水生植物的根部对氮磷的吸收作用、土壤的脱氮作用和土壤中的矿物质的吸附与离子交换作用。

此外，还有一些生态工程综合性修复技术，例如污水稳定塘（氧化塘）处理技术。稳定塘（氧化塘）处理技术是利用重力沉淀、微生物分解转化和水生动植物的吸收作用对污染河水进行净化（在美国称为稳定塘，在我国习惯上称为氧化塘）。如今，稳定塘在国内外已有多年的研究和实践，在原有稳定塘技术的基础上发展了很多新型塘和组合稳定塘工艺。生物氧化塘在黑臭水体预处理基础上，通过水体增氧、底泥生物氧化、水体生态恢复等技术手段，对河流水体具有较高的处理效率，对河道进行生物修复，能有效地消除水体黑臭、提高河涌水体自净能力。

第二节 空气污染植物

一、空气污染植物概述

城市空气质量对人们的身体健康和生产生活有着直接的影响，它也是人们赖以生存和发展的必要条件。大量的研究表明，城市大气污染中的气体污染物如 SO_2、NO_2 等的浓度和颗粒污染物与居民患癌症等的发病率有着很大的关系，使居民死亡风险加大。所以，对城市的大气污染进行监测是非常有必要的，以便能及时采取必要的缓解措施，并促进改善空气质量。

（一）空气污染的指示生物及选择

1. 指示生物

指示生物指的是当大气被污染后，生物数量、种类和群落结构发生变化，这些变化在某种程度上能反映大气污染状况。

2. 指示生物的选择

对某一大气污染物具有高敏感性，能够富集，变化较早，起到"早预报"作用的生物可被选作指示生物。

下列是一些大气污染物对应的指示生物：

（1）二氧化硫（SO_2）污染指示植物：百日菊、蜡梅、棉株、菠菜、白杨、大麦、小麦、芝麻、马尾松、辣椒、胡萝卜、烟草、苹果树、元麦、大豆、荞麦、紫花苜蓿、麦秆菊、杜仲、雪松、玫瑰、白桦等。

（2）氟化物污染指示植物：榆树叶、唐菖蒲、杏梅、金荞麦、玉簪、葡萄、金丝桃树、郁金香、山桃树、慈竹等。

（3）二氧化氮（NO_2）污染指示植物：烟草、向日葵、秋海棠、杜鹃、扶桑、西红柿等。

（4）O_3 的指示植物：洋葱、松树、烟草、丁香、花生、葡萄、萝卜牵牛花、马铃薯等。

（5）Cl_2 的指示植物：向日葵、白菜、葱、蔷薇木棉、韭菜、百日草等。

（6）氨的指示植物：芥菜、棉株、小叶女贞、杨树、悬铃木、枫树、刺槐、杜仲、紫藤等。

（7）PAN 的指示植物：早熟禾、繁缕、矮牵牛花等。

（二）植物受污染后的受害症状

1. 受 SO_2 污染的症状

开始时淡棕红色的斑点出现在叶脉间的叶肉上，然后通过颜色发生变化后开始出现漂白斑点，当面临严重污染时叶片的边缘及叶肉部分全部转化为枯黄，只剩下叶脉部分为绿色（图 3-1）。

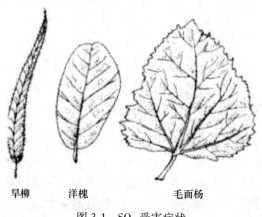

　　旱柳　　　洋槐　　　　　毛面杨

图 3-1　SO_2 受害症状

受到硫酸雾污染后，植物叶片边缘变得光滑，若为轻度污染叶面上会产生分散的浅黄色透光斑点；若危害严重斑点会变成孔洞（图3-2），产生这种现象的原因是硫酸雾会以细雾状水滴附着于叶片上。

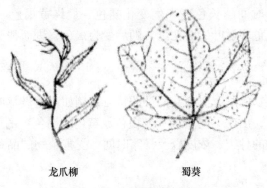

龙爪柳　　　　　　　　蜀葵

图 3-2　硫酸雾危害症状

2. 受 NO_x 污染的症状

由于 NO_x 会和 O_3 或 SO_2 反应生成多种混合二次污染物，所以相对于 SO_2 等污染物，NO_x 的危害较大。植物开始受到 NO_x 危害时，损伤部位以较大叶脉之间比较常见，慢慢向叶缘发展。植物叶片上会出现被侵蚀产生密集的深绿色水斑痕，然后斑痕随着损伤程度越来越严重，渐渐变成淡黄色或青铜色。

3. 氟化物污染的危害症状

植物的特定部位如针叶树的叶尖和阔叶植物叶缘区域常表现出伤斑，首先出现萎黄，颜色渐渐变深，形成棕色斑块，使得一条明显的分界线会出现在正常组织与发生萎黄组织之间。随着受害程度逐渐严重，黄斑出现在叶片中部及靠近叶柄部分，最终导致只剩下叶主脉下部及叶柄附近是绿色的叶片部分大面积枯黄，如图3-3所示。此外，氟化物进入植物叶片后不容易转移到植物的其他部位，容易在叶片中积累，因此，通过测定植物叶片中氟的含量便可以说明空气中氟污染的情况。

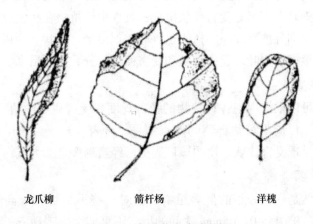

龙爪柳　　　　　　　箭杆杨　　　　　　　洋槐

图 3-3　氟化物危害症状

4. 臭氧污染的受害症状

臭氧主要对植物老龄叶片造成危害，一般为急性伤害，首先会出现细小点状烟斑，进一步叶片退绿甚至脱落。植物遭到臭氧危害时，前期症状是叶面上出现分布较均匀、细密的棕色或褐色点状斑；时间越长色斑产生变化褪色，最终黄褐色或灰白色的块斑连成一片。针叶植物受到臭氧危害后叶尖会变红，随后变为褐色，进而褪为针叶面上有杂色斑的灰色。

5. 大气污染危害植物的特点

一般大气污染对植物的危害有着共同性的特点，例如都会破坏叶绿素、失去光泽、细胞组织脱水、叶片脱落、出现不同颜色（灰白色、黄色或褐色）的斑点，甚至全株枯死等现象。但是因为污染物的种类、浓度以及暴露时间、受害植物的品种不同，植物的受害症状也会有所不同。

6. PAN 对植物的危害症状

植物早期被 PAN 伤害会在叶背面上出现亮斑或水渍状斑，而随着伤害程度加重会破坏气孔旁的海绵组织细胞，转由气窝取代且呈现为银灰色、褐色，最终污染区域出现"伤带"。

二、空气污染植物监测方法

（一）植物症状监测法

大气污染物由叶面上的气孔进入植物，伤害植物细胞组织，植物叶片呈现受害症状，污染浓度不同，植物产生的症状也有差别。污染物会导致植物的生理代谢活动如呼吸作用、蒸腾作用改变，使植物生长发育受阻，出现叶面变小、叶片早落、生长量减少、植株矮化等现象。这些都是判断大气污染的重要依据。

（二）现场调查法

现场调查法是指将检测区内的某些植物作为指示植物的方法。在野外调查方法中，前期需进行调查和试验，确定野外生长的植物对有害气体的抗性等级，一般分为三类：敏感性高，抗性中等，耐药性强。敏感植物在大气轻度污染时叶部会出现受害症状；抗性中等植物在大气中度污染时会有部分受害症状出现；抗性中等植物在大气受到重度污染时会有明显的受害症状，而部分抗性较强的植物也可能表现出受害症状。所以大气主要污染物及受污染的程度可以根据植物叶片受害症状和受害面积百分数判断出来。

1. 植物群落调查法

大气污染情况可以根据现场各种植物的受害程度和受害症状的情况预估出来。表 3-3 是某排放 SO_2 的化工厂周围植物群落的调查结果。由表可知，对 SO_2 抗性强的植物如枸树、马齿苋等已经呈现受害症状，说明该厂周围已经遭到严重的大气污染。

2. 地衣和苔藓调查法

地衣和苔藓虽然是广泛分布的低等植物，但对一些污染物有极高的敏感性。例如当 SO_2 的年平均浓度在 0.015~0.105ppm 之间的地区不可能会出现地衣；大多数苔藓不能在浓度达 0.017ppm 时生存下来。

表 3-3　排放 SO_2 的某化工厂附近植物群落受害情况

植　　物	受　害　情　况
悬铃木、加拿大白杨	80%～100%叶片受害，甚至脱落
桧柏、丝瓜	叶片有明显大块伤斑，部分植株枯死
向日葵、葱、玉米、菊、牵牛花	50%左右叶面积受害，叶片脉间有点、块状伤斑
月季、蔷薇、枸杞、香椿、乌桕	30%左右叶面积受害，叶脉间有轻度点、块状伤斑
葡萄、金银花、枸树、马齿苋	10%左右叶面积受害，叶片上有轻度点状斑
广玉兰、大叶黄杨、栀子花、蜡梅	无明显症状

　　大气污染程度可根据树干上地衣和苔藓的数量和种类来估计。一般在工业城市中，地衣的种类随着距离市中心的距离远近变化，距离市中心越近，污染越重地衣的种类和数量越少。有日本学者对东京周围苔藓的分布进行了调查，依据发现的 21 种苔藓的分布状况，可以把该地区分成 5 个大气污染程度不同的带，若将这些结果绘制在地图上，便可以得到相应的大气污染分布图。

　　人工栽培苔藓并将其放在苔藓监测器中进行监测的方法，适用于没有合适的石壁或树木可以观察苔藓和地衣的情况。苔藓监测器相对于指示植物检测器可以更小型化，它们俩的组成和测定原理大致相同。

　　3. 树木年轮调查法

　　乔木植物的年轮就如它的履历表，确切地记录着生长时期的周围气候环境状况变化及污染状况。人们通过观测年轮的宽窄及色泽的变化可以定性地了解各个生长时期的污染情况，利用仪器测量年轮中累计的微量元素量，就可了解相应年代大气的污染水平。进行年轮分析不必砍伐大树，只需要用一种叫"生长锥"的工具插入树下，取出一条棒状的样品，用专门的仪器测量年轮宽度。一种更先进的方法是根据 X 射线穿透的难易程度以及各年轮木材的不同密度，用不同感光程度记录在照片上，分析照片对污染做出定性评价。

　　4. 盆栽植物监测法

　　前期把指示植物放在没有被污染的环境中进行盆栽培植，等长到适宜程度，把指示植物转移到需要监测的地区，随后观察它们是否发生改变，出现受害症状。例如，大气中的氟化物情况可用唐菖蒲来监测，将没受到污染区域的球茎栽于高 10cm、直径 20cm 的花盆之中培养，等其长出 3~4 片叶后，转移至监测区域，放于污染源的主导风向下不同距离（如 5m、50m、300m、500m、1150m、1350m）处，定期观察受害情况。

　　过段时间，如果部分监测点的唐菖蒲叶片尖端和边缘产生有淡棕黄色片状伤斑出现，而且在伤斑部位和正常组织之间有一个非常明显的界限，表明这些地方被严重污染。根据伤害程度与预先试验得到的氟化物浓度的关系，能够大致估算出氟化物浓度。一周后，假如除最远的监测点外，都发现了唐菖蒲不同程度的受害症状，说明该地区的污染范围至少达到 1150m。

　　5. 细胞微核监测法

　　20 世纪中期，美国西伊诺斯大学的一位教授马德修（Te-Hsiu Ma），根据环境污染物导致染色体畸变形成微核的原理，率先通过紫露草花粉母细胞的微核数量指示环境污染情况，现在这种方法是美国 EPA 污染物监测的常规指标。我国也已经应用了这种方法来监测水和大气污染情况。

 **课堂练习**

一、判断题

1. 二氧化硫的指示植物有烟草、玫瑰、葡萄。　　　　　　　　　　　　　（　　）
2. 指示生物应选择具有很强敏感性的生物。　　　　　　　　　　　　　　（　　）

二、简答题

1. 什么叫作指示生物？
2. 介绍三种空气污染植物的危害症状。

课外阅读

大气污染的指示计——苔藓植物

19世纪末，一位植物学家从巴黎的卢森堡公园率先观察到地衣对污染高灵敏性的反应，为通过植物指示大气污染开了先河。有些人将种子植物与孢子植物相比较，一个世纪之后，在荷兰的一个地区发现，高等植物的种类有3.8%的减少量，而附生的苔藓植物却有13%的减少量。原本在加拿大西南部山区常见的苔藓植物，由于大气污染现在已经罕见甚至绝迹。欧洲的一个流域，冬季当二氧化硫浓度超过 $0.5mg/m^3$ 时，许多苔藓植物会死亡。这就是给人们的启示，苔藓植物的衰退很明显是由于大气污染。因此，在特定的地区，它可以作为衡量污染程度的生物尺度。

第三节　细菌检验

一、细菌检测概述

细菌总数法指的是以营养琼脂为培养基，培养1mL水样，测定在37℃条件下培养24h后的细菌菌落的总数。可以用细菌总数来描述水体被有机物污染的程度，给生活饮用水的卫生评价提供依据。通常没有受污染的水域细菌总数比较低，反之，受污染区细菌总数会上升，污染的严重程度是随着细菌总数的上升而逐渐恶化，因此，它可以作为一般水域污染的标志（表3-4）。

表3-4　河流污染程度与细菌总数对照表

污染程度	重污染河段	中污染河段	轻污染河段	未污染河段
细菌总数	100万个/mL 以上	10万~100万个/mL	1万~10万个/mL	1万个/mL 以下

对河流而言，上游水质较为干净，上游的细菌一般来自土壤，其中产生的腐殖酸（植物降解后会产生的一种物质）会降低水质pH，造成细菌死亡。河流下游，由于污水的乱

排乱放造成水体污染，细菌数量上升，但在河水的自净作用下，有些细菌被原生动物吞食，有些被吸附在颗粒物上沉至水底，细菌数量渐渐下降，最终水体中污染物含量下降，水质重新清澈。流进水库、湖泊的水也会出现上述过程，但最终来源不同的水混合均匀并达到平衡。

人们生活中使用的水井，较深水井的水是比较洁净的，因为当细菌通过 5m 厚度的密实土层时就会被过滤掉大半，若通过更厚土层，细菌的数量会更低。比较浅的水井，比较容易被污染，在某些情况下，细菌数量可以高达每毫升 2 万个，对于这样的水井，需要进行细菌检测，以确保水质安全。

二、细菌检测方法

（一）细菌总数的监测技术

菌落总数是指在营养琼脂培养基中，1mL 水样在 37℃ 条件下 24h 内培养出的细菌总数，可用于判断水体污染程度。地表水用平板法，生活饮用水则用平皿计数法（GB/T 5750—2006）。细菌学试验是指利用培养基培养后的细菌，进行的定量和定性工作。细菌的个体微小，不能用肉眼观察，需要在适宜条件下培养，使其长成肉眼可见的细菌菌落，并且需要借助显微镜观察，要求实验全程在无菌条件下进行。测定细菌总数的程序如下。

1. 灭菌

为确保所有检出的细菌都是待测样中的，细菌试验中所使用的器皿、培养基等仪器，要按照对应的方法进行灭菌，常用灭菌方法有：

（1）干热灭菌：160℃ 条件下，试管、吸管、培养基等玻璃仪器放入干热灭菌箱中灭菌 2h。

（2）高压蒸汽灭菌：采样瓶，稀释、培养基用水在高压蒸汽灭菌中，于 115℃（10lbf/in², 68.94757kPa）高压蒸汽灭菌 20min。

（3）蒸汽灭菌：在 100℃ 的蒸汽灭菌器中灭菌，需定时灭菌。

（4）火焰灭菌：灭菌时，首先使用远火慢慢加热，然后再使用火焰焰心灼烧。

2. 琼脂培养基的制备

准备好以下材料：3g 牛肉膏、5g NaCl、10~20g 琼脂及 10g 蛋白胨，将这些溶于 1L 蒸馏水中，加热至琼脂溶解，调节 pH 为 7.4~7.6，过滤后，分装到玻璃容器中，经高压蒸汽灭菌 20min，贮藏于阴凉处备用。

3. 试样培养

（1）将一定量混合均匀的水样（或稀释后水样）加入灭菌平皿中，再加入 15mL 已熔化并冷却到 45℃ 的营养琼脂培养基，旋摇平皿使其混合均匀充分，同时进行对照试验；

（2）待到试样凝固在平皿上，将平皿倒置在 37℃ 的恒温箱培养 24h，之后再进行菌落计数；

（3）同时使用营养琼脂培养基进行空白对照实验。

4. 菌落计数

若进行平皿菌落计数，有的可用肉眼直接观察，有的需用放大镜观察，最后求出水中细菌落的平均值。若采用稀释水样计数，应选用平皿中菌落数为 30~300 的菌落来进行计算。菌落计数报告时，当菌落数在 100 以下时，应直接报告实际数，超过 100 时，一般采用两位有效数报告（第二位有效数字的取值以四舍五入法为准），如菌落总数为 37750 个/mL，可报告 $3.8×10^4$ 个/mL。

（二）大肠杆菌的监测技术

指示粪便污染的重要指示生物是大肠杆菌（*Escherichia coli*）。常用粪大肠菌群（耐热大肠菌群）、沙门氏菌和大肠埃希氏菌监测水质污染情况。

人们的日常用水要求不含任何化学毒害物，且没有受人类和其他动物排泄物的污染。当大量的 *E. coli* 出现在水体中，表明水体最近受到了排泄物的污染。*E. coli*（脱离寄主后，半存留期会大大缩短）是一种较为敏感的指示生物，即使每 100mL 水中只存在一个个体，也能被检验出。若水中 *E. coli* 含量很低，则表明污染源距监测点较远。

大肠杆菌为需氧又兼性厌氧的微生物，能在 24h 内产生产酸产气的革兰氏阴性无芽孢杆菌，在 37℃时能够使乳糖发酵。大肠菌群数是指每升水样中所含有的大肠菌群的数目。发酵法和滤膜法是常用的检验大肠菌群的两种方法。

1. 发酵法

根据大肠菌群（耐热大肠菌群）能使乳糖发酵产酸产气的特点而进行检测，若既产酸又产气，则为阳性大肠菌群。

（1）培养基种类

检验大肠菌群常用的培养基如下：

1）伊红美蓝培养基；

2）品红亚硫酸钠培养基（供发酵用）；

3）乳糖蛋白胨培养液；

4）3 倍浓缩的乳糖蛋白胨培养液。

（2）检验大肠菌群的主要程序

1）初步发酵试验：是根据大肠菌群能分解乳糖、产生二氧化碳等气体的特点来进行试验，水体中能产酸产气的微生物不只有大肠菌群一种，所以还需进行试验验证。

初步发酵试验全程必须无菌，取一定量水样，并将其加入 3 倍浓缩的乳糖蛋白胨培养液中，37℃恒温培养 24h。

2）平板分离：培养 24h 后，把产酸产气的发酵管接种于品红亚硫酸钠培养基上，只产酸的发酵管接种于伊红美蓝培养基上，再恒温培养 24h，然后分别选择具有以下特征的菌落。

品红亚硫酸钠培养基上的菌落：深红色的菌落，无金属光泽或略带金属光泽；紫红色的菌落，具有金属光泽；淡红色的菌落，中心色较深。

伊红美蓝培养基上的菌落：紫黑色的菌落，无金属光泽或略带金属光泽；深紫黑色的菌落，具有金属光泽；淡紫红色的菌落，中心色较深。挑取菌落的一小部分，进行涂片，革兰氏染色，镜检。如果呈蓝紫色则说明是革兰氏阳性菌，呈浅红色则是革兰氏阴性菌。

3）复发酵试验：假设上述涂片镜检菌落为革兰氏阴性菌，可以再挑取该菌落的另一部分接种在乳糖蛋白胨培养液中，37℃恒温培养 24h，如果发酵管产酸产气则表示确实有大肠菌群存在。

4）大肠菌群计数：根据上述能够证实有总大肠菌群存在的阳性管数，查看大肠菌群检数表，报告每升水样中大肠菌群数。

2. 滤膜法（HJ/T 347—2007）

滤膜法是指在完全无菌的环境下将水样注入具有滤膜的过滤器中进行抽滤（细菌被截留在滤膜上），接下来把滤膜贴于品红亚硫酸钠培养基上恒温培养，16~18h 后，将符合特征的菌落涂片，进行革兰氏染色，之后镜检。

如果是革兰氏染色阴性菌，则需再次接种到乳糖蛋白胨培养液内恒温培养，18h 后若发酵管产酸产气，则判断为大肠菌群阳性。1L 水样中的大肠菌群数等于滤膜上生长的大肠菌群落的总数乘以 3。

（三）其他粪便污染指示细菌的测定

粪大肠菌群是总大肠菌群中的一种，指的是一种在温血动物肠道内生存的大量大肠菌群细菌，与总大肠菌群不同，当培养温度达到 44.5℃ 时，粪大肠菌群（fecal coliform）仍能生长并使乳糖发酵产酸产气。

沙门氏菌是污水中常见的致病微生物，是引起水体传染病的重要病原体。因其在水中的含量比较低，测定时需浓缩水样，常采用滤膜法浓缩，浓缩后培养、分离、鉴定，最后根据结果判断是否有沙门氏菌的存在。

链球菌，又称粪链球菌，也是一种粪便污染指示细菌。根据此细菌进入水体后无法自行繁殖的特点，且人类粪便中大肠菌群数要比粪链球菌数更多，动物粪便中类链球菌数要比粪大肠菌群数更多的特点，水质检测时，可以从两种菌数的比值推测粪便污染的来源。采用滤膜过滤法或多管发酵法测定粪链球菌数。

课堂练习

一、简答题

1. 介绍几种细菌检测的方法。
2. 介绍一下灭菌的几种方式。

第四节　生物毒性试验

一、生物毒性试验概述

当前日益严峻的水环境污染问题越来越得到人们的重视，造成水污染的原因一般有两种情况：

（1）工业废水。未经处理或处理不完全的工业废水的乱排乱放，导致地表水污染严重，主要污染物有重金属、化工类物质、高浓度有机物、放射性物质等。

（2）生活污水。尤其是在农村地区，生活污水的污染情况特别严重，目前我国广大农村地区没有系统的污水处理设施，再加上农业化肥农药的滥用及垃圾的随意倾倒，使得清澈见底的乡村河流现在大多都变得浑浊不已。

　　各国政府都相当重视水质问题，制定了一系列地表水、地下水及饮用水标准，规范了大量物理、化学和生物指标。但随着科技的进步，较多的化学合成新物质进入到环境中，之前的检测指标无法判断当前情况下水质的安全性。科学家们开始探索采用生物试验法检测水体的综合毒性，建立起更好的水质、生态安全和人体健康之间的关系。

　　目前生物毒性检测技术常采用的生物主要有鱼类、细菌、大型蚤、原生动植物、哺乳动物细胞等，已经有的应用方向包括：急性毒性试验、细胞毒性试验、慢性毒性试验、遗传毒性试验和内分泌干扰效应试验等。生物毒性检测技术在可靠性、重复性、可比性等方面存在着诸多问题，但它可以全面评价水质的安全性，因此在今后的水质检测中仍然具有很大的应用前景。

二、生物毒性试验方法

　　依据是否采用受试生物完整机体，可将生物毒性试验方法分类如下：

　　（1）体外试验。体外实验为毒理学资料提供方法，通常是指在生物体外培养某个靶器官、靶细胞或靶分子，观察受试物对其正常生理功能产生的影响作用。近段时间以来，随着分子生物学的飞速发展，体外实验的研究得到发展。目前，各种器官灌流、不同组织薄片培养、多种微生物诱变、各种细胞（单细胞或亚细胞）等体外试验方法得到广泛应用。鱼类作为水生食物链中的顶层生物，其各种生理行为是水质质量检测的重要指标。鱼肝细胞是一种优秀的试验靶细胞，因为鱼干细胞中有一种名叫 SOD 的酶，具有高活性和高敏感性。国内外许多学者对其进行了有关研究，并且取得了与整体的试验有良好相关性的试验结论。如李效宇等的试验，通过使用微囊藻毒素，对鲤鱼肝细胞抗氧化系统进行了毒害影响测试，并解释了微囊藻毒素对鲤鱼肝细胞损害的可能机理。

　　另外，发育初期的鱼类胚胎对水质毒理检测也很重要，因为它具有非常高的灵敏度。可以通过观察鱼受精卵化合物染毒后的胚胎发育过程，从而分析得到胚胎毒性、致畸性以及毒性作用的时间和方式。例如，Hallare 等利用了斑马鱼胚胎试验，检测二甲基亚砜作为溶剂的某药物的遗传毒性，结果表明该药物对斑马鱼胚胎的发育没有非常明显的影响。

　　体外试验也有不足，各种微生物或细胞的培养都是在离开生物体的条件下进行的，因此很难反映外源物在生物体内的转运、转化过程；较低的敏感度导致富集系数需在 15～30 之间；无法得到毒效学或毒代动力学的资料等。但是，体外试验也有优点，可用于测定生物中的某种特定毒性作用，且不受体内各种复杂因素的影响。探索毒性作用机制时，依据试验目的和需要的不同选择不同种属动物的器官、组织，细胞受体、细胞株（系）等，为整体动物试验提供有效线索和科学依据。

　　该法能够更准确地确定试验中的剂量和暴露期，使试验的环境物化参数得到更加精确的限定和控制，具有简便、快捷及可直接利用人体细胞的优点，因此可以在较短的时间内评价化学品的潜在毒性。

　　（2）体内试验。体内试验是利用对动物的毒理试验来测试毒物对生物体的危害程度，补充体外实验的不足，有效阐明剂量和效应之间的关系，从而确定阈剂量或无作用剂量。一般的动物试验在国际上都有专门的规定，但由于该试验存在各种各样的问题，比如对受试生物需求量大，实验成本高，试验周期长，在短时间内难以对大量物质进行毒性评价，且违背了 3R 原则。因此，有不少科研人员正在探索更加合理的试验技术和方法，从而确保试验的人性化和先进性。

根据暴露时间，可将生物毒性试验方法分类如下：

（1）急性毒性试验（急性致死试验、短期试验）。该测试指的是被测试生物群体短期（一般为48~96h）暴露于高浓度毒物会产生特定比例的有害影响的测试，在较短时间内可以获得毒物的危害信息。急性毒性试验是目前普遍应用的毒性测试方法，可反映机体短时间接触污染物后所受到的伤害，为确定毒物的作用途径、剂量与效应的关系提供科学依据。

（2）亚急性毒性试验（亚致死试验）。亚急性毒性试验的暴露时间介于急性毒性试验和慢性毒性试验之间。近几年来，由于对有机体认识的加深，出现了"亚致死终点"的概念，这一概念的提出增加了确定毒性效应的难度。

（3）慢性毒性试验（长期试验）。毒性测试中必做的试验项目是慢性毒性试验，指长时间地考察生物在低浓度毒物暴露下对繁殖能力、摄食能力等的影响。暴露时间以年为单位，甚至包括整个生存期，也有些观察至几代。该试验可为污染物的毒性评估提供全面准确的数据依据。由于该试验的暴露周期较长，之后提出应用因子（AF）概念：化学物质慢性试验浓度的阈值除以急性毒性试验的 LC_{50} 浓度值即为应用因子（AF），利用 AF 评价毒物毒性不仅可以节省时间，而且还可以节约大量试验经费。标准毒性试验不能完全再现自然环境中生物体在污染物中的暴露情况，因此，它不能准确无误地反映生物在实际环境中的污染情况，还要进一步做野外慢性试验。近年来，人们对阶段性污染比较关注，例如间歇时间和脉冲频率条件下的毒性试验。

根据试验溶液的状态，可将生物毒性试验方法分类如下：

（1）静态试验。指试验中的溶液处于静止状态，装置操作比较简单，一般适用于稳定性较高的受试药物且指示生物不属于好氧的生物。

（2）半静态试验。指试验中的溶液处于静止状态，但是可在一定的时间内（如12h或24h）更换试验溶液，更换溶液的方式一般有两种，一种是把溶液吸出再加入新溶液，另外一种则是直接将受试生物转移到新配制浓度相同的试验溶液中。无论是哪种转移方式，都应该注意保护受试生物，不能让它受到伤害。

（3）流水试验。流水试验指在保证不受外界因素影响下，如受试药物浓度的稳定性、溶解氧浓度，受试溶液源源不断地流经试验容器，并使试验动物的代谢产物及时排出。这种方法可以使实验动物处于更加接近自然的状态，所以大多数不稳定化合物的毒性试验常采用这种方法。但是相对于半静态试验，流水试验需要耗费大量水，还需及时处理废水，设备复杂昂贵，因此，前者比较常用。

依据标志物类别的不同，可将生物毒性试验方法分类如下：

（1）毒性试验。毒性试验通常包括藻类毒性试验、微生物毒性试验、鱼类急慢性毒性试验、大型蚤急慢性毒性试验等。毒性评价是当生物暴露在毒物中一段时间后，根据该生物中毒反应来判断毒物毒性。

藻类是水生生态系统的主要生产者，其生物量可以反映水体毒性。利用藻类进行毒性试验不仅易分离培养，而且能在细胞水平上直接观察中毒症状，并且，藻类生长周期短。基于这些优点，许多国家和组织把藻类毒性试验作为水生物监测的必要指标，并建立了一系列的标准方法。藻类毒性试验中的测量指标包括叶绿素含量、细胞数量、最大生长速率和肝脏重量。目前也有报道采用其他指标表征水体污染程度的，如陈德辉等将光合率作为测量指标，能够对污染物对藻类光合作用的作用情况做出快速、准确的测量，从而大大缩短实验时间（将传统的 96h 测量缩短为 2h），精度也提高了一倍。

发光细菌在生理代谢中具有独特的发光功能，广泛用于微生物毒性试验的测定指标。薛建华等发现水体中的苯酚和汞都会抑制发光细菌的发光强度，且发光强度同污染物浓度间有相关性，京杭运河的水污染检测就是对这一发现的灵活应用。通过研究，董春宏等人还发现，可以用底泥中硝化细菌的活性来评价铜离子的污染程度，通过研究获得底泥中铜离子半数抑制率 IC_{50} 为 12.43μmol/L，比活性污泥硝化菌为指示生物时更敏感，证明了该方法评价生物毒性的可行性。

大跳蚤是较为普遍的淡水生物，也是国际标准毒性测试试验认定的典型生物。利用大跳蚤进行急慢性毒性试验具有对毒物的敏感性强，材料易于获得，繁殖周期短，测试方法简单的特点。Calleza 等人通过使用大型跳蚤成功评估了有害废物的毒性。目前大跳蚤毒性试验已广泛应用于工业农业废水的毒性评价中。

当有毒物质在水体中达到一定浓度时，会导致鱼类生殖变化、行为迟钝、种群结构和数量改变等中毒症状，而且鱼类是水生生态系统的高等级物种，所以，鱼类可当作反映水质情况的重要指标。通过急性毒性试验，金彩杏等对有机磷农药三唑磷对鲈鱼、梭鱼、大弹涂鱼、日本鳗鲡苗等海中鱼类的毒性进行研究，以确定这四种鱼的急性半致死浓度和耐受三唑磷的强弱顺序。丁中海为了获得客观的急慢性毒性数据，研究了水生生物对三种农药和五种有机化合物的毒性效性情况，选取了水生食物链各营养级中具有代表性的生物（大型蚤、普通小球藻和斑马鱼）作为试验生物。但目前来看，传统鱼类毒性测试方法的应用受到了限制，主要因为指标过于依赖感官的判断。刘红玲等对氯代酚烷基酚类化合物的毒性进行了研究，通过对不同时期斑马鱼卵的生长发育状况进行观察，确定了氯代酚烷基酚类化合物对斑马鱼的胚胎发育有明显抑制作用，严重情况将导致胚胎发育畸形。

（2）利用生物大分子检测。生物大分子毒性检测主要以蛋白质等大分子化合物为对象，当受到污染物刺激时，生物产生的对抗机制经常出现在蛋白质的表达中，或者外源物直接作用于蛋白质形成加合物，因此，可以估计环境质量的变化。

目前，国内外学者比较关注通过在特定反应中改变关键酶来表达污染物的作用，不少"关键酶"已经成为标记环境污染的生物标志物之一，如研究较早的 ATP 酶和乙酰胆碱酯酶（AChE）能对毒物的环境危害提供预警。目前，有许多光宇混合功能氧化酶系（Mixed Function Oxidase，MFO）的研究，这种酶是体内的日常解毒酶，也称单加氧酶，含有细胞色素 P450 的一系列成分，而电子传递链的末端氧化酶也含有细胞色素 P450 成分，该物质催化专一，其活性可由外源物诱导，可作为水环境污染的生物标志物。

（3）利用血液学指标检测。鱼类的某些血液学指标对污染物敏感，可分阶段反映环境危害，所以能把这些指标作为反映水体质量的标志。其中，血液常见的检测指标包括：白细胞、红细胞数量，细胞的脆性，血红蛋白的含量及细胞的直径等。有报道认为引起集体免疫反应，造成白细胞数量先增后减现象及其组成变化的原因是有机磷能够使血红素水平、红细胞数量及比容降低。葛慕湘通过对感染嗜水气单胞菌的鲤鱼的血液学指标进行研究，发现鲤鱼对该种菌反应灵敏，其体内红细胞和血红蛋白数量明显降低，血沉速率显著加快，红细胞直径明显大于正常值。也有研究发现有机氯农药和造纸废水会使鱼的血糖增加。因此，鱼类生理状况与它生活的水环境质量有着密切关系，可以利用血液学指标标记污染物。

（4）利用行为活动的检测。水中的鱼类及其他水生动物可以感知水环境压力并做出反应，如水温突然变化，个体之间的竞争性监管，捕鱼和其他人为干扰而引起的急性环境威胁。程炜轩等研究了水体中微囊藻毒素和孔雀石绿对鲢鱼和斑马鱼的摆尾速度和移动速度的影响，发现污染物含量跟这两种鱼的个体行为活动速度密切相关，可以用于检测受微囊藻毒素和孔雀石绿污染的水体环境。也有研究表明，淡水鲤鱼和鲫鱼对重金属离子 Hg^+、Cu^{2+}、Ag^+ 高度敏感，且洗涤运动（即咳嗽频率）与重金属离子有着密切的关系。此外，还有研究发现，海湾扇贝的呼吸率明显地受 Cu^{2+} 的影响，其 $12h\ EC_{50}$ 为 $0.339mg/L$，而 $0.1mg/L$ 的 Hg^{2+} 和 $0.05mg/L$ 的 Cd^{2+} 能明显影响中国虾的呼吸。

（5）其他检测手段。由于生物之间存在复杂的生物关系（捕食、竞争及相互依存），将单种毒性试验的结果外推于真实的环境中是不科学不严谨的，需要通过不同的生物物种在不同的环境条件下进行实验得到结果。因此，毒性试验中的群落和系统级越来越受到研究者的重视。通常选择微型生物群落，有藻类、细菌、真菌和原生动物等作为水生生态系统群落级的毒性试验的试验生物。利用这些生物群落能敏感地反映外来环境的变化的特点，采用人工培养和人工基质模拟生态系统的方法，通过其功能和结构的变化来反映化学品的毒性。

由微生物膜和信号转换器（如气敏电极或离子选择电极等）组成传感器来检测污染物的生物毒性的技术称为微生物传感器技术。崔健升等将枯草芽孢杆菌、假单胞菌和地衣芽孢杆菌作为识别元件，应用夹层法固定微生物膜与氧电极组成毒性微生物传感器，对河豚毒素响应能力进行检测，发现以地衣芽孢杆菌为识别元件的传感器对河豚毒素最为敏感，较为适合推广。

课堂练习

一、简答题

1. 简述几种生物毒性试验的分类标准。

2. 什么是急性毒性试验，什么是慢性毒性试验，二者有何异同？

第四章　生态监测技术

　　生态环境即"生态关系组成的环境"的简称，它是影响人类生存、发展的各种生态要素和生态关系的总和，是关系社会和经济可持续发展的复合生态系统，也是自然环境受人类活动影响的产物。生态环境要素之间存在各种复杂的关系，二者不仅相互促进，同时也相互制约着，它们之间构成了一个具有综合性、等级性及区域性多种特征的复杂系统。从本质上来说，环境保护的最终目的就是治理环境污染、降低或避免破坏生态系统。生态环境保护是为了人类在不同生存环境下能够更舒适地生活，生态系统本身就是复杂的、多样的，致使传统的理化、生物监测很难全面客观地对生态系统的组成、结构、功能进行全方位的监测。随着环境保护工作要求的日益提高，单纯依靠传统的监测方法难以满足社会生活发展的需要，当前生态监测技术开始凸显其巨大优越性，它将是未来环境监测发展的主要方向。

　　近几年，国家层面越来越重视生态环境监测的发展。2019 年的第二届全国生态环境监测专业技术人员大比武活动为环保事业注入活力；2020 年 3 月生态环境部组织起草了《关于推进生态环境监测体系与监测能力现代化的若干意见（征求意见稿）》推动了生态环境监测"大格局"的形成；不断出台生态环境监测条例及配套制度，鼓励有条件的地方在生态环境监测领域先于国家立法。国家在不断加大生态保护力度，让环境监测网络不断完善，目前比较瞩目的成就是我国已经建成发展中国家最大的环境空气质量监测网。为了全面深入贯彻落实习近平新时代生态文明建设思想，全面深化对生态环境监测的改革创新，生态监测的全方位发展是环境监测的必然发展趋势。

第一节　生态监测概况

一、生态监测定义

　　生态监测理论基础为生态学原理，它是一种采用各种方法和手段能够系统地收集地球自然资源信息的综合技术，可以从不同尺度范围内连续观测和评价某一块区域的生态环境质量状况及其变化趋势。生态监测的目的是在人类活动影响下对区域内生态类型所产生的生态问题进行动态监测，终极目标是获得反映生态环境质量的状况和研究生态环境质量变化趋势所需要的具有代表性、可比性的各种数据和信息，对生态环境质量的变化进行预测和预警，为环境保护提供有力帮助，推动可持续发展战略的协调实施。

　　联合国环境规划署（1993）在《环境监测手册》上将其定义为一种综合技术，通过地面监测、航空监测、卫星监测等方法获取环境、生物、经济和社会等多方面数据的综合技术。生态监测通常采用可比的方法，系统地监测某一特定时空和在这一时空内的区域范围，通过这种方法来获得这一生态系统或者生态系统组合体的类型、功能、结构以及构成要素等监测过程以及预测过程。生态监测所得出的结果可用来评估人类生产活动以及生活活动对生态系统所造成的影响，给合理利用自然资源、生态环境的改善、促进绿色健康可持续发展提供了科学依据。

过去十年里，我国的环境保护部在《环境生态评价技术导则-生态影响》中，把生态监测定义成一种运用生物、物理和化学原理的综合技术，监测和预测生态系统或者对生态系统的组成部分进行监测并预测其发展趋势的综合技术手段。这一定义是我国生态监测基础理论依据，其较为全面地阐述了生态监测的方法、对象和目的。

生态监测是于英国的20世纪40年代发展起来的，当时仅仅是在地面上调查某区域范围内生态环境系统资料。后来空中摄影扩大了人们的视野；全球环境监测系统（GEMS）创立并定义生态监测和发射地球资源卫星使人类更详细地了解地球资源及其变化，逐步形成了现代概念的生态监测。根据资料，肯尼亚牧场生态监测队（KREMU）是世界上第一个生态监测单位。肯尼亚水资源匮乏，其80%以上的地区降雨量小于75mm，因而大部分人口集中在3个水量相对充足的地域。为了充分利用不同地域的资源，因而需要了解当地干旱和半干旱地区的生态环境质量状况——测定驯养和野生动物的数量、分布与随季节性变化（雨季和旱季）的迁移规律、植物分布情况、生长情况和气候生境，从而判断出各个区域开发的潜力、开发程度限制及最适宜的开发方式。目前，通过运用现代生态监测技术，我们可以精准地划分沙漠区与半干旱区的分界线；预测沙漠化的速度和扩展范围；动物在雨季和旱季的迁移路线及规律；植物生长量及其变化；评价绿化工程对遏制沙漠化进程的效果等。

二、生态监测内涵

当前的环境监测技术具有一定的局限性，强调局部分析，依靠理化以及生物指标来对土壤、水、大气等所含的有毒化学因子或有害物理因子进行检测。生态监测是监测区域内的大生态环境，重点监测大范围的生态破坏情况。为维护与改善自然生态环境，合理地开发自然资源，生态监测设计了科学合理的时空布局，充分利用对应的专业监测方法及可比的技术和方法，连续地监控着特定区域范围内的生态系统组成要素、功能与结构、发展与演替状况与变化，并判断和评价该区域生态系统胁迫效应。生态监测采用动态监测的方法，着眼于整体，是个动态连续监测的过程，该过程少则包含一个或多个生态变化周期，多则能够连续监测几十甚至上百个生态变化周期，并量化了因人类活动影响造成的生态破坏，弥补了环境监测的不足之处，为制定预防和控制生态环境污染的措施提供科学依据。

三、生态监测的目标

根据生态监测的发展历程，可看出生态监测的侧重方向为观测、评价以及预测受人为活动影响引起的大范围生态系统的变化状况，其主要监测由人类活动引起的生态系统的变化和自然要素的变化，从而预测这一生态系统变化的趋势。生态监测可分为宏观监测和微观监测两种，以宏观监测为主，以微观监测为辅。生态监测以生态系统中各种动态变化情况为对象，可将其划分为草地、森林、沙漠、河道、水库、湿地、海域、气候、生物多样性等。必要时综合宏观监测的监测方法，监测目标区域生态系统的理化指标和生态学指标，对生态系统的结构和功能进行分析，从而为生态环境质量状况的评估以及预测其发展前景提供生态环境保护、生态文明建设以及可持续发展科学依据。

生态系统具有多样性和独特性，生态监测指标也同样具有多样性的特点。监测指标包括：生物资源变化指标、环境要素变化指标以及人类生产活动变化指标。环境监测目前正在向着生态监测的方向发展，环境监测理论知识、实践为生态监测发展和完善提供了基本保证，有新的理论、方法以及技术，也为生态监测提供了力量以及帮助。

四、生态监测的任务

生态监测的基本任务如下：

（1）监测生态系统的现状，包括某一区域内珍贵的生态类型和人类活动在时空上引起的重要生态问题发生面积和数量的动态变化；监测人类的资源开发活动以及生态系统的结构、组成和功能影响变化。

（2）通过积累大量监测数据对各种生态问题的变化规律、生态环境发展前景的研究，为建立数学模型，预测和预报影响评价打下基础。

（3）生态系统受损后，监测治理过程中的生态平衡恢复或改善。

（4）监测不同种类环境污染物对生态系统的结构、组成和功能的影响及其在生物链传递过程中的变化。

（5）为保证我国生态环境的改善及国民经济持续协调的发展，提供符合我国国情的资源开发治理模式及途径。

（6）为政府部门制定有关环境法规和出台有关制度、决策提供科学依据。

（7）加入国际生态监测网络，支持一些重要的国际监测项目及生态研究计划，例如人与生物圈计划、国际地圈生物圈计划等。

五、生态监测的特点

（1）综合性。生态监测是一种涉及多领域（农、林、渔、工等）、多学科、多部门的综合技术手段，其监测对象也十分广泛，比如各类生态系统是宏观监测的对象，多种生态要素为微观监测对象。由于监测对象众多，无法形成统一的监测指标体系和方法，常需要多位专业人员协作完成，监测人员也要求具备较高的专业技能。

（2）复杂性。生态系统是由生物和环境构成的统一整体，同时也是生物与环境相互关联的庞大、复杂的动态系统。生态系统在时间空间上具有变异性。在进行生态监测的过程中，既要区分自然因素的作用，又要区分人为干扰因素的作用，加之人类目前对生态过程的认识是逐步积累和深入的，这就使得其具有复杂性。

（3）长期性。在自然界里，生态过程是一复杂、长期的过程，且生态系统又具有非常良好的自我调节能力，而导致依赖一次或短期的监测无法准确判断出其变化趋势，通过多次、长期的监测以及运用多学科综合比较研究后，才能准确、科学地揭示一个区域生态系统变化的过程和趋势，从而为解决环境问题提供科学的途径，如我国森林资源清查系统比较完善，这为我国包括林业在内的多领域研究提供了直接证据。

（4）分散性。每一个生态监测站点都相距较远，各监测网也都表现为远距离分散。由于生态过程的长期性，造成生态监测的时间跨度大，一般采用周期性间歇监测。

六、生态监测的类型

根据空间尺度的差异，将生态监测分为宏观监测和微观监测两种。

（1）宏观生态监测。宏观生态监测一般采用区域生态调查和生态统计的方法，并监测区域内（可扩至最大为全球范围）生态系统的构成要素、结构与功能、发展演替及其受人类活动的影响变化。遥感技术和生态制图技术是宏观生态监测采用的主要监测手段，并借助了 GIS 技术。

（2）微观生态监测。与宏观监测不同，微观生态监测的区域，大到可监测几个生态系统所组成的景观生态区，小到可监测单一生态类型，并且检测地域范围内的生态环境要素和生态环境质量。微观监测利用综合物理、化学以及生物的方法对目标生态系统（生态系统集合体）的结构、功能、特征及其在人类活动影响产生的变化进行监测。按照其内容，可分为：

1）污染性生态监测。污染性生态监测主要以因农业、工业、人类生活过程中产生的污染物影响生态系统而引起的变化为监测对象，尤为重要的是污染物随着生态系统食物链传递在生态循环中的积累。

2）治理性生态监测。生态系统受到人类活动破坏后，监测方向重点为治理和恢复生态平衡，如退牧还草、退田还湖、沙漠化土地治理等生态环境的治理工作。

3）干扰性生态监测。人类的生产生活活动后，首要监测的对象为造成生态系统的干扰情况，如草场的过度放牧导致草原沙漠化；工业污染物的排放引起水资源和土地资源污染；砍伐森林所造成的该生态系统结构功能发生变化，影响了区域内的水文过程与物质迁移规律；湿地开发而导致生态的改变等。

以上三种微观监测类型均应以背景生态系统监测资料为基础进行比较，从而在反映人类活动的影响下，研究生态系统内部各个要素、功能、结构发生的变化与程度。

生态监测中宏观监测起主导作用，微观监测是宏观监测的基础，两者有机结合起来形成现在的生态监测网。两者之间既相互独立，又相辅相成。

七、我国生态监测发展的现状以及发展的机遇

（一）我国生态监测发展的现状

随着生态环境的恶化以及对人类健康生活的影响，国家越来越重视和强化环境监测工作，我国生态监测的发展当前正由原来的不标准、片面化向着整体性、规范化、全面化及高技术性等方向发展，但由于各种历史因素，环境监测工作比发达国家起步晚。发达国家在 20 世纪就重点关注环境问题，因此，生态监测具有开展时间早、系统性强、效果好等优点。后来，随着持续的发展，我国有关部门（包括国家环境保护部、中国科学院、国家海洋局、农业部、国家林业局、国家气象局等）也越来越重视环境监测，都相继建设了一批生态监测站点，也先后对生态环境、自然资源和污染物一系列的调查开展了研究工作，而且各生态监测（研究）站都取得一定的工作成效，奠定了深入开展生态监测的基础。截至 2017 年，我国已上收 1436 个国控环境空气站的监测事权，建立了发展中国家最大的环境空气质量监测网；建成了由 3186 个监测断面构成的水环境监测网络；已完成 2 万多个

土壤国控点布设，初步建成了国家土壤环境质量监测网；不断强化自然保护区综合管理，加大生态保护力度方面，开展了446个国家级自然保护区的监测工作。

通过以上数据，可以看出我国在建设监测点和监测网方面取得了显著成绩，各部门也已初步建立了生态监测网，但我国目前建立起的生态监测网络不够有效、完善。虽然我国在这一领域取得了一定成就，但生态研究点建设和监测工作仍然处在初级阶段，表现为分散、重复和不规范现状，还没有形成完整、成熟的综合技术体系。

（二）我国生态监测发展的机遇

党的十八大首次将"建设生态文明"纳入社会发展"五位一体"总体布局中，并明确地提出"建设生态文明，是关系人民福祉、关乎民族未来的长远大计"，并向全国各族人民发出了"建设美丽中国"的伟大号召。国家环境保护部于2013年1月正式印发《全国生态保护"十二五"规划》，认为还没有从根本上遏制中国生态环境全面恶化的趋势，并强调要对重点生态区域加强保护和管理，恢复受破坏地区的生态功能，防止新产生的人为破坏。2014年新修订的《中华人民共和国环境保护法》第二章第十七条规定"国务院环境保护主管部门制定监测规范，会同有关部门组织监测网络，统一规划国家环境质量监测站（点）的设置，建立监测数据共享机制，加强对环境监测的管理"。时任国家环保部部长陈吉宁在2016年2月主持召开的国务院常务会议上审议并通过了《生态环境监测网络建设方案实施计划（2016~2020年）》，确定了四年内生态环境监测网的建设总目标，并对完善中央与地方环境质量监测网络、提高生态状况监测水平、促进污染源监测和环境质量预报预警与应急、增强环境监测质量管理、监测信息共享与发布，以及生态环境监测能力建设等提出了具体要求。2016年10月环保部所发布的《全国生态保护"十三五"规划纲要》，把生态安全监测预警建设及评估作为重点工作。2018年生态环境部发布的《生态环境监测质量监督检查三年行动计划（2018~2020年）》确定生态环境监测质量是生态环境监测工作的生命线，检查内容包括运维质量检查、排污单位检查、监测机构检查三方面，出台的系列相关法律政策，给我国生态监测良好发展提供了绝佳的机会，使生态监测在生态文明建设体制改革中有了政策保障。

课堂练习

一、填空题

1. 生态监测的特点：_____、_____、_____、_____。
2. 根据生态监测的对象及其两个基本的空间尺度，将生态监测划分为_____、_____两种类型。

二、简答题

1. 什么是生态监测？简述其基本任务。
2. 国家越来越重视生态文明建设，而生态监测有重要作用，为政府出台有关制度提供了科学依据。据此谈谈我国生态监测发展的现状和发展的机遇。

第二节 生态监测技术大纲

确定生态监测技术大纲是开展生态监测工作的首要工作。明确生态监测基本概念、特点和工作范围，并依据实际情况来制定出相应的技术路线是技术大纲的主要内容，优先对主要的生态问题进行监测，制定出我国主要生态类型和微观监测的指标体系，依照目前的分析水平，决定常用的监测指标分析方法。

一、生态监测技术路线

生态监测计划的制订、方案实施和成果应用的技术路线程序如图 4-1 所示。

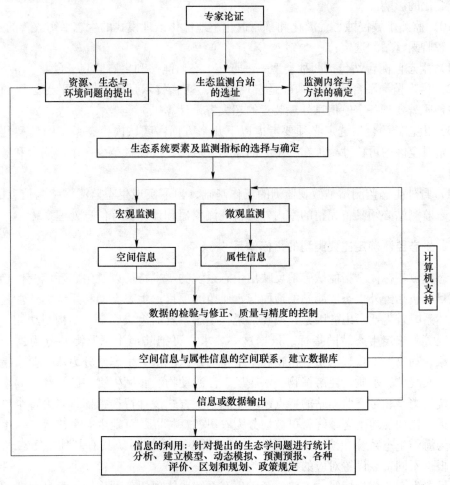

图 4-1 生态监测实施程序图

二、优先监测的生态项目及生态台站的选定

在我国开展的具有优先监测权的生态项目有：
（1）监测由全球气候变暖所导致的生态系统区系位移。

（2）监测草场沙化退化面积、时间空间分布的变化情况和环境影响。

（3）水土流失的面积及其时间空间分布和环境影响的监测。

（4）监测珍贵、濒危动植物的分布及其栖息地变化情况。

（5）监测沙漠化的面积、时空分布和环境影响。

（6）各生态系统中微量气体的释放通量与吸收的监测。

（7）监测人类生产、生活活动对陆地生态系统如森林等结构、功能的变化情况的影响。

（8）监测土壤—植物—水体系统中的环境污染物（包括化肥、农药、有机污染物和重金属）迁移和转化的变化。

（9）监测水环境污染对水体生态系统［包括水库（含湖泊）、河流和海洋等］的结构和功能变化的影响。

（10）监测土壤侵蚀、荒漠化和草原退化土地优化治理模式的生态平衡改善的过程。

生态监测台站的选定：

（1）生态监测台站包括两种类型——野外生态监测站和生态监测平台。

（2）生态监测平台的工作基础是宏观监测，遥感技术是生态监测平台必要的技术支持，并且还需要具备宇航信息处理装置的超大容量计算机。

（3）生态监测台站选定必须要考虑以下几个方面：区域内生态系统的典型性和代表性，台站对全区的可控性要求在一个大的监测区域内，应设置至少一个监测台和数个野外监测站。

（4）野外生态监测站是微观监测的工作基础，为了实现生态监测网络内信息的共享，野外生态监测站必须具备完整的室内外分析观测仪器和计算机等信息处理系统。

三、生态监测确定主要类型的指标体系

生态监测指标体系指能敏感地反映出生态系统的基本特征以及生态环境变化趋势的一系列项目，包括野外生态监测站的地面与水质监测项目。生态类型和系统完整性是确定相应指标体系时首先要考虑的因素，换句话说，生态系统的组成要素、结构与功能、发展与演替状况等是选定生态站的指标。依据这一要求，可把陆地生态监测站分为六个要素指标：气象、动物、土壤、水文、植物和微生物要素；把水文生态站分为八个要素指标：微生物、水文气象、水质、浮游植物、水底质、浮游动物、底栖生物和游泳动物要素。依照生态系统的类型、生态监测站的特点以及生态干扰方式设置特选指标，并为每个要素设置常规指标。比如陆地生态系统就可被划分为农田、森林以及草地生态系统等；水生生态系统又分为海洋生态系统和淡水生态系统，不同类型的生态系统具有其独一无二的生态特点，可根据不同特点设置对应的指标。

在设置生态监测指标时，不仅要考虑生态系统所体现的各种作用，而且要考虑各生态类型之间相互关联的复杂关系。大气与陆地界面、大气和水域界面以及陆地和水域界面之间的物质与能量的转移和转换指标都为生态监测指标设置范围。在实际的生态监测工作中，可根据生态站建站的目的等实际情况进行对应的双因素监测、生态系统监测、多因素监测，甚至采用多生态系统的联合监测。因此，生态监测指标体系的确定原则为：

（1）尽量实现监测内容具有可比性，同一生态类型的不同监测站之间的监测必须按照

统一指标体系进行。

（2）在确定监测指标体系时，应充分考虑指标的代表性、综合性和可操作性，要因地制宜，真实反映生态系统的主要环境问题。

（3）为突出各监测台站的特点。每个监测站可根据项目具体情况适当增加具体指标。

（4）宏观监测可以因监测项目的不同而选定不同的指标，而微观生态监测指标则反映主要的生态过程，包括生态系统的组成、结构、功能。

（5）指标体系应主要以结构和功能指标来反映生态系统各个层次以及主要的生态环境问题。

四、不同类型生态站的指标

（一）森林生态系统监测站

1. 气象要素指标

常规指标：蒸发量、风速及其分布、降水量、日照、湿度、温度和辐射收支。

选择指标：林冠径流量及其化学组成，大气中干湿沉降物及其化学组成，林间一氧化碳气体浓度及其动态。

2. 水文要素指标

常规指标：地表径流量及其化学组成（Na、Mg、K、Ca、N、S、P、有机质），地下水位。

选择指标：泥沙流失量及其颗粒组成和化学成分（Mg、K、Ca、Na、N、P、S、有机质）、附近河水的化学成分（Mg、Ca、Na、N、P、N、Na、有机质）。

3. 土壤要素指标

常规指标：交换性盐基及其组成、阳离子交换量、土壤中养分的含量及其有效态含量（N、P、K、S）、pH 值、土壤颗粒组成、交换性酸及其组成、团粒结构组成、交换性盐基及其组成、阳离子交换量、土壤有机质含量、透水率、孔隙度、饱和水量、容重及凋萎水量。

选择指标：土壤矿质全量、土壤 CO_2 释放量及季节动态、土壤元素背景值。

4. 植物要素指标

常规指标：植物种类及组成、覆盖度、生长量、种群密度、生物量、指示植物、凋落物的化学组成、指示群落、凋落物量及分解率以及热量、光能和水分的收支。

选择指标：不同森林气候的生物量，珍稀植物及其物候特征和化学组成。

5. 动物要素指标

常规指标：生物量及时空变化、种群密度、动物种类、热值、能量和物质的收支。

选择指标：珍稀野生动物的数量及动态，动物蛋白质、必需元素、灰分、脂肪含量。

6. 微生物要素指标

常规指标：微生物种类、分布及其密度和季节动态变化，生物量、热值。

选择指标：土壤酶类型和活性，呼吸强度，元素含量、总量，固氮菌生物量及其固氮量。

（二）草原生态系统监测站

1. 气象要素指标

气象要素常规指标与森林生态系统气象常规指标一致。

选择指标：气象要素的常规指标是大气中一氧化碳、大气干湿沉降物的量及化学组成、部分气体浓度及其动态。

2. 水文要素指标

水文要素指标与森林生态系统水文常规指标和选择指标相同。

3. 土壤要素指标

土壤要素指标与森林生态系统土壤常规指标和选择指标相同。

4. 植物要素指标

常规指标：与森林生态系统植物常规指标相同。

选择指标：珍稀物种及其物候特征。

5. 动物要素指标

动物要素指标与森林生态系统动物常规指标和选择指标相同。

6. 微生物要素指标

微生物要素指标与森林生态系统微生物常规指标和选择指标相同。

（三）荒漠生态系统监测站

荒漠生态系统监测指标除水文要素指标中可去掉泥沙流失量及颗粒组成和地表径流量两项内容外，与草原生态系统监测指标基本相同。而在土壤要素指标中则增加土壤风蚀量、土壤盐分含量及其组成、碱饱和度以及沙丘动态监测指标。

（四）农田生态系统监测站

1. 气象要素指标

常规指标：与森林生态系统气象常规指标相同。

选择指标：大气干湿沉降物的量与其化学组成、大气中一氧化碳浓度及动态。

2. 水文要素指标

常规指标：与森林生态系统水文常规指标相同。

选择指标：包括泥沙流失量及其颗粒组成，泥沙及径流携带农药（DDT、有机磷等）和其他有毒物质的量（Pb、Cd、Hg、Ni、Cr、F 和 As 以及多环芳烃等），泥沙化学组成，农田的灌水量、入渗量和蒸发量，附近河流或水库的水质及化学成分。

3. 土壤要素

常规指标：与森林生态系统土壤常规指标相同。

选择指标：包括土壤中的矿物质含量，土壤 CO_2 与 CH_4 的释放量及季节动态，稻田的氧化还原电位，土壤元素背景值，土壤农药、重金属及其他有毒物质的累积量，盐碱地的总盐分含量及八大离子组分含量，碱饱和度，土壤化肥和有机肥的施用量。

4. 植物要素指标

常规指标：植物要素常规指标包括作物地上、地下及种子生物量和化学组成，热量、水分和光能的收支。

选择指标：植物要素选择指标包括果实或种子中农药、硝酸盐、重金属、亚硝酸盐等有毒物质的含量，作物粗蛋白、粗灰分、粗纤维、粗脂肪。

5. 动物要素指标

常规指标：与森林生态系统动物常规指标相同。

选择指标：包括动物体内农药、硝酸盐、重金属及亚硝酸盐等有毒物质含量。

6. 微生物要素指标

微生物要素指标与森林生态系统微生物常规指标和选择指标相同。

(五) 水生生态系统监测站

1. 水文气象要素

常规指标：气温、蒸发量、水深、风速、日照、水色、风向、降水量及其分布、透明度、水色和辐射。

选择指标：海况。

2. 水质要素

常规指标：pH、碱度、硫化物、Eh、蒸发残渣及 DO、CI、SS、BOD、COD、氰化物、酸度、重金属元素、氨氮、硫化物和农药含量。

选择指标：油类。

3. 底质要素

常规指标：颗粒分析、总氮、有机质、氯、pH、E_h、颜色、总磷、总汞、酚、氰化物、铜、镉、硒、铬、铅、锌、砷、甲基汞和农药。

选择指标：硫化物、COD、BOD。

4. 浮游植物要素

常规指标：包括浮游植物总生物量、浮游植物群落组成及其数量（定量分类），优势种的动态。

选择指标：包括有毒物质在浮游植物中的残留量。

5. 浮游动物要素

常规指标：包括小中大型浮游动优势种的变化动态、物群落结构，总生物量、总数以及类型。

选择指标：包括有毒物质在浮游动物中的残留量。

6. 底栖生物要素

常规指标：包括种的丰度或覆盖面积、优势种及动态，生物量、群落结构及组成（定量分类）。

选择指标：有毒物质残留量。

7. 微生物要素

细菌和大肠杆菌的总量、分类及生化活性。

8. 游泳动物要素

常规指标：包括个体种类与数量、年龄与丰富度、现存量、捕获量和生产力。

选择指标：包括残毒分析、致残量和亚致死量、酶活性（P-450 酶）。

五、生态监测指标中分析方法的选定

为方便监测站台之间的数据，使数据具有可比性和交流性，生态站相同的监测指标应按统一的采样、测定以及分析方法进行，这才能使得生态监测规范化得到基本的保证。从实际情况看，目前我国的生态监测工作还无法达到规范化、标准化的工作要求，仍然存在大量的科研难题，特别是生物要素监测方法的统一等问题亟待解决。国际上生态监测也存在着相同的问题，美国的长期生态研究计划也无法达到标准化。因此，不管是现在还是以后，使生态监测规范化、标准化是我们努力的方向。生态监测指标中分析方法的确定原则为：如果国家已经制定出相应的分析方法标准，就应该按照国家制定出的标准方法应用；如果国家还未制定出相关规范，就推荐学科领域内较权威的分析方法应用。下面几点列出了主要的参考资料：

（1）陆地气象要素常规指标监测频率和方法参照中央气象局编、气象出版社 1979 年出版的《地面气象观测规范》规定的方法，海洋气象的观测可参照国家海洋局 1975 年编写的《海洋调查规范》一、二分册中海洋水文调查和海洋气象观测规定的方法。大气干湿沉降物的分析按国家环保局主持编写、中国环境科学出版社 1990 年出版的《空气和废气监测分析方法》中规定的相关方法进行。

（2）地表径流量、泥沙流失量等水文要素野外监测指标可采用水利电力部农村水利水土保持司主编、水利电力出版社 1988 年出版的《水土保持实验规范》SD 239—87 中规定的方法。采用国家环保局编、中国环境科学出版社 1989 年出版的《水和废水监测分析方法》中规定的方法进行水样采集及化学组成分析。

（3）在收集、制备土壤要素样品的（风干样品需 200 目筛法进行理化分析作用）和分析可以参考中国土壤学会农业化学专业委员会编、科学出版社 1984 年出版的《土壤农化常规分析方法》和中国科学院南京土壤科学研究所编、上海科技出版社 1979 年出版的《土壤理化分析方法》中规定的有关分析方法。

（4）采用日本木村允著、姜恕译、科学出版社 1981 年出版的《陆地植物群落生产量测定法》相关规定方法中的植物要素中野外监测指标，室内分析指标根据土壤要素介绍的两本书中有关植物采集与分析的规定进行。

（5）根据本伊藤嘉昭等著、邬祥光等译、科学出版社 1986 年出版的《动物生态学研究方法》中规定的动物要素指标方法进行。

（6）根据关松荫等编、农业出版社 1986 年出版的《土壤酶及其研究方法》中规定的方法微生物元素指标中的酶活性和酶类型进行分析，并根据中国科学院南京土壤研究所微生物室编著、科学出版社 1985 年出版《土壤微生物研究法》中规定的方法对其他指标进行分析。

（7）水质要素淡水部分的指标分析按照国家环保总局 2002 年主持编写的《地表水和污水监测技术规范》及中国环境科学出版社 2002 年 10 月出版的《水和废水监测分析方法》第四版中的有关规定进行，海水部分分析按国家海洋局主持、编写的《海洋污染调查暂行规范》中规定的方法。

（8）相关领域的农药残留指标按照国标及行业标准方法以及《农药残留量分析与检测》中规定的方法进行分析。

（9）某些特殊指标分析可按常用的监测方法，但方法必须先在使用前进行验证。

课堂练习

一、判断题

1. 生态监测首要工作是确定生态监测技术大纲。　　　　　　　　　　　（　　　）
2. 生态监测台站包括野外生态监测站、生态监测平台两种类型。　　　　（　　　）
3. 生态站相同的监测指标应按统一的采样、测定以及分析方法进行。　　（　　　）

二、简答题

1. 用图示说明生态监测的技术路线。
2. 生态监测指标体系的确定原则是什么？

第三节　生态监测技术方法

空中遥感监测是生态监测的重要技术手段，而地面监测是完善生态监测网络的技术支撑、建立完整的生态监测指标体系评估方法的辅助措施，从而实现对生态环境状况的科学评估和预测生态环境的变化趋势。目前空中监测、地面监测和卫星监测应用是应用生态监测的常见方法。

一、地面监测

地面监测是采用传统的技术，在所监测区域建设固定站，根据计划的路线，由个人徒步或乘坐越野车等交通工具收集数据并定期测量。这种方法成本较高，而且数据收集范围几千米至几十千米，但这是最基本、不可缺少的手段，其结果可以直接提供具体的详细情况。由于地面监测得到的是"直接"数据，可以校核卫星监测以及空中监测。但是更为重要的是某些数据只能在地面监测中获得，例如土壤湿度、小型动物、降水量、动物残余物（粪便、尿和残余食物）等。地面测量采样线路一般沿着现存的地貌的走向，如公路、小路、家畜和野兽行走的小道。采样点放在这些地貌相对不受干扰一侧的生境点上，监测断面的间隔距离一般为 $0.5\sim1.0km$。收集数据包括：植物物候现象、物种、高度、草地覆盖、种群密度；观察动物活动、生长、生殖、粪便、残余食物以及生长阶段、生长密度、木本植物的覆盖等。

二、空中监测

空中监测是三种检测技术中最经济有效的。一般由驾驶员、领航员和两名观察记录员这四人使用 $4\sim6$ 座单引擎轻型飞机执行任务，将坐标图覆盖所研究区域，绘制工作区域图是他们的首要任务。空间监测中 $10km\times10km$ 一小格是典型的坐标。飞行时间的安排一般在上午或下午，受中午不良光线影响，动物可能躲在树荫下休息，该时段导致不适合监测。

飞机的飞行速度大约 150km/h，飞行高度大约 100m，观察员透过观察框的观察视角约 90°，观察地面宽度约 250m。很明显，飞行高度误差影响观测精度。

三、卫星监测

使用地球资源卫星对天气、作物生长、森林病虫害、大气和地表水体污染等进行监测。例如，资源卫星在地球上空 900km 轨道上运行，每隔 18 天通过地球表面同一地点一次。从传感器获得照片或图像，其分辨率可达 10m。经过解析图片可获得所需资料。最新技术运用可使（每天绕地球飞行两圈）通过地球同一地点间隔越来越短，随着技术的更新，可利用不同时间同一地点的图片分析油轮倾覆后油污染扩散情况、大范围内季节性生产力的评估、牧场草地随季节变化等。覆盖面广是卫星监测最大的优势，利用卫星监测可以获得人工难以到达的高山、丛林的资料。随着当前资源的增加，卫星监测的成本将逐渐下降，但是这种监测可以监测出地面的细微变化，从而使地面、空中和卫星监测相互合作，以获取完整的数据资料。

课堂练习

一、填空题

应用生态监测的常见方法有＿＿＿＿＿＿、＿＿＿＿＿＿、＿＿＿＿＿＿。

二、简答题

简单地描述一下什么是空中监测、地面监测和卫星监测。

第四节　生态监测方案

一、生态监测方案的制定

生态监测是生态环境保护的一种重要措施，包括短期生态监测与长期跟踪生态监测。生态监测的复杂性、生态影响的长期性以及量变到质变的特点决定了它在生态环境管理中特别的作用。因此，了解生态监测及其类别，怎样开展生态监测？这些都是生态监测方案制定中需要解决的问题，具体内容如下：

（1）了解背景。观测生态环境，了解其特征和规律。比如，想要了解野生生物及其栖息地的特征和规律，就需要对其进行长期的观察与研究。

（2）验证假设。需要经常性地对环境影响评价中的推论、结论进行验证，判断其是否正确，是否符合实际。这对于评价项目的实施具有积极意义，也对于接下来进行类比分析，推进发展生态环境影响评价工作具有重大意义。

（3）跟踪动态。跟踪动态是指跟踪在实际中产生的影响，找出环境影响评价中出现的突发性重大问题，随之采取合理、及时的补救措施。

所以，长期生态监测技术方案制定过程必须包含如下内容：

（1）明确监测目标，确定主要问题。一般来说，监测中存在的问题是重要的、敏感的，又暂时无法完全理解或把握。例如环境影响评价中生态监测只是分析报告书中提出的问题，无需对生态环境进行全面性的监测。

（2）明确监测的项目或监测的对象。选择能够最好地反映环境条件变化或最具代表性的生态系统或因子来解决问题。比如，为了判断环境的真实影响和变化程度，监测的对象可以是对环境变化敏感的生物；为了直接了解保护目标的动态，可以是法定保护生物、稀有濒危生物或区域特有生物；为了了解区域城市化动态、土地利用强度以及植被恢复措施的有效性，将土地利用或植被作为监测对象等。这说明了合理选择监测对象的重要性。

（3）明确方案的具体内容，如确定监测点位、频次或时间等。

（4）规定规范的数据统计和监测方法，使得数据能够进行积累和比较。规范化、标准化生态监测方法是一项严谨的工作。如无规范的方法，一般可采用资源管理部门的一般方法、生态常规方法以及科学研究中的常用方法，但一旦规范，就能够一直沿用下去。

（5）明确保障措施。生态监测具有长期性，持续时间久，有时还会伴随有项目的建设，因此需要制定明确的保障措施，包括初始成本、年度成本、维护成本等投资估算，其中包括确定人员组成、保障措施、实施单位、技术设备、监督检查机制和对突发事件做出应急反应等。

二、生态评价指标计算

（一）生物丰度指数

由生物丰度指数分权重（表 4-1）可得生物丰度指数算法如下：

$$生物丰度指数 = A_{bio} \times （0.35 \times 林地 + 0.21 \times 草地 + 0.28 \times 水域湿地 + 0.11 \times 耕地 +$$
$$0.04 \times 建设用地 + 0.01 \times 未利用地）/ 区域用地$$

式中　A_{bio}——生物丰度指数的归一化系数。

表 4-1　生物丰度指数分权重

	林地			草地			水域湿地			耕地		建筑用地			未利用地			
权重	0.35			0.21			0.28			0.11		0.04			0.01			
结构类型	有林地	灌木林地	疏林地和其他林地	高覆盖度草地	中覆盖度草地	低覆盖度草地	河流	湖泊（库）	滩涂湿地	水田	旱地	城镇建设用地	农村居民点	其他建设用地	沙地	盐碱地	裸土地	裸岩石砾
分权重	0.6	0.25	0.15	0.6	0.3	0.1	0.1	0.3	0.6	0.6	0.4	0.3	0.4	0.3	0.2	0.3	0.3	0.2

（二）植被覆盖指数

由植被覆盖指数的分权重（表4-2），可得植被覆盖指数算法如下：

$$植物覆盖率=A_{veg}（0.38×林地+0.34×草地+0.19×耕地+0.07×建设用地+$$
$$0.02×未利用）/区域面积$$

式中　A_{veg}——植被覆盖指数的归一化系数。

表4-2　植被覆盖指数的分权重

	林地			草地			农田		建设用地			未利用地			
权重	0.38			0.34			0.19		0.07			0.02			
结构类型	有林地	灌木林地	疏林地和其他林地	高覆盖度草地	中覆盖度草地	低覆盖度草地	水田	旱地	城镇建设用地	农村居民点	其他建设用地	沙地	盐碱地	裸土地	裸岩石砾
分权重	0.6	0.25	0.15	0.6	0.3	0.1	0.7	0.3	0.3	0.4	0.3	0.2	0.3	0.3	0.2

（三）水网密度指数

水网密度指数计算方法按下式：

$$水网密度指数=A_{riv}×河流长度/区域面积+A_{lak}×湖库（近海）面积/$$
$$区域面积+A_{res}×水资源量/区域面积$$

式中　A_{riv}——河流长度的归一化系数；

　　　A_{lak}——湖库面积的归一化系数；

　　　A_{res}——水资源量的归一化系数。

（四）土地退化指数

由土地退化指数分权重（表4-3），可得土地退化指数算法如下：

$$土地退化指数=A_{ero}（0.05×轻度侵蚀面积+0.25×中度侵蚀面积+0.7×$$
$$重度侵蚀面积）/区域面积$$

式中　A_{ero}——土地退化指数的归一化系数。

表4-3　土地退化指数分权重

土地退化类型	轻度侵蚀	中度侵蚀	重度侵蚀
权重	0.05	0.25	0.7

（五）环境质量指数

由表4-4可得环境质量指数计算方法，见下式：

$$环境质量指数=0.4×（100-A_{SO_2}×SO_2排放量/区域面积）+0.4×（100-A_{COD}×COD排放量/$$
$$区域年均降雨量）+0.2×（100-A_{sol}×固体废物排放量/区域面积）$$

式中　A_{SO_2}——SO_2 的归一化系数；

　　　A_{COD}——COD 的归一化系数；

　　　A_{sol}——固体废物的归一化系数。

表 4-4　环境质量指数的分权重

类型	二氧化硫（SO_2）	化学需氧量（COD）	固体废物
权重	0.4	0.4	0.2

三、生态环境状况评价分级

（一）生态环境状况指数（Ecological Index，EI）计算

由各项评价指标权重（表 4-5），可得生态环境状况指数（EI）计算方法如下：

EI = 0.25×生物丰度指数+0.2×植被覆盖指数+0.2×水网密度指数+0.2×
（100-土地退化指数）+0.15×环境质量指数

表 4-5　各项评价指标权重

指标	生物丰度指数	植被覆盖指数	水网密度指数	土地退化指数	环境质量指数
权重	0.25	0.2	0.2	0.2	0.15

（二）生态环境状况分级

生态环境状况分级见表 4-6，根据生态环境状况指数，将生态环境分为 5 级：优、良、一般、较差和差。

表 4-6　生态环境状况分级

级别	优	良	一般	较差	差
指数	EI≥75	55≤EI<75	35≤EI<55	20≤EI<35	EI<20
状态	植被覆盖度高，生物多样性丰富，生态系统稳定，最适合人类生存	植被覆盖度较高，生物多样性较丰富，基本适合人类生存	植被覆盖度中等，生物多样性一般水平，较适合人类生存，但有不适人类生存的制约性因子出现	植被覆盖较差，严重干旱少雨，物种较少，存在着明显限制人类生存的因素	条件较恶劣，人类生存环境恶劣

（三）生态环境状况变化幅度分级

生态环境状况变化度分级见表 4-7，生态环境状况变化幅度分为 4 级：无明显变化、略有变化（好或差）、明显变化（好或差）、显著变化（好或差）。

表 4-7　生态环境状况变化度分级

级别	无明显变化	略有变化	明显变化	显著变化
变化值	│ΔEI│≤2	2<│ΔEI│≤5	5<│ΔEI│≤10	│ΔEI│>10
描述	生态环境状况无明显变化	如果 2<ΔEI≤5，则生态环境状况略微变好；如果 -2>ΔEI≥-5，则生态环境状况略微变差	如果 5<ΔEI≤10，则生态环境状况明显变好；如果-5>ΔEI≥-10，则生态环境状况明显变差	如果 ΔEI>10，则生态环境状况显著变好；如果 ΔEI<-10，则生态环境状况显著变差

 **课堂练习**

一、填空题

1. 无论哪一种生态监测形式，其监测目的都是以下三种：_____、_____、_____。

2. 生物丰度指数计算方法：_____。

二、简答题

生态环境评价指标主要有哪些，如何计算分级计算？

课外阅读

生态环境监测如何创新发展？

生态环境监测作为环境管理的重要支撑，应推动传统监测向生态环境监测转变。

中国环境报：《生态环境监测规划纲要（2020-2035年）》提出，要推动传统监测向生态环境监测转变，这个"转变"都涉及哪些方面的内容？您对未来生态环境监测的发展方向有何思考？

陈善荣：我们研判，当前和今后一段时期将是破解我国复杂环境问题的重要攻坚期，生态环境的管控因子将从常规污染物向新型、复合型、持久性污染物转变，并逐步对生态系统和环境健康有所侧重；管控区域将由城市向农村延伸，城市群一体化联防联控不断加强；管控手段将从控源减排和环境质量达标考核，逐步向风险防控和生态修复延伸。

生态环境监测作为环境管理的重要支撑，也应推动传统监测向生态环境监测转变。在全面深化主要环境要素监测（含环境质量和污染排放）的基础上，逐步向生态状况监测和环境风险预警延伸，着力构建生态环境状况综合评估与考核体系。助力环境质量目标考核的同时，为约束企业达标排放、引领精准治污和保障生态环境安全提供支撑。

具体来说，生态环境监测指标从常规理化指标向有毒有害物质和生物、生态指标拓展，从浓度监测、通量监测向成因机理解析拓展；监测点位从均质化、规模化扩张向差异化、综合化布局转变；监测领域从陆地向海洋、从地上向地下、从水里向岸上、从城市向农村、从全国向全球拓展；监测手段从传统手工监测向天地一体、自动智能、科学精细、集成联动的方向发展；监测业务从现状监测向预测预报和风险评估拓展、从环境质量评价向生态环境健康评价拓展。

生态环境监测由传统的环境要素监测逐步向全方位发展，在发达国家也能看到这样的趋势。未来的生态环境监测方向，一定是更接近健康保护、生物多样性保护和生态系统保护。

比如，对于一条河流来说，从传统的环境监测角度，我们可能只关注里面COD有多少，氨氮有多少，磷化物有多少；而从生态环境监测角度，我们还要关心这条河里有没有鱼，有什么样的鱼，鱼的健康状况怎么样，要判断整条河流的生态系统保护得好不好，是不是适合不同生物生长，会不会引起蓝藻等有毒有害藻类生长。未来的生态环境监测，也将更贴近生态系统本身、健康本身和自然本身。

第五章　环境遥感监测技术

环境遥感监测技术是基于电磁波原理，把传感器对远距离目标辐射和反射的电磁波信号进行收集，整理成图像，实现对地表环境要素和生态系统特征的探测和识别，是由地面观测发展形成的一个新技术领域。其主要内容包括区域生态环境监测与评价、城市生态环境监测、农村生态环境监测、国家生态安全预警、大气环境质量遥感监测和水环境质量遥感监测等。目前，我国的环境遥感监测发展比较活跃，水环境遥感监测已从对传统的污染物定性分析到特征污染物的定量分析；大气污染物遥感监测从宏观臭氧、气溶胶的监测到大气特征污染物的分析；开展了固体废物堆放的遥感监测，包括对工业及生活垃圾堆放状况、堆放位置、堆放面积和数量的相关研究；设立了针对重点和长期项目的遥感动态监测；实现了全国土地利用数据实时更新等。

随着科技的进步，遥感监测技术也日益精进，遥感传感器逐渐向高分辨率、多波谱段、多模式、多角度的方向发展，卫星遥感的研制逐渐向系统化、小型化发展，以满足人们对高清晰遥感影像的需要。另外，环境遥感监测需协同地面监测，形成天地一体化的监测体系平台。

第一节　水环境遥感监测

一、水环境遥感监测概述

水环境遥感监测是指遥感传感器收集、捕获水体中不同成分和含量的物质对光吸收和反射后的辐射，并体现在遥感影像图中。自然水体中的各种物质能对特定波段的光谱产生反射光谱曲线，根据曲线峰谷的位置和高低同污染物含量之间的关系实现水质污染物的遥感监测。

（一）水环境遥感监测的特点

（1）更广泛的监测范围。传统的水环境监测工作是在水样采集后进行相关实验监测，根据实验结果反应水环境质量水平。由于传统检测方法的工作流程限制了水环境监测的范围，较大区域的监测就显得力不从心。而遥感监测技术采用卫星遥感监测能及时同步地获得大面积水域监测数据，获得的数据不仅具有时效性而且全面，更能真实反映监测水域的整体水质状况，有利于后续改善水环境工作的进行。

（2）更高效快捷。传统水环境监测从样品采集到数据结果需要比较长的周期，而水环境卫星遥感监测通过对研究区的遥感影像的分析比对，短期内即可获得大面积水域的水环境质量情况，大大提高了水环境监测效率，并节约了人力物力，也提升了数据的时效性。

（3）更先进的技术。水环境遥感监测技术能够监测极端条件下的一些特殊区域，补充了传统检测技术的不足，例如针对荒漠冰川地区的遥感监测，传统监测的工作开展较为困难，采用遥感监测技术可获取较为系统全面的监测情况；对同一区域的水环境多次遥感监测会带来更加精准的监测数据，提高监测的准确性。

（二）水环境遥感监测的发展方向

由于水体所产生光谱的复杂性，以及辐射受大气中物质的影响，低分辨率的遥感技术难以满足水环境监测需要，而当前高分辨率遥感数据处理技术发展不够成熟，限制了遥感监测在水环境监测当中的应用。未来水环境遥感监测需要加强几个方面的研究。

（1）需加强水质监测指标、光谱特征及反射率三者之间关系的研究，提高对水质参数反演的能力，提升水环境遥感监测的精度和模型的适用范围。

（2）需增加水质监测指标的特征光谱研究，构建不同水质监测指标的特征光谱数据库。

（3）开发多种技术的融合应用，提高高频率遥感数据的处理能力。以 RS、GIS 以及 GPS 构成的 3S 观测系统联合开发，遥感监测逐渐形成了一个全天候、多方位、多平台、多角度的综合监测系统。

（4）一体化遥感监测体系。形成标准化的遥感定量监测体系，结合地面人工监测数据，构建水环境质量评价监测模型和水污染预报预警模型，实现水环境的准确、快速、动态监测。

二、水环境遥感监测技术

地表水的反向散射性受水体物质的种类及含量的影响。遥感传感器收集、整理从水体表面反射到传感器的辐射能。该能力的大小决定了水环境遥感监测的应用情况，不同物质的成分及含量所反射的特定波长及能量也不同，可表示水体中物质的存在和浓度。所以，不同水质监测指标的最佳反射波长受被测物和传感器特性影响。未来高分辨率数据的应用，可为较多的水质监测指标提供一个最佳波段或几个波段。

（一）水环境遥感监测原理

当太阳光射到水面上，有部分光被反射回大气中，另一部分进入水中，一些光能被水中粒子吸收，一些到达底部被反射或吸收，另一些经粒子散射逸出水面。

1. 水体的辐射传输过程

传感器可接收到三部分的总辐射亮度：经过大气散射进入传感器的大气散射光 L_P，又称大气程辐射；在水体表面反射进入传感器的水体表面散射光 L_S，又称太阳耀斑，包含一定的水面信息，受水面形态、粗糙度等影响；水体散射光 L_V 与水底反射光 L_B 通过大气后进入传感器的水中光 L_W（图 5-1），又称离水反射辐射。水体散射光 L_V 是进入水体的光被水分子、浮游植物和悬浮颗粒等反射和散射后形成的，若水体越浑浊，水体散射光越强。传感器接收到的总辐射亮度 $L(\lambda)$ 之和为：

$$L(\lambda) = L_P(\lambda) + \tau \times (L_S(\lambda) + L_W(\lambda)) \tag{5-1}$$

$$L_W(\lambda) = L_V(\lambda) + L_B(\lambda) \tag{5-2}$$

式中，λ 为反射光特定波长；τ 为大气透射率，根据大气校正模型可得到相应条件下的 L_P 和 τ；L_S 可通过设置合适的观测角度加以避免；L_W 蕴含水色信息，常用在内陆浑浊水体中；通常水底反射光 L_B 可忽略，近似为水体散射光。

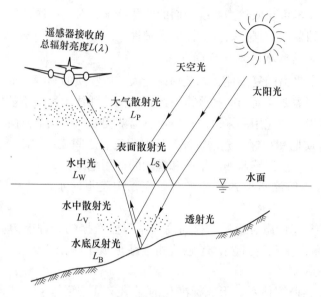

图 5-1　水体辐射传输过程

根据"水色"影响要素的区别，水体可分为一类水体（受浮游植物影响的广阔海洋）与二类水体（受陆源物影响的河流、湖泊、河口、海岸带等），"水色"在这里指水体在可见光波段和近红外波段呈现的光谱特征。决定水体光学特征主要因素是光学活性物质对光辐射吸收和散射程度的差异。水体成分及含量的差别促使不同波长的光吸收和散射系数等固有光学参数产生差异，在水环境遥感监测中主要是辐照度和反射率等表观光学参数有变化。

水体本身的光学特性主要跟吸收系数 a 和散射系数 b 有关，不受光照条件影响。一般来说二类水体的离水辐射亮度主要受叶绿素 a（Chla）、悬浮物（TSM）和黄色溶解有机物（CDOM）三种物质的影响。水体总吸收受各个物质吸收系数的影响，因此水体总吸收系数 $a(\lambda)$ 可以用式（5-3）表示：

$$a(\lambda) = a_{\mathrm{W}}(\lambda) + C_{\mathrm{Chla}} \times a_{\mathrm{Chla}}(\lambda) + C_{\mathrm{TSM}} \times a_{\mathrm{TSM}}(\lambda) + C_{\mathrm{CDOM}} \times a_{\mathrm{CDOM}}(\lambda) \tag{5-3}$$

式中，$a_{\mathrm{W}}(\lambda)$ 为纯水吸收系数；$a_{\mathrm{Chla}}(\lambda)$、$a_{\mathrm{TSM}}(\lambda)$ 和 $a_{\mathrm{CDOM}}(\lambda)$ 分别为叶绿素 a、悬浮物（TSM）和黄色溶解有机物的单位吸收系数；C_{Chla}、C_{TSM} 和 C_{CDOM} 分别为叶绿素 a、悬浮物（TSM）和黄色溶解有机物的浓度。

由于水体散射主要影响因素为纯水散射和悬浮物散射，一般情况下叶绿素 a 和黄色溶解有机物的后向散射影响非常弱，可忽略。因此，水体散射系数 $b(\lambda)$ 可表示为：

$$b(\lambda) = b_{\mathrm{W}}(\lambda) + C_{\mathrm{TSM}} \times b_{\mathrm{TSM}}(\lambda) \tag{5-4}$$

水体反射率 R_{rs} 可根据传感器接收的离水辐射能 L_{W} 计算而得，如式（5-5）所示。Morel 和 Gentili 认为，水体反射率与水体吸收系数 a 和水体散射系数 b 之间存在如式（5-6）所示的关系。

$$R_{\mathrm{rs}} = L_{\mathrm{W}} \times (F_0 \times \cos\theta \times \tau)^{-1} \tag{5-5}$$

$$R_{\mathrm{rs}} \approx K \times \frac{b}{a+b} \tag{5-6}$$

式中，F_0 为大气层外太阳辐射；θ 为取得数据时的太阳天顶角；τ 为透过大气—水界面辐射能的透射率；K 为常数，且不受波长和太阳天顶角的影响。

所以，传感器接收的离水辐射能可以用水中叶绿素 a、悬浮物和黄色溶解有机物浓度的函数来表征，即 $L_W = f(C_{Chla}, C_{TSM}, C_{CDOM})$。

2. 水体光谱特征

水体的光谱特征主要由其组成成分决定，也会受水的状态影响。可见光波长在 600nm之前的反射率比较低，吸收也较少，大多被透射；当水体中含有悬浮物或泥沙时，会增大其反射率，甚至会把浮游植物与溶解有机物的反射信号覆盖。对于清澈水体，蓝绿光反射率相对较高，5%左右，600nm 之后的红外光反射率较低，近红外光区几乎所有入射光能都被吸收。可以看出，水体的辐射反射率较植被和土壤的偏低很多。图 5-2 为水体不同组分的光吸收系数曲线图。从图中可知，各波段下叶绿素、悬浮泥沙与溶解性有机物对光的吸收系数都有差异，不同组分水体的光谱曲线必然不同，以此特征可区分水体组分同反射率之间的关系，定量化叶绿素 a、悬浮物与溶解性有机物的含量，进而可对河流、湖泊进行长期的、大范围的实时监测。

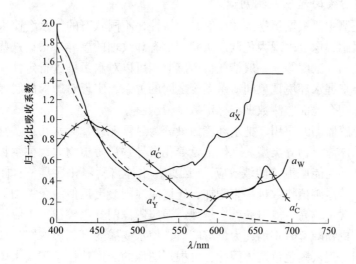

图 5-2　归一化水体组分吸收系数

（a_W 为纯海水吸收系数，a_C'、a_X'、α_Y' 分别为叶绿素、悬浮物质和有色溶解有机物的吸收系数；以 400nm 处值进行归一化计算）

图 5-3 为不同水体成分的光谱曲线。从图中可知，若叶绿素浓度升高，水体光谱同植被光谱有相近特征，强吸收发生在 440nm 处的蓝波区域和 675nm 处的红波区域，光谱曲线出现低谷的点，则为反射率较高的 550~570nm 的绿波和靠近 685nm 的荧光波，并有反射峰出现。若悬浮物浓度较高，整个可见光区的反射率都会升高，反射峰则常在 570~580nm 的黄波区域和靠近 810nm 的近红外区出现。悬浮泥沙逐渐增多时，会加大黄波区的反射峰宽度，最大峰值则发生红移。从而可得知有色溶解有机物浓度的改变会影响 440nm处蓝波的吸收。

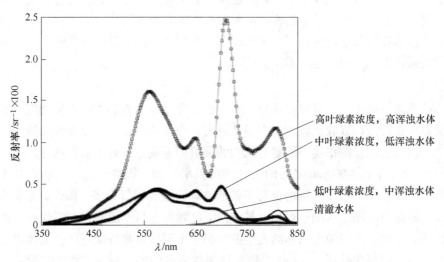

图 5-3　不同水体成分的光谱曲线

（二）水质污染的遥感监测判读

　　水体遥感监测主要根据污染水体反射光谱特性，不同状态的污水会使水体产生不同的反射能量，在遥感影像上表现为色调、灰阶、形态和纹理的差异，根据这些特点，判读污染物的来源、范围、浓度等。一般情况，遥感监测可以对水污染进行定性和定量分析，遥感定性分析需要掌握水环境现象同遥感图像之间的关系，实现对影像的解译。遥感定量分析需要遥感影像配合地面监测数据，标定数学模型。

　　为了便于遥感监测的应用，把水环境污染分为悬浮泥沙、废水污染、富营养化、油污染、热污染及固体漂浮物等类型。水体富营养化会导致浮游植物大规模生长，并且叶绿素对可见光和近红外光能产生"陡坡效应"，因此，水体富营养化区具备水体和植物共同的反射光谱特征。若浮游植物数量一直增加，光谱曲线则会更近似绿色植物的反射光谱。另外，油在水体中含量越高，散射光就会越强，遥感影像图颜色较浅。工业排放废水中含有大量有机物，有机物降解时将消耗大量溶解氧，使水变黑变臭，影像图呈现暗黑色带，污染较轻时影像图呈现灰黑色色调。因此，可根据图像的灰度特性，记录水体反射光谱，进而实现污染水体的定性定量分析。而且针对监测效果最好的彩色图像，可根据图像色彩、色调亮度与饱和度来区别水面信息及细微的变化。较深的洁净水在红外彩色照片上呈现蓝色和黑色，而污染水则会改变蓝绿色调的颜色。因此，可根据水体颜色特征获得更加有用的水质信息。而且从城区的监测看，航空相片的比例尺为 1∶10000 的是比较适用的。表5-1 为判读水污染的特征标志。

表 5-1　判读水污染的特征标志

污染类型	污染物来源	影像色彩	影像纹理	辅助标志	判读效果
油污染	船舶排放、炼油厂、工厂排口	绿、青绿	条、块状，烟云状	船舶、炼厂、航道	好
悬浮泥沙	农田排水、河水输送	淡蓝、绿、绿白、灰白色	条带状、旋涡状	排水渠、两河汇合处	好

污染类型	污染物来源	影像色彩	影像纹理	辅助标志	判读效果
有机污水	工厂、居民排放	灰黑、黑	条带、墨迹状	污水河、居民点水沟	好
浮游植物	工厂、居民排放污水及农田排水引起富营养化	红褐、淡红、浅褐	长条、块斑状、块状	农田、工厂、居民点附近	好
化学废渣	化工、机械工厂	灰蓝、绿、黄绿	喇叭状扩散、块状	工厂排污口	好
生活垃圾	垃圾堆废物侵蚀溶解	灰黑、黑色	墨迹状	垃圾渣堆	好
化学废液	化工厂、人工投放	由原生色调决定，五彩斑斓	由排放源性质决定	工厂、垃圾堆	若色调反差强，则效果好
热排水	工厂排放冷却水	深蓝色中有白色浪花	喇叭状、波纹	工厂排放口	若影像纹理显示好则效果好

除了颜色和纹理以外，还可以利用指示物找到排放污染物的隐蔽源，辨别出人眼不能直接观察到的污染物。目前，悬浮泥沙与浮游植物都被用作判读指示物。如悬浮泥沙能吸附水体中的重金属，可通过对其的判读与分析，追踪重金属污染踪迹。发生在天津汉沽、宁河等地的用含有三氯乙醛、次氯酸钠污染物的河水灌溉造成 26.67km^2 的麦田被污染的事件，通过判读该区的遥感彩色红外图像，并借助河水中悬浮泥沙对水流运动的指示作用，发现该厂排污口污染物有上溯现象，正是由于这种上溯现象导致污染事故的发生。关于浮游植物的指示作用，研究者根据天津海河的彩色红外照片中浮游植物的紫红色条带分布特征，发现纱厂厂房排水口这一隐蔽的排污口。其次，河水咸化在水环境遥感监测中也具有一定的指示作用，通过对海河水质分析，发现因海水上溯带来海河水质咸化，氯化物含量超过正常值的 2~24 倍，硫酸盐及钙铁含量也均有所超标。对该地区的彩色红外影像进行分析，并经过 101 图像处理系统，将影像分解为红外、红和绿光谱段，分别扫描数字化，获得 3 个谱段的影像密度值，并将它与水质参数进行关联计算。结果显示了在红和绿光谱段，尤其在绿光谱段，河水咸化污染参数与影像密度值有较好的相关性，相关系数达 0.7~0.8。因此，可知该谱段的影像密度值越小，水质参数值越大，咸化污染就越严重。最后，泄漏排放在水污染遥测中也具有一定指示作用。大连海湾遥测试验中，采用航空图片判读出沿岸工业和码头漏油或排污点有 20 多处，并结合地面调查情况，弄清了污染物性质和分布。在山东青岛胶州湾海洋遥测中，利用可见光摄影和热红外扫描法获取了青岛沿岸水域图像，对沿岸工业污染和油污染分布进行了判读。

（三）污水扩散规律及重度界线划分

遥感监测比较适用于确定污染物的扩散、分布、河流污染边界及污染程度等，该方法具备监测视域广、可实现宏观监测及热异常显示客观真实等优点，可用于指导确定饮用水取水范围及合理布局工业取排水工程。尤其是热红外遥感监测技术，以物体辐射温差为基础，通过航空红外扫描来接收不同物体的辐射能量成像。

（四）捕捉污水扩散规律

遥感监测水环境污染是基于水物理特性的差异，热容量、发射率和动温度均为重要物理参数。工业水污染调查中，热红外成像是以清洁水和污水的动温度差不同加以区分的，因为相同条件下，物质间动温度取决于热容量。

不同的工厂污水的排放规律也是不同的。有些排放稳定且连续；有些为有规律的间歇式排放；有些为不定时无规律排放。因此，一旦污水污染大面积水域，通过人眼观测和地面监测较难界定出准确的扩散区域及变化规律。即使常规航拍技术，也难在海口污染上奏效。主要是因为污水颜色一般为淡黄色或棕色，能同浑浊水体快速消融在一起，影像上较难分辨。但通过热红外遥感技术可对污水的自然扩散流量进行记录和捕捉。一般情况下，污水与河水的水温相差较大，火电厂污水温度较高，通常在35℃以上，化工、焦化与炼油企业的污水温度也在30℃以上；其他的造纸、印染、炼钢等企业污水温度也比较高。江河湖泊的水体温度在0~25℃的范围内。虽然也有一些排放温度较低的污水，但与河水温度也有一些差距，利用具有较高温度分辨率的红外探测器，可获得污水扩散不同时刻的影像资料，从而捕捉污水的扩散面积及规律。遥感监测视野广阔，可统揽全貌，对污染源、污染物扩散方向、污染范围及同清洁水样混合特点均可观测，且能连续追踪污染物，为科学合理地设置地面水环境监测站提供资料。

污染水体受排放源作用力和水流运动力的共同作用，遥感彩色红外影像图上图形的扩散形态可作为识别水动力特点的标志。据此，具体了解三种水状态下污水的扩散情况。（1）静水中污染物扩散特征：在静水中，污染物一般以排放口为圆心向周围以圆形扩散，在影像图中污染物的几何形状比较接近半圆形，当排污流量大时，平面图显示为扇形或喇叭形。（2）流水中污水扩散特征：污水在流水动力作用下，会沿着下游流面扩散，逐渐被稀释，在红外彩色图上可以观察到水流动态特性。（3）河口海湾内的污水扩散特征：在潮汐影响下，河口海湾区域的污染物运动方向与潮汐相同，海潮每天周而复始变化，污染物也做相应变化。红外彩色影像图中显示，涨潮时，排污口污水呈现连片状；退潮时，污水切断了同排污口的联系，形成同污染源分离的离岸单独浑浊水体。

（五）污染程度的划分

河口海湾流域水体污染范围的确定，不仅需要大量人力物力，而且由于影响因素较多，很难客观具体反映实际情况，而通过热红外扫描图像则可以解决上述问题。污染区域水体温度高于自然水温，有明显的热像效应，且分布范围与流向随潮汐而变化。通过对不同时段下潮汐图像的判读解析污水时空变化规律。因此，可利用遥感影像图对污染区进行污染程度划分。污染区域的污染程度受污水排放量、排放规律、生产性质及污水温度等因素决定，这些因素可直接或间接地从扫描图像中获取，如图像中污染物排放量的大小可通过解释与异常范围比对得出；排放规律可通过对比不同时段资料来获取，若在不同时段均能获得某一排污点，可认为稳定型排放源；反之，则为非稳定型排污源。若对工厂生产情况较为了解，则能进一步确定排污成分，如印染厂所排放污水中含有大量苯酚、氰化物、硫化物、废油及砷、铅、汞、锌等有毒有害物质。掌握这些情况，则能在污染程度划分时较为客观。

三、水环境遥感监测技术的应用

（1）水色监测。水中各种物质在水色监测的不同波段图像中有不同程度的展示。可通过目视、光电直读等手段解译判读，也可以采用不同的计算机模式进行处理，从而获得悬浮泥沙、浮游植物、溶解性有机物、油膜及其他污染物的水色信息。可采用可见光遥感、红外遥感、微波遥感及激光扫描仪等获得上述所需信息。

（2）油污染监测。利用红外扫描仪拍摄海陆昼夜的热图像，可进行有效的海洋石油污染监测。根据水油辐射的温度差，热影像图上可显示出油污染及分布范围，进一步可区分出不同油膜厚度的水域。除了红外遥感技术外，也有可见光遥感、紫外遥感及微波遥感等。在对油性污染物进行监测时，需要结合污染物实际情况，选择有针对性的、实际效果好的监测方法，从而取得良好的监测效果，为水环境污染物的治理工作提供技术层面上的指导。

（3）水体富营养化监测。浮游植物的大量繁殖会大量地消耗水中所含氧气，进而容易导致水中动植物因缺乏氧气供给而大量死亡，当出现浮游植物的繁殖速率过快时，就显示该水体环境出现了水体富营养化的情况。鉴于此类状况，在针对水体富营养化的水环境的监测工作过程中，因为水中大量浮游植物所含有的叶绿素会对此类波段产生"陡坡效应"，所以为提高水环境监测的精度，可以利用可见光或者近红外光波段开展监测工作。

水体富营养化的水环境因为含有大量的浮游植物，所以导致该水体具有水体和植物的反射光谱的特征。在彩色红外图像中，遭受了污染的水环境会表现出红褐色或者紫红色的颜色特征。在实际水环境遥感监测工作过程中，主要是借助波长 $0.45 \sim 0.65 \mu m$ 范围光谱线段开展水环境监测工作。

课堂练习

一、填空题

1. 水体的反射光谱属于_____，在清澈水体中，_____段的反射率相对较高，_____部分的反射率较低。
2. 水体的光学特性主要由水中各种光学活性物质对_____和_____所取决。
3. 水体散射主要受到_____和_____影响。

二、判断题

1. 在一般的遥感影像上，水体表现为明亮的色调，尤其在紫外谱段上明显。（　　）
2. 水体里的污油浓度越高，其散射光越强。（　　）

三、简答题

1. 遥感监测的概念是什么？
2. 水环境遥感监测的特点有哪些？
3. 水环境遥测技术的原理是什么？

第二节　大气环境遥感监测

由于人类化石燃料的使用，给大气环境带来严重的破坏，为了定量污染物成分、浓度及范围，需要开展大气监测工作，为污染源控制、环境规划和管理提供数据依据。地面监测是大气环境监测的常规手段，所得数据多为点数据，由于大气环境的区域性及时效性特征，需借助遥感监测技术来弥补其不足。遥感监测技术迅速、宏观及准确，能开展区域性、灾害性及全球性的长期监测，是大气监测不可或缺的手段。大气遥感监测主要监视臭氧、二氧化碳、二氧化硫、甲烷等气体分子，且与大气质量和全球气候变化的关系，以及大气气溶胶、沙尘、有毒有害气体的影响等。

一、大气环境遥感监测概述

（一）大气环境遥感监测含义

太阳辐射穿过大气层时，被气体分子及气溶胶颗粒的反射、散射、透射及吸收作用所改变，之后传感器接收到不同浓度组分的辐射能，在不同通道记录辐射信息，呈现出有差异的波谱特征，据此，大气遥感监测技术的应用成为可能。一些电磁波在大气中传播透射率比较高，很少出现反射、吸收及散射现象，常被用作工作波段。运用该波段的传播信息对大气参数进行反演已成为大气环境遥感监测的重要技术。利用遥感技术进行大气监测，具有不进行样品采集，就可以定位和追踪污染源，获取污染的动态扩散规律，快速实时获取准确数据及兼容其他监测技术的优点。目前，大气遥测技术主要分为主动式和被动式两种。主动式监测主要利用遥感器自身波束和次波束产生的回波来监测，被动式则为反射机发射出红外线对大气成分作用后太阳光进行远程测量。

大气遥测技术在一定程度大大地提升了人们对环境问题的认识。我国大气污染成因有多种，通过遥测技术，人们发现每年 10 月至次年 3 月，大气中常含有西风夹带的悬浮颗粒，当穿过华北平原时，地形陡降，悬浮颗粒向下移动同污染物混合，并结合空气中的水蒸气，因而，该区域会出现规模大、强度高的空气污染。可见，通过大气污染的宏观监测，加深了人们对污染过程和成因的理解。

（二）大气环境遥测技术的发展

1. 针对大气污染及污染源的监测

通过遥感监测掌握区域环境大气污染情况，为大气污染的预测预报工作提供方便。目前，我国各省的大气质量状况的监测常采用遥测技术辅助，如一些省环保研究部门同中国环境科学研究院联合，开展持续的遥感监测工作；另外，北京环保部门利用航空遥感技术研究了市区规划的烟囱高度及分布情况。

2. 通过植物监测实现大气污染控制

根据植物季节规律变化特征同受污染植物表现特征差异的遥感影像图，分析区域大气受污染情况。例如有时可根据树冠的大小、色调差异，分析确定酸性气体、二氧化硫及氟化物等典型污染物，保证分析结果的合理性，从而确定大气污染程度、范围及扩散情况等。

3. 主动和被动遥感一体化

卫星遥感监测在监视、预测、预报大气污染方面发挥着重要作用。在卫星探测技术的推动下，有关大气监测的遥感设备性能和功能得到了进一步优化。比如，当前主动式和被动式遥测技术的融合使得监测精度有了较大的提升，这也是未来遥测设备发展的重要方向。因此，随着人们环境意识的提高和科技的进步，大气环境遥感监测技术在大气污染控制和环境管理中的作用越发重要。

4. 结合地面分析污染物

将遥感图像结合地面监测数据对污染区进行有效分析，从而更准确、更迅速地定量化污染物及污染源。例如，采用遥感技术对天津与渤海湾地区的大气环境展开调查，就是结合遥感影像分析采集到的树叶中硫、氯量以及树皮 pH 值的数据，从而快速定位出过往二氧化硫、氯气、酸雾的污染状况。

二、大气环境遥感监测技术

（一）大气环境遥感监测原理

大气是由氮、氧、氩等三种主要组分（约占 99.96%）的混合气及悬浮其中的水分及杂质组成。太阳辐射在穿过大气层和被地表反射的太阳辐射再次穿越大气层被传感器接收之前，大气分子和大气颗粒物通过反射、散射、吸收、透射等作用改变和影响着太阳辐射的强度。随着大气环境中 SO_2、NO_x、大气颗粒物等污染物和臭氧、CO_2 等可变成分的浓度不同，遥感探测器的各通道所记录的电磁辐射信息表现出了波谱特征的差异，使得利用遥感技术进行监测成为可能。根据它们的粒径分布，这种辐射差异主要是由于该类粒子与太阳辐射发生吸收和散射作用造成的，并且差异强度主要由大气组分及杂质的粒径、形状、质地等物理化学特征而共同决定的机理。

（二）大气环境遥感监测

1. 二氧化硫（SO_2）遥感监测

二氧化硫（SO_2）是空气环境质量的指示参数和环境变化研究中的核心参数之一，一般说来大气中 SO_2 质量浓度达到 $0.3mg/m^3$ 时即可损坏农作物；当达到 $1.4mg/m^3$ 时对人体健康已有潜在危害。大气环境中 SO_2 污染程度的遥感监测主要是针对人为排放产生的 SO_2 气体而进行的，SO_2 遥感工作波长范围通常为 $0.25\sim0.31nm$，在紫外、可见光和红外波段的吸收特征光谱，在 $0.26\sim0.32\mu m$、$7.3\mu m$ 及 $8.6\mu m$ 附近均为 SO_2 吸收带，但由于红外波段是水蒸气的强吸收波段，所以利用红外段进行探测常看不清，特别是当 SO_2 气体浓度较小时更困难。所以截至目前，SO_2 遥感探测器主要是紫外或红外等光谱传感器。SO_2 在红外波段的光谱吸收特征如图 5-4 所示。OMI 传感器以推扫方式观测可见光和紫外滤段太阳后向散射辐射，OMI 采用 740 个通道实现高光谱成像对地观测，数据产品包括臭氧、NO_2、SO_2、BrO 和 OCIO 等气体的柱总量、气溶胶与云参量、UV-B 通量和臭氧廓线。主要方法有：

（1）差分光学吸收光谱法。该法是根据气体分子对光选择性吸收的原理，通过对大气中气体分子吸收光源发射的微分光谱进行分析，来区别大气物质结构，同时分离由分子与气溶胶散射引起的消光，进而确定大气污染物种类与浓度的方法。

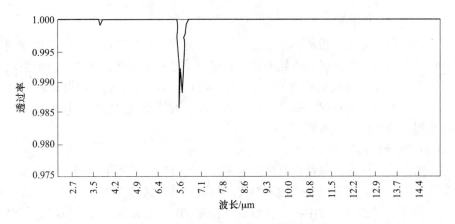

图 5-4　SO_2 在红外波段的光谱吸收特征

（2）波段残差法。此法适用于浓度相对低的人为排放的 SO_2 强度的监测，而不适合于火山喷发等所形成的高浓度 SO_2 气体层。

2. 氮氧化物（NO_x）遥感监测

大气中的氮氧化物主要是一氧化氮和二氧化氮等几种气体的混合物，以二氧化氮为主。从全球层面上来看，空气当中的氮氧化物主要源自天然源，但城市大气中的氮氧化物大多数来源于燃料燃烧的人为源，包括机动车等流动源和工业烟囱等固定源。氮氧化物主要危害人体上呼吸道及肺，常与氮氢化合物经紫外线照射发生反应形成光化学烟雾，产生的危害更大。而且对生态环境也具有较强的破坏性，主要是和二氧化硫共同以酸沉降（如酸雨）的方式进行。由于 NO_2 是氮氧化物的主体，所以目前遥感监测中主要是针对 NO_2 开展监测，NO_2 在紫外光、可见光和红外波段的吸收特征如图 5-5 所示。NO_2 在 $0.215\mu m$ 附近、$0.3 \sim 0.57\mu m$ 和 $5.8\mu m$ 附近具有较强的吸收特征，其中在 $0.3 \sim 0.57\mu m$ 的吸收特征最为显著。OMI 仪器是目前应用中最广泛的二氧化氮遥感探测器之一。

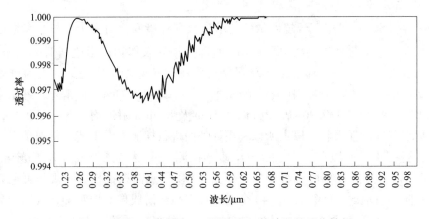

图 5-5　NO_2 在紫外光、可见光和红外波段的吸收特征

3. 臭氧（O_3）遥感监测

在常温情况下，臭氧是一种有特殊气味的蓝色气体。大气中的臭氧气体主要存在于距地表 20km 高度的同温层下部臭氧层中。臭氧层是地球上所有生命的天然屏障，通过吸收

太阳辐射中对人体有害的短波紫外线，防止其辐射到地球表面，从而避免太阳紫外线过度辐射的危害，对人类的生存和健康、生态环境等具有重要作用。臭氧的减少会使大气层变暖、高层变冷，加重温室气体效应，从而导致地球气候异常骤变。所以，臭氧层平衡的维护已成为全球性环境问题。臭氧的吸收光谱特征趋势是利用遥感技术进行臭氧含量监测为依据，通过测量吸收谱线的强度，还可以得到那种气体成分的浓度，臭氧在紫外波段的 $0.2 \sim 0.3 \mu m$（最强）、$0.32 \sim 0.34 \mu m$ 外以及在红外 $9.6 \mu m$ 均有显著的吸收特征。

臭氧探测常见的卫星测量方法有后向紫外散射法、掩层法、翼形发射及翼形散射法四种技术。目前在臭氧探测器中使用频率最高的传感器有 TOVS、TOMS 和 SBUV 等。

4. 温室气体遥感监测

众所周知，因温室气体增加而造成全球气候变暖。引起温室效应的气体物质有二氧化碳（CO_2）、甲烷（CH_4）、一氧化二氮（N_2O）、臭氧（O_3）、氟氯烷烃（CFC）类等，其主要是 CO_2 和 CH_4，CO_2 约占总温室效应的一半。进行大气 CO_2 浓度监测实验室使用非分散型红外分光光度计，CO_2 在 $4.3 \mu m$ 附近时有一来源于分子固有的振动吸收带，根据其波长吸收光度，求得 CO_2 浓度。测定大气中的 CH_4 时经常使用 FID-GC 法，当前用高精度的传感器观测地球上 CO_2 等温室气体是成功的方法。

（三）大气颗粒物遥感监测

大气颗粒物是指大气中除气体分子以外的固体或液体气溶胶，包括烟尘、灰尘、烟雾等固体物质和云雾、雾滴的液态物质。来源于自然尘埃（风吹尘埃）、浪花飞溅的泡沫、火山喷发溶出物、森林大火的燃烧颗粒、宇宙中的陨星尘埃和生物群落产生的颗粒（如花粉和孢子）等自然源及燃料燃烧的煤烟和粉煤灰、生产过程的固体颗粒、汽车尾气冷却颗粒、一定条件下可转化为硫酸盐的二次颗粒物等人为源。根据粒径大小大气颗粒物可分为表 5-2 所示颗粒物。

表 5-2　大气颗粒物分类

分类名称	粒径/μm	物理状态	主 要 来 源
粉尘（微尘）	$1 \sim 100$	固态	机械粉碎的固体微粒，风吹扬尘，风沙
烟（烟气）	$0.01 \sim 1$	固态	由升华，蒸馏、熔融及化学反应等产生的蒸气凝结而成的固体颗粒
灰	$1 \sim 200$	固态	燃烧过程中产生微粒，如煤、木材燃烧时产生的硅酸盐颗粒、粉煤燃烧时产生的飞灰等
雾	$2 \sim 200$	液态	水蒸气冷凝生成的颗粒小水滴或冰晶，水平视程小于 1km
霭	>10	液态	与雾相似，气象上规定称轻雾，水平视程在 $1 \sim 2km$ 之内，使大气呈灰色
霾	约 0.1	固态	尘或盐粒悬浮于大气中形成，使大气混浊呈浅蓝色或微黄色。水平视程小于 2km
烟尘（熏烟）	$0.01 \sim 5$	固态或液态	含碳物质，如煤炭燃烧时产生的固体碳粒、水、焦油状物质及不完全燃烧的灰分所形成的混合物，如果煤烟中失去了液态颗粒，即成为烟炭

分类名称	粒径/μm	物理状态	主　要　来　源
烟雾	0.001~2	固态	现泛指各种妨碍视程（能见度低于 2km）的大气污染现象。光化学烟雾产生的颗粒物，粒径小于 0.5μm，使大气呈淡褐色
总悬浮颗粒物	—	固态	用标准大容量颗粒采样器在滤膜上所收集的颗粒物的总质量
飘尘	<10	固态	长期飘浮在大气中颗粒 PM_{10}、$PM_{2.5}$ 等
降尘	>10	固态	由于重力作用而沉降的微粒

（四）气溶胶遥感监测

气溶胶指在气体介质中悬浮分散的固体或液体小质点而形成的胶体分散体系，也被称作气体分散体系。常见的雾、烟、霾、轻雾（霭）、微尘和烟雾等，均是天然的或人为的原因所产生的大气气溶胶。按照来源，气溶胶可划分为一次气溶胶（以微粒的存在形式直接从发生源进入大气中）和二次气溶胶（在大气里由一次污染物转化而产生）两种。它们可能来源于被风扬起的细灰和微尘、海水溅沫蒸发后所形成的盐粒、火山爆发后的散落物以及森林燃烧所产生的烟尘等天然源，也可来源于石化或非石化燃料的燃烧、交通运输和各类工业所排放的烟尘等人为源。

电磁辐射信息在经过大气层时，气溶胶颗粒与其发生相互作用，从而对入射遥感器的辐射信息具有较强的散射和吸收作用，进而使得入射辐射的性质及强度发生了变化，利用遥感器所记录的该部分变化信息而实现对气溶胶遥感反演。随着该领域应用不断成熟，已经发展了许多经典的方法，如暗目标法、结构函数法、地面反射波谱和多角度极化法等。

（五）沙尘暴遥感监测

沙尘暴也称沙暴或尘暴，是指强风将尘沙吹起，使空气很浑浊、水平能见度小于 1km 的天气现象，出现沙尘暴的两个基本条件为强风和沙源。由于沙尘暴对生态系统健康、环境质量和社会发展具有重要的影响作用，所以受到社会的广泛关注。沙尘暴问题涉及亚洲、非洲、北美洲、南美洲和大洋洲，属于世界性的环境问题和天气现象。全世界有四大沙尘暴的高发区域，它们分别是中亚、北美、中非和澳大利亚。中国西北区域就是中亚沙尘暴高发区域之一，有些地区沙尘暴日数可达到每年 30 天以上。20 世纪 60 年代在中国地区发生特大沙尘暴 8 次，70 年代发生了 13 次，80 年代发生了 14 次，90 年代以后沙尘发生次数越来越多，并且波及范围越来越广，造成的损失越来越重。沙尘暴分布和强度受到气候、自然地理和地理状况等因素综合决定，尽管发生区域和时间相对比较稳定，但是沙尘暴强度具有较大的空间和时间差异性，遥感技术的宏观性、快速性等使得遥感技术成为沙尘暴监测的必要手段。随着遥感技术的不断成熟，遥感技术已经成为沙尘暴监测的主要技术手段之一。

1. 沙尘暴遥测机理

沙尘里含有大量矿物质，它通过吸收和散射地面和云层的长波辐射从而影响地球的辐射收支和能量平衡，与此同时还影响着大气能见度，并呈现出光谱差异性。沙尘在可见光、中红外、远红外波段里的光谱特性与下垫面和云里的光谱特征差异为卫星遥感进行沙尘暴的监测提供了理论基础。

当电磁波穿过由不同粒径的沙尘颗粒构成的沙尘层时，沙尘颗粒会强烈地吸收地表、太阳或其他辐射源发出的电磁波，同时在沙尘表面发生反射、散射、发射等现象。随着沙尘强度的不同，传感探测器的各通道所记录的电磁场辐射信息表现出了波谱特征的差异。这种具有差异的辐射特征主要是由沙尘粒子的粒径、形状、质地等物理、化学特征而共同决定的。在沙尘暴遥感监测研究中，沙尘颗粒形状一般假设为球形。根据沙尘的反射波谱特征进行监测。

2. 沙尘暴监测方法

目前常用的沙尘暴监测方法有差值法和沙尘指数法。

（1）差值法

差值法主要是利用了热红外波段的 $11\mu m$、$12\mu m$ 进行沙尘暴监测。由于沙尘暴的形成、输送途径、消散和强度信息均与地表、大气边界条件热力条件和辐射条件有关，因此热红外遥感数据可以较好地反映出沙尘信息。另外，热红外的 $11\mu m$、$12\mu m$ 波段对沙尘及其影响条件反应较敏感，因此常选用其作为沙尘暴差值法波段。但 $11\mu m$ 与 $12\mu m$ 波段的微小差异比较难确切呈现沙尘暴实际强度波动，因此，这种差值难以作为特征参数计算的量化数据，仅能用在沙尘暴影响区识别上。根据沙尘的光谱特征，干燥沙尘在 $11\mu m$ 的衰减略强于 $12\mu m$ 的衰减，从而使得传感器探测到的辐射强度信息前者小于后者。根据两个波段的辐射强度差异，从而可以实现沙尘的信息提取，该方法的计算公式可以表示为：

$$\Delta T = \begin{cases} T_{12} - T_{11} & (T_{12} - T_{11} \geq 1) \\ 0 & (T_{12} - T_{11} < 1) \end{cases} \tag{5-7}$$

式中　ΔT——卫星传感器探测的亮度温度；

T_{11}，T_{12}——分别为在 $11\mu m$ 和 $12\mu m$ 探测得到的亮度温度。

（2）沙尘指数法

差值法只能进行沙尘空间分布识别及迁移路径的定性分析，而无法提取沙尘光学厚度、沙尘含量等定量参数。为了实现对沙尘暴强度的定量描述，罗敬宁等提出了沙尘指数的概念，以获得的沙尘暴影响区为基础，根据 $1.6\mu m$ 近红外波的光学特征，实现大气沙尘的定量遥感。该研究主要基于 $1.6\mu m$ 近红外波测量值在一定条件下同沙尘强度存在着线性关系，来实现对沙尘暴强度的定量分析。但是由于来自空间、时间、卫星等方面的因素对 $1.6\mu m$ 近红外波的影响，要求提供稳定且长期可比的数据，使不同状态下得到的结果是在同一标准之上的。而且任何两次沙尘暴监测数据都可以进行比较和分析。为此，可比沙尘指数定义如下：

$$I_{csd} = \alpha \times (e^{\beta \times R_{1.6}} - 1) \tag{5-8}$$

式中　$R_{1.6}$——$1.6\mu m$ 波段的图像反射率；

α，β——调节因子，一般取值为 10 和 0.8。

为了消除可比沙尘指数随沙尘强度非线性变化的干扰，建立如下沙尘指数：

$$I_{ddi} = [I_{csd} e^{(T_{12}-1)(T_{11}-1)} - 1] \times 100 \tag{5-9}$$

式中　I_{ddi}——沙尘指数；

T_{11}，T_{12}——分别在 $11\mu m$ 和 $12\mu m$ 探测得到的亮度温度。

沙尘指数的计算结果是 1~100 的无量纲数值，数值越大，表示沙尘强度越大。

课堂练习

一、填空题

1. 引起温室效应的气体物质有_____、_____、一氧化二氮、臭氧、_____等，其主要是二氧化碳和_____。

2. 臭氧探测常见的方法有_____、掩层法、_____及_____四种技术。

3. 目前常用的沙尘暴监测方法有：_____和_____。

二、简答题

1. 大气环境遥感监测的概念是什么？

2. 大气环境遥感监测的监测原理是什么，主要监测内容有哪些？

第三节　区域生态环境遥感监测

生态环境问题的频发严重威胁人类生存及可持续发展，需要及时掌握生态质量的变化，这就要对生态环境进行监视、测量和控制。当前，针对生态系统的监测可分为微观生态监测与宏观生态监测。微观生态监测以生态监测台站为基础，采用物理化学及生物学方法提取生态系统各组成的信息，从而实现对生态系统的结构和功能特征及其变化情况的监测，一般对象为单一生态系统或生态系统集聚体。宏观生态监测是研究尺度从几平方千米到几十平方千米，甚至是全球区域范围内生态系统的组合、镶嵌、动态变化、空间格局及其变化情况进行的观测，主要采用遥感与地理信息系统技术，同时结合地面监测。

一、生态遥感监测概述

（一）生态遥感监测含义

遥感技术不仅为生态学研究提供地形地貌特征、植被覆盖类型、地表水区域分布状况、土地利用情况，而且还能给出生物量地表分布特征、土壤类型、植物叶面积指数及叶绿素含量等信息。生态遥感监测通常是组合不同波段遥感影像，获取影像信息，通过人机互译和计算机自动分类得到宏观定量数据。我国的区域生态遥感监测包括草原监测、野生动物监测、湿地监测、水土流失和荒漠化监测、森林火灾监测及病虫害监测等。

（二）生态环境遥感监测发展现状

1. 生态环境遥感监测需求分析

十九大报告明确指出我国将要遵循绿色发展的道路，着重解决突出环境问题，加大保护生态系统的力度，改善生态环境监管机制。把生态文明建设形成一个系统完整的制度体系，在当下生态文明建设的关键期，党中央提出《生态环境监测网络建设方案》《"十三五"生态环境保护规划》《关于全面加强生态环境保护坚决打好污染防治攻坚战的意见》等文件，旨在打造全方位、全时段的生态环境监测系统，实现"天地一体化"的实时生态监测平台建设，为实现"碧水青山"的新发展打下良好的基础。生态环境遥感监测具有宏观、迅速、准确、实时等特点，该技术已发展为光波结合、主被动协同的综合观测技术，光谱分辨率、时间分辨率、空间分辨率及辐射分辨率都持续增加，能全天候、大范围、周期性监测区域及全球环境变化，是实现宏观生态环境动态监测的最有效手段。

2. 生态环境遥感监测进展及成效

近年来，生态环保部比较重视环境遥感工作，大力推行卫星遥感技术的应用，实现了水、气、生态及环境监管等方面的遥感监测，应用效果显著，实现了一些国家和省级自然保护区优先保护监测、土壤污染风险防控监测、重点生态功能区监测、海岸线动态变化监测等，并进一步对重点生态功能区的 700 多个县域生态环境质量进行了遥感监测和考评。目前，已有在轨监测卫星 4 颗，后续将增添到 12 颗，且配套了能同时接收多个卫星数据的地面硬件设施（包括服务器、存储设备、图形工作站等），无人机环境遥感监测系统正进一步被开发，生态环境遥感监测系统的建设初具规模，国家生态保护红线监测平台也正大力建设中。

二、生态遥感监测技术

（一）生态遥感监测原理

生态遥感监测以陆地表层生态系统为主要研究对象。陆地植被所占面积超过陆地总面积的 90%，是陆地生态系统的重要组成部分，也是地表和大气间能量、物质交换的重要桥梁。

目前，植被遥感是遥感技术最重要的应用领域，如进行植被研究时，采用了大量不同类型、不同时间、不同分辨率的遥感数据。主要因为绿色植物有其独特的光谱反射特征，正常情况下，植物光谱反射曲线的形态特征比较相似。但不同类型不同生长阶段的植物记录的不同波段光能量的反射和吸收状况也是有差异的，主要是植物叶片的内部结构、含水率及叶绿素造成的植物反射光谱的差异。基于此，不同类型传感器获得的同一种植物不同生长发育阶段反射光谱曲线的形状和特点也不相同，当植物生长中受外环境干扰时，相应的其反射光谱曲线也会随之变化。根据这个特征，结合地面调查数据，能为区域生态环境研究提供必要的数据资料。

植被遥感以深林、灌木林、草原、人工园林、公共及专用绿地和农作物等为研究对象，运用解译或图像处理技术定量反演模型提取植被分布范围、类型、结构、健康情况、生产量等信息，从而实现对生态环境的监测和评价；研究尺度从宏观（全球）到微观（植物个体）；目前在土地利用、植被、湿地、荒漠化、生物多样性和土壤侵蚀监测方面有着广泛的应用。

（二）生态环境遥感监测应用领域

随着遥感与 GIS 技术的发展，生态环境遥感监测更加广泛地被应用到各个领域。目前，生态遥感监测的应用领域如图 5-6 所示。

（1）自然保护区生态环境遥感监测。自然保护区以保护自然环境与资源为目的，由各级人民政府划定一定面积的陆地和水域进行专项保护和管理工作的区域。一般来说，自然保护区是具有代表性、典型性或独特性的生态系统类型或具有珍稀濒危生物物种和自然遗

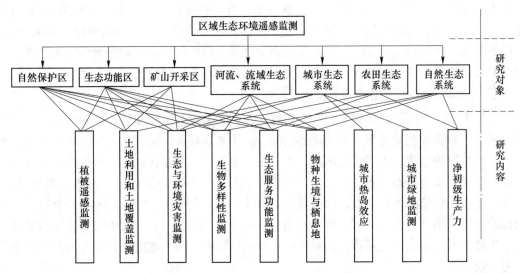

图 5-6　区域生态环境遥感监测应用领域

产的区域，具有较高的科学、经济和文化价值。自然保护区的生态遥感监测对象主要指自然保护区的主要保护对象和生态系统的保护类型，具体的有植被资源调查、土地利用和土地覆盖动态变化、物种生境、景观格局以及初级生产力等方面的生态遥感监测。监测类型主要有常规遥感监测和专项遥感监测两种。

（2）生态功能区生态环境遥感监测。生态功能区指在涵养水源、保持水土、调蓄洪水、防风固沙、维系生物的多样性等方面有着重要作用的区域，这些区域对防止和减少自然灾害、协调流域以及区域的生态保护与保护地方生态的安全等工作有着重要意义，是需要进行重点保护和限制开发的区域。针对生态功能区的主要生态服务功能，对其进行的遥感监测包括生态服务功能价值评估、生态风险评价以及植被、初级生产力等多方面的监测。

（3）矿山开采区生态环境遥感监测。矿产资源的开采改变了原有的生态环境，易造成局部环境的污染与景观格局破坏，酿成资源与环境的危机，危害人类的可持续发展。矿区及其周围地区几乎全是生态环境遭到破坏最严重的地区，因此，对矿山开采区进行生态环境遥感监测是十分重要的，主要包括矿山开采区土地利用和土地覆盖现状、变化以及趋势，开采过程中造成的生态破坏、生态环境污染的监测以及开采区水质、植被、生物多样性等多方面的遥感监测。

（4）流域生态环境遥感监测。流域是指由不同等级尺度的汇水区域与具有水文功能的连续体组成的一个相对完整和独立的自然地理单元。目前针对流域生态环境的主要研究有流域生态系统健康评价，流域土地利用和土地覆盖现状、变化以及趋势分析，景观格局动态变化分析，生态环境变化的主要胁迫因子与驱动力分析以及植被、生物多样性等的遥感监测。

（5）城市生态环境遥感监测。伴随着城市化的加剧，人类活动强度与范围正不断地扩大，城市生态环境质量受到巨大威胁，涌现了越来越多的城市环境问题，如城市热岛效应、耕地过度开发利用、生活及工业污水的排放、固体废弃物污染等。卫星遥感技术被广泛应用在城市生态监测中，为我国城市化的健康发展发挥着重要作用。城市生态遥感监测主要包括城市土地利用和土地覆盖现状、变化以及趋势分析，城市热岛效应，城市绿地监测、景观格局动态变化分析等。

（6）农田生态系统遥感监测。农田生态系统在自然与人类活动共同作用下，为人类的生存提供了重要物质产品，与陆地上其他的生态系统一样，农田生态系统还具备维持水质、水量和生物多样性及调节气候等多种服务和功能（李文华等，2008）。然而，随着人口的增长，人类对自然资源的需求量加剧，大量农田被建筑和交通用地所侵占，农田生态系统面临巨大危机。因此，利用遥感监测技术了解、把握农田生态系统发展、变化及趋势，将为实现农田生态系统可持续发展提供有力支撑。农田生态系统遥感监测较多应用在土地利用变化、初级生产力与生态服务价值评估等方面。

（7）自然生态系统遥感监测。自然生态系统主要指人类活动干扰小的各类生态系统，包括森林、湿地与草地生态系统。自然生态系统遥感监测技术主要应用在生态系统服务功能价值评估、净初级生产力评估和生物多样性监测等方面。

课堂练习

一、填空题

1. 生态功能区指在_____、保持水土、_____、_____、维系生物的多样性等方面有着重要作用的区域。

2. 对自然生态系统遥感监测的应用包括_____、_____、_____等。

二、判断题

矿山开采区域生态环境遥感监测的应用主要包括制备遥感监测、土地利用和土地覆盖监测以及生物多样性监测。　　　　　　　　　　　　　　　　　　　　（　　）

三、简答题

1. 生态遥感监测的概念是什么，监测的原理是什么？

2. 生态环境遥感监测的应用领域有哪些？

3. 根据整治目标和对象的不同，土地整治工作中的遥感监测可划分为哪些部分？并描述监测内容。

第四节　城市环境遥感监测

一、城市环境遥感监测概述

城市环境遥感监测是运用遥感监测技术对城市的热岛效应、城市变化、绿化、大气污染及土地利用等情况进行监控分析的过程。

在全球城市化过程中，由城市快速发展所引发的一系列问题已成为人类面临的人口、资源和环境问题的主要内容，也给城市可持续发展带来了困难。城市是一个动态的开放系统，需要及时了解其发展过程及发展中的新信息、新变化和各种新情况，以便进行合理的管理、规划和建设。传统的信息获取方法不能满足现代城市发展的新需求，因此，需要采用先进、快速的信息获取处理技术来提供最新、最全的信息数据，以满足城市发展规划和管理的新要求。

遥感监测技术可在远距离下，对目标物进行间接探知，它能快速、准确、高效地获取相关信息，可获得城市全貌监控综合数据，掌握城市的发展变化进程。因此，城市遥感监测技术正逐渐运用到城市建设、规划和管理的各个领域。总之，城市环境遥感监测是以城市或城市目标物为研究对象，利用遥感技术观察污染源及其扩散状态，并结合地面测量，为城市规划和管理部门提供信息依据。

城市环境遥感监测技术主要采用航天航空遥感监测配合地面监测的手段。目前，由于全球 3000 多颗同步卫星的运行，不定期航空遥感的作业，及热红外扫描及多光谱扫描等成像技术的运用，使得获取高质量、不同分辨率、不同波段光谱的城市图像和数据信息成为可能。如今，通过遥感监测技术的使用，城市环境质量得以有效控制，达到新水平。

二、城市环境遥感监测技术

城市环境遥感监测可以覆盖整个城市区域，成果出得比较快，可以同时获得城市某一时间的瞬时信息，成本较低，获得图像生动逼真，能叠加不同时间断面的瞬时信息，提高人们对事物的认知水平，看清城市发展的本质问题。城市环境遥感监测技术的应用领域如下：

（1）大气污染调查。通过遥感影像可以辨别大气污染源的位置，了解其扩散范围及扩散方式等，若结合实际监测资料，还可以进一步确定大气污染程度。例如，根据物体影像的形状、大小、颜色和阴影等特征，统计城市区域内烟囱的位置、数量和类型，也可以了解道路上行驶汽车的数量和分布情况，并找出它们同烟尘、排放量之间的相关性关系，进一步结合气象、风速、风向、地形及植被覆盖等因素，分析大气污染程度及来源情况。

（2）水污染监测。由于造成水体污染的污染物成分、浓度不一样，水体的一些物理化学性质如颜色、透明度、温度等也随之发生了变化，这些变化会导致水体反射率及光谱发射特性的改变，而在遥感影像上则表现为色调、灰阶及纹理的差异。如，针对水体热污染的监测，不同温度的水体在多光谱图像及热红外图像中有明显不同的反映，可通过密度分割确定热水扩散范围，且配合多时相影像图时，可确定扩散系数。针对油污染监测，常采用彩色或紫外航空航天影像资料比对分析 $0.30\mu m$ 和 $0.45\mu m$ 间的光对油和水反射率的差异，从而计算出油膜污染面积。水体富营养化可以用近红外遥感影像来判断，主要因为藻类和浮游植物的影像特征与绿色植物相似，反射峰都出现在近红外光谱区，且水体颜色为红棕色或紫红色。因此，城市相关管理部门可以借助这些信息，判断水体污染的分布、类型及程度，从而更加妥善地处理处置企业水污染问题。

（3）城市扩张监测。改革开放几十年，我国的城市化迅猛发展，城镇规模不断扩大，土地资源也日益紧张，城市周围的生态系统也发生了变化。及时有效地获得城镇用地信息，监测城市扩张的动态变化，为科学合理地指导城市规划，控制城市用地规模，保护生态资源提供保障。近些年，国内不少学者，利用遥感监测技术研究了城市扩张方式和速度以及城市扩张的阶段等，也有些进行城市扩张的预测和模拟等。国外一些研究主要是利用卫星遥感数据对城市扩张的动态变化以及驱动力进行了探究。因此，通过对卫星遥感影像里获取的城镇用地数据信息的探析，揭示城市扩张的规律及形式和驱动力机制，并根据研究过程中产生的问题，提出相应的解决措施。该方法同统计数据分析方法相比，更具实时性和可靠性。

（4）固体废物堆场污染监测。固体废物在堆放过程中，发生物理化学的分解作用，造成其温度一般会高于周围环境，在航空热红外影像中有明显的色调特征，从而利用遥感影像特征（如形状、色调或颜色）对固体废弃物堆场进行有效的调查。目前常用决策树法和分类分层法来获取城市大型固体废物堆积场的特征，但一些小规模堆场由于分辨率问题比较难识别，常采用监督分类法，并配合现场调查。如城乡接合部垃圾堆与农村秸秆堆的影像图颜色、形状都较为相似，分布都无特点，但仍能发现草堆顶部突出，边界光滑且清晰，垃圾堆则相对平坦，边界则不太清晰。一般市中心人口密集，建筑物密度大，且管理严格，生活垃圾和建筑垃圾常堆放在工地周边或偏僻道路上；汽车站或码头附近常见原材料堆场。所以，可通过判断堆放位置来推测堆放材料性质，实现固体废物堆场的科学有效地监测。

（5）热污染监测。城市热污染主要有"热岛效应"和"温室效应"。"温室效应"是指受人类活动影响如大量化石燃料的燃烧导致二氧化碳含量的升高及人类大肆破坏森林树木和过度放牧导致植物吸收二氧化碳能力的减弱，在全球范围内气温升高的现象。热岛效应主要由于人类活动，改变了城市地表局部温湿度及空气流动，导致市区温度高于郊区的现象，是城市气候最显著的特点之一。主要由于城市人口分布比较密集、工厂和车辆废热的排放、城市居民日常生活能量的释放、城市建筑物及道路垫面的影响导致城市升温，城市上空形成热气团，一定高度后向郊区扩散，而郊区下沉气流沿着地面向城市流动，形成热岛环流，也称为"乡村风"。通过这种城市环流的作用，大气中的有害气体和烟尘聚集在城市上空，加重城市空气污染，导致各种疾病的高发。

利用热红外遥感技术，对城市白天和夜间的热辐射进行扫描，通过比对不同时间段的影像，判断城市热源、热场的位置和范围，并进一步研究热岛的时空分布、形态特点等，为城市软环境的科学规划管理提供依据。如火力发电厂和冶炼厂是城市热污染的主要来源，可通过其夜间红外热像影像图的亮白色来判断热源位置及强度。烟气扩散的范围和传热管道的走向也可以通过影像图颜色的变化来判断。城市热岛的日变化和年变化具有明显的周期性，可通过不同时间段的遥感数据进行研究分析。目前，降低城市热污染的方法主要有人为降热，采用新颖的城市设计规划理念，以及构建人工湿地等。

课堂练习

一、填空题

1. 城市的环境监测是运用_____、_____与_____三门技术结合实现。

2. 水污染情况可分为：_____和_____两种。

二、简答题

1. 城市环境遥感监测的概念是什么？

2. 本节中城市环境遥感监测的主要方面是哪些？请概括描述各方面的监测内容。

 课外阅读

我国生态环境遥感监控研究进展

　　生态环境监测在我国起步较晚，1955 年，水利有关部门对全国范围内土壤水蚀面积进行了初步估计，这是全国开展土壤侵蚀宏观监测工作最早的项目。20 世纪 80 年代后，随着改革开放的深入和遥感技术的普及，推动了我国生态系统的定位研究的发展，宏观土壤监测的研究才刚刚起步。近几十年来，国内对生态资源和环境方面问题进行了大量的研究，其中最具有代表性的研究有："七五"期间三北防护林遥感调查、黄土高原遥感调查，国家"六五"科技攻关项目计划以及内蒙古草场资源遥感调查等都包括在生态监测内容当中。通过利用全区气象卫星 NOAA-12 五个波段影像数据，新疆环境监测总站实施了对全区土地荒漠状况的综合评估。通过遥感监测技术的应用，预测了热带植被森林动态变化趋势，构建了森林火灾后生态变化遥感监测评价模型方法，探明了中国北方风沙灾害的特征及下垫面状况、黄河三角洲盐碱地、金衢盆地土地退化、广州珠江口和大连湾海域水体富营养化状况及三峡水库等重点侵蚀区域的土地退化情况等，利用 GIS 预测预报模型系统预测黄土高原生态退化以及小流域土壤侵蚀；利用国土资源卫星遥感数据监测黄土高原生态环境，初步建立了生态环境遥感识别标志。遥感监测在牧场和农作物产量、水土保持状况和资源调查及灾害预测上也都取得了较丰富的成果，为宏观生态监测积累了宝贵的经验。

第六章　自动连续监测技术

环境中的污染物可以在各个环境要素（水、气、土）中发生迁移，并且可能会被输送到很远的距离。与此同时，其浓度和分布受时空、气象条件，以及污染源的排放情况等因素的影响，往往能够由局部性污染引发区域性污染，更有甚者，可能会引起全球性污染。因此，想通过定时、定点的人工取样来进行检测，其测定结果对于大气中污染物的动态变化很难有成效地体现出来。同时，想要对污染现状进行有效分析，以及为预测发展趋势提供依据显得更加艰难。为了尽快掌握污染物质在环境空间的动态变化信息，以及能够对污染情况做出客观评价，并为研究污染物扩散、迁移和转化规律等方面提供准确的依据，因此采用和发展空气质量连续监测技术已是大势所趋。

为了更利于了解某特定区域内环境质量状况变化规律、确定环境中污染物的安全浓度、评价污染源概况及判断区域环境污染的特征，建立环境自动监测系统势在必行。与此同时，也为避免烦琐的人工取样，做好预警工作和实时、连续监控污染源及污染源预报工作打下了基础，使之具有可行性。环境自动监测系统的建成不仅为评价环境质量，及时处理流域内周期性、突发性的污染事故和监控污染源提供了强有力的保障，而且能够最大限度地提高监测站环境监测能力，同时还能为环境管理、治理、决策和对新污染源的发现提供高效且有力的技术保障。在人们越来越重视环境质量的今天，良好的生态环境是人类生存和健康的基础，改善和提高环境质量是人们热切的期望，因此，迫切需要开发相应的环境自动监测技术是毋庸置疑的。

第一节　水质在线自动监测

一、水质自动连续监测概述

到目前为止，我国水环境污染恶化趋势尚未得到根本扭转，工业废水超标排放导致的重金属超标、土壤受农药和化肥的侵蚀、水体富营养化、城镇生活污水排放及病原体侵害等都是造成水环境恶化的主要原因。由此可见，加强对水环境水质的监测刻不容缓，其对保护生态水环境的重要性不言而喻。

目前，水质监测主要采取手动监测和自动监测这两种方式。手动监测指在固定断面，固定时间进行间隔取样，并对水样进行室内或现场检测。显而易见，该方法不仅会受人为因素干扰，且由于耗费时间长、测计烦琐，导致一般手动监测具有低频率，缺乏灵活性、数据连续性差和测计结果难以实现数据实时共享等缺陷。自动监测能快速、简便地通过仪器对数据自动进行采集和计算。

此外，由于自动监测能连续、及时、准确地采集数据，如若有超标污染物存在那么自然会十分醒目，易于发现，也就可以让危害得到及时解决，保障污染不被蔓延。在 20 世纪 70 年代自动监测技术刚开始使用的时候，仅包含了水温、pH 值、溶氧量、电导率以及温度等 5 个监测项目，但是现在，随着科学技术的发展，监测技术也在提高，人们对水质的要求也在增高，以往仅有的监测项目已不能满足现今人们对水质的要求了。与时俱进，水质监测项目也在逐渐完善，由以前的老 5 项扩展到如今的几十项。除了增加自动监测技术涵盖的项目外，某些国家将水质自动监测系统结合 3S 系统，同时启用，从而构建起一个全面化、高度信息化、多维化的新一代水质自动监测系统。我国应用水质自动监测系统监测重点流域的水质状况起于 20 世纪 80 年代，且成效显著。水环境保护主要针对有机物（代表性指标 COD、BOD 等）、氨氮、悬浮颗粒及 pH 值等指标进行监测。

二、水质自动连续监测系统

水体污染的连续自动监测系统包含一个监测中心站、几个固定监测子站和一套数据通信系统组成，保证了系统连续性功能。各种污染物的单项指标、综合指标是由子站内所装有的传感器来测定的，其内还装有水文气象参数测定仪，连续采样装置、水污染连续监测仪器及通信设备等。各子站终年不停歇地运行，保证工作的连续性，中心站则指挥着各子站的运行，是信息数据中心。它配有容量大、功能齐全的计算机系统来存储数据和做简单的初步处理，并装有管理软件，用于通信联络设备（有线或无线）和数据显示、在线分析、有线和无线传输及接收数据的管理软件，能够充分保障系统高效履行其职能。中心站的主要功能包括数据通信、实时数据库、（超限、故障）报警、安全管理、数据打印等，中心站在自动监测系统运行时不能都连续工作。

自动监测系统只需计算机操控就可正常进行工作，并不需要人时常参与。它的工作系统由信息采集、传输、管理和服务系统四个部分组成。在系统中，各组成部分所处位置和相互关系如图 6-1 所示。

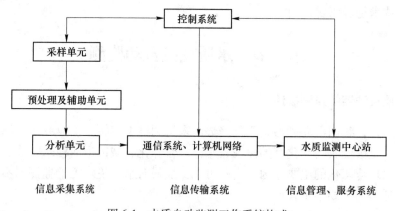

图 6-1　水质自动监测工作系统构成

自动监测系统靠信息采集系统来采集和整理信息，完成信息处理后经由通信系统和计算机网络把信息准确、实时、快速地传输到水质监测中心站，帮助决策部门快速地掌握水质质量，及时公布水质公报，为水环境质量控制和管理提供有力的数据依据。该数据采集系统的建设主要包括：自动采样器、自动分析仪器、多参数水质监测仪和水量测定仪的配置、设计和安装，以及采样点的基础设施建设等。该系统充分利用流域现有通信网络和计算机网络系统的功能，构建了覆盖流域水资源监测实验室的计算机联网系统，实现了水资源信息的实时在线传输与数据共享，使水质信息能够迅速、准确地传递，为更好地利用水资源提供服务。

（一）子站布设及监测项目

对于水质连续自动监测系统子站的布设，需先进行实地考察，收集当地水文、气象、地质、地貌、污染源分布及污染现状、水体功能、水源保护区等基础资料，综合分析后，确定子站监测断面和监测点。

当前，世界上较多国家都建立了以监测水质的一般指标和一些特定污染指标为基础的水污染连续自动监测系统。表6-1列出监测系统可进行连续或间断自动监测项目和测定方法。其中，水位、流速、潮汐、风向、风速、气温、湿度、日照量、降水量等需与水质指标同步测量。

表6-1　水污染可连续自动检测的项目和办法

项　　目		监　测　方　法
一般指标	水温	铂电阻法或热敏电阻法
	pH 值	电位法（pH 玻璃电极法）
	电导率	电导法
	浊度	光散射法
	溶解氧	隔膜电极法（电位法或极谱法）
综合指标	高锰酸盐指数	电位滴定法
	总需氧量（TOD）	电位法
	总有机碳（TOC）	非色散红外吸收法或紫外吸收法
	生化需氧量（BOD）	微生物膜电极法（用于污水）
单项污染指标	氟离子	离子选择电极法
	氯离子	离子选择电极法
	氰离子	离子选择电极法
	氨氮	离子选择电极法
	六价铬	比色法
	苯酚	比色法或紫外吸收法

（二）水污染连续自动监测仪器

1. 水样的采集系统

水样品的采集方法有三种：瞬时采样、周期采样和连续采样。潜泵通常安装在水面以下，离采样点有一定深度，通过输水管道将水样输送到监测站室内的分配水槽。由于泥沙等微细颗粒存在于河流、湖泊等天然水体中，初滤后的水样一般都要经过配水槽，使泥沙沉积在槽底，以溢流的方式将澄清水排入各检测装置的检测池中，使多余的水可以通过排水管排出。

潜泵的安装方式基本分为固定式和浮式两种。固定装置具有安装方便的优点，但是，随着水位的涨落，其采水深度也会发生变化，因此，在水位变化较大的水域中使用时，难以保持固定的采水深度。把泵装在浮舟上即为浮式，因为浮舟总是漂浮在水上，所以不管水位有多高，它的采水深度都能保持恒定。

为避免水质特别是测定溶解氧的水质在输送过程中发生变化，因此要求从水泵到监测室的输水管道越短越好。输水管道的长度一般为 5~25m。为防止藻类的大量生长和聚积，管道必须避光安装；同时，还要对管道进行保温，以免冬天冻冰，使得输水管路堵塞。保温方式可采用以下三种：深埋、用保温材料在其表面缠绕和加入电热保温层。

2. 水质连续自动监测一般指标系统

水质连续自动监测一般指标系统如图 6-2 所示。

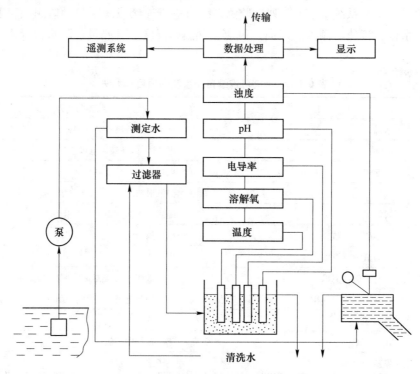

图 6-2　水质连续自动监测一般指标系统

（1）水温监测仪。水温自动测量原理如图 6-3 所示。

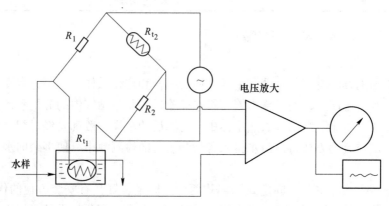

图 6-3　水温自动测量原理

（2）电导率监测仪。在连续自动监测中，常用电流测量法进行电导率仪测定，原理如图 6-4 所示。

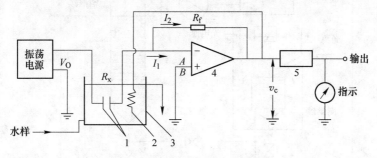

图 6-4 电流法电导率工作的原理

1—电导电极；2—温度补偿电阻；3—发送池；4—运算放大器；5—整流器

（3）pH 监测仪。pH 连续自动测定的原理如图 6-5 所示。

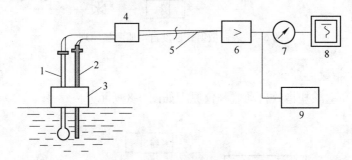

图 6-5 pH 连续自动测定原理

1—复合式 pH 电极；2—温度自动补偿电极；3—电极夹；4—电线连接箱；5—电缆；
6—阻抗转换及放大器；7—指示表；8—记录仪；9—小型计算机

（4）溶解氧监测仪。在水污染连续自动监测系统中，广泛采用隔膜电极法测定水中溶解氧，图 6-6 为其测定原理图。

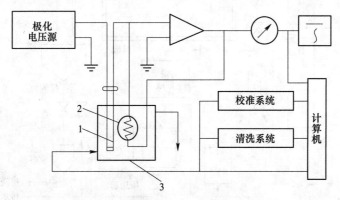

图 6-6 溶解氧连续自动监测的原理

1—隔膜式电极；2—热敏电阻；3—发送池

（5）浊度监测仪。表面散射式浊度自动监测仪原理如图 6-7 所示。

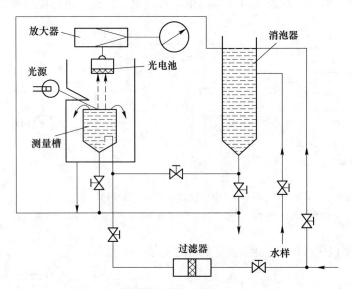

图 6-7　表面散射式浊度自动监测仪原理

3. 高锰酸盐指数监测仪

电位滴定式高锰酸盐指数自动监测仪原理如图 6-8 所示。

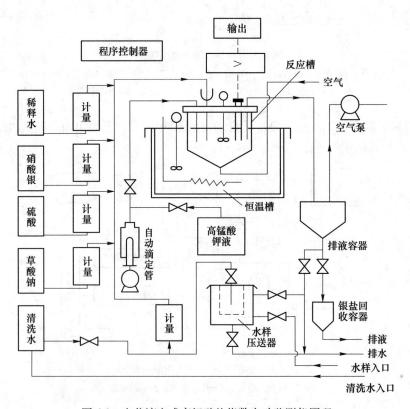

图 6-8　电位滴定式高锰酸盐指数自动监测仪原理

4. COD 自动监测仪

COD 自动监测仪测定流程如图 6-9 所示。

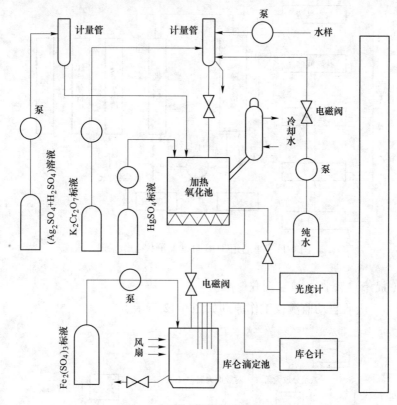

图 6-9　COD 自动监测仪测定流程

5. 微生物传感器 BOD 自动监测仪

微生物传感器 BOD 自动监测仪如图 6-10 所示。

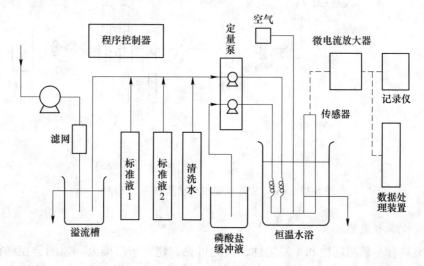

图 6-10　微生物传感器 BOD 自动监测仪

6. 单通道 TOC 自动监测仪

单通道 TOC 自动监测仪工作原理如图 6-11 所示。

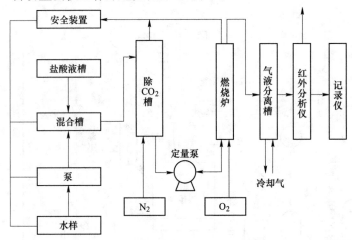

图 6-11 单通道 TOC 自动监测仪工作原理

7. UV（紫外）吸收自动监测仪

UV（紫外）吸收自动监测仪工作原理如图 6-12 所示。

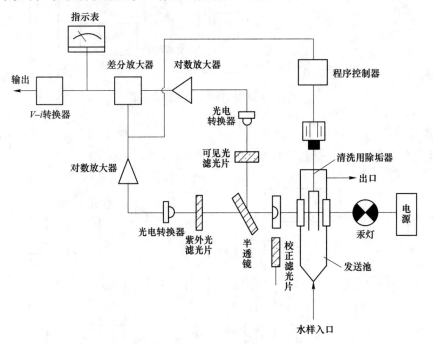

图 6-12 UV（紫外）吸收自动监测仪工作原理

（三）水质污染监测船

水污染具有不易测定性和不稳定性，由此可见，建立水污染流动监测势在必行，水质污染监测船就是流动监测站。其主要任务是对污染源进行追踪，研究其扩散、迁移规律；

同时也可对大面积水域的物理、化学、生物、底质和水文等参数进行综合测量，以获取多方面的数据。采样设备、实验室基本设备、分析仪器、计算机等共同组成了水质污染监测船。分析仪器包括气象水文仪表、水质物理、参数监测仪、微型原子吸收光谱仪、微型气象色谱仪及各种专项监测仪器。

　　水质污染监测船的主要监测项目有 pH 值、水温、溶解氧、电导率、氧化还原电位、浊度、BOD、COD、TOC、硬度及金属、非金属、有机物等。

　　在长江等水系的水质监测中早已运用了由我国设计制造的长清号水质污染监测船。船用设备包括酸碱计、电导率计、溶氧计、氧化还原电位计、浊度计、水中油、总有机碳、总需氧量的测定等，并配有氟、氯、氰、铵等离子活度计、分光光度计、原子吸收光谱、气相色谱仪、化学分析仪器、水文气象观测仪器及相关的辅助设备和设施。该设备可对监测水体的有关物理参数和污染物成分进行全面、科学的分析，并可对底质、水生生物等项目进行考察和测量。

课堂练习

一、判断题

1. 对拟修约的数字，在确定修约位数后，应连续修约到确定的位数。　　（　　）

2. 对某一样品进行平行多次测定，得到多个数据，个别数据与其他数据相差较大，应直接舍去后再求平均值。　　（　　）

二、选择题

以下哪个参数不可以用五参数在线监测仪测定？（　　）

A. COD　　　B. DO　　　C. 浊度　　　D. 电导率

三、简答题

1. 试阐述水质监测的方式中的手动监测和自动监测分别有什么特点及优势？
2. 使用表格的方式对水样的三种采集方式进行比较及操作过程中的注意事项。
3. 水质自动连续监测系统中，子站和中心站各有什么不同？
4. 常用的水质自动连续监测仪器有哪些？
5. 污水自动在线监测项目有哪些，怎样进行系统监控？

第二节　空气质量自动监测

一、空气质量自动连续监测概述

　　为确保环境空气监测数据的准确性，须建立完善的质量保证体系。质保体系的重要组成部分是绩效审计，使其能独立进行环境空气监测工作的评价能，从而提供如环境空气质量监测数据的准确性等信息。生态环境部于 2018 年 8 月 13 日发布了《环境空气气态污染物（SO_2、NO_2、O_3、CO）连续自动监测系统运行与质量控制技术规范（HJ 818—2018）》（以下简称《规范》），该规范为绩效考核提供了方法和验收标准，并对开展环境空气自动监控系统绩效考核工作，提高我国空气自动站的管理水平起到了积极的指导作用。而规范对某些技术细节的交代不够清晰、详细，现对绩效考核浓度、考核时间、考核气压、进样方式等技术细节进行深入分析和探讨，使环境空气连续自动监测系统绩效考核结果的准确性进一步提高。

经济和社会的高速发展，通常背后是以牺牲环境质量为前提。随着工业水平的提高，伴随而来的废气排放也使空气质量不断恶化。由于环境和空气质量不断恶化，人民的身体健康和生活水平也受到极大的危害和威胁，也间接地影响了我国经济的发展。为了推动我国经济的健康发展，相关部门应结合实际，积极引进国外先进的自动化技术，并根据不同的污染情况合理设置监测点，对监测数据进行全面、有针对性、准确的收集，为防治大气污染提供可靠的参考依据。本节对上述问题进行分析和探讨。

（一）我国环境空气自动检测质量控制现状

近几年来，计算机信息技术的发展日新月异，极大地提高了环境空气自动监测的水平，改善了环境监测的质量，其优点主要体现在：第一，硬件方面有很大的优势，它对提高环境空气监测数据的质量有着无可比拟的帮助，可以提高数据的可比性。第二，应积极引进先进的分析仪器，同时对传统的数据传输方式做进一步改进，用串口数字信号代替模拟信号，因为数字信号传输速度快。因此，为实现远程控制和提高工作效率，子站上的分析仪器和质控仪器要实现上述目标，首先要与现场的控制计算机相连，然后与中央系统相连。第三，软件方面也是它具有的很大优点之一，环境空气监控器不仅能利用分析仪器进行质量控制，更能保证质量控制在规定的范围内，并且可以在任务完成后自动终止质控。另外，在完成任务的同时，还可确定相应的质控类数据，并建立完整的报告，还可对质控类数据进行分析和鉴别，充分地满足了各种工作的需要，从而大大有助于空气监测控制工作。

（二）环境空气自动监测质量的重要作用

环境空气质量监测是一项涉及多个环节的系统工程，其内容包括空气采样、信息检查、数据通信、计算机处理等。但这几个环节并非孤立存在，而是相互联系的，在一个环节出现错误，就会导致其他环节的工作失败，最终影响到整个工作的效果。监测系统是自动运行的系统，当出现问题时，由于受到各种因素的影响，很难及时发现问题，解决问题，而且信息采集工作量很大，因此对某些信息难免会有误差，这也是造成实际监测质量不够及时、有效的重要原因。受多种因素的影响，为保证监测的准确性和有效性，必须采取合理的管理措施，分析影响因素，不仅要做好质量监测，而且要发挥其重要作用。

二、空气质量自动连续监测系统

大气污染物，不仅要进行连续自动监测，还要在大气自动连续监测系统中，实时获取大气污染的连续信息。通过分析气象因素与大气环境质量的关系，提出了污染物浓度随时间变化的曲线，以及各种均值和频数分布的统计资料，可以掌握大气污染的特点和变化趋势，为大气环境质量管理评价提供基础数据。

大气层连续自动监测系统由一个中心站、若干分站和信息传输系统组成。站址是整个系统的核心部分，是采集、储存、处理、输出、控制系统和科学研究等各个环节的中心。大气层连续自动监测系统的可靠性和有效性，中心站是关键。为确保数据的收集和进行较多的科研计算和管理，需采用两台计算机，一台作为主机与系统相连，在线运行；另一台作为辅机，主要是进行计算管理。当主机发生故障时，辅机即可取而代之，代替其运行。中心站的运行方式为：

（1）中心站定时将查询信号发送给各子站，各子站按一定的格式发送回数据，对数据进行校验和更正。有疑问时可指令子站重发。具有随机查询子站实时数据并收集子站运行状态的功能。

（2）对数据进行存贮、处理、输出。定期采集并处理各分站的监测数据，打印各种报表，绘制各种图表，建立数据库，完成各种数据的存储。

（3）对全系统运行的实时控制。包括通信控制：对子站监测仪器操作的控制，如校零、校跨度、控制开关、流量等；当污染源超标排放时，会有警戒控制。

根据任务的不同，大气层连续自动监测系统的子站可以分为两种类型：一种是为评价区域总体大气污染状况自动连续监测仪，配有大气污染自动连续监测仪（包括校准仪器），气象参数测定仪和环境微机；另一种则是为掌握污染源排放污染物浓度等参数的变化情况而安装的烟气污染组分监测仪和气象参数测定仪。

（一）系统监测布点

根据本地区多年的环境空气污染状况和发展趋势，结合工业、能源发展和经济建设的需要，考虑人口分布、地形和气象条件，设计环境空气质量自动监测系统，综合考虑系统监测点位的布设，以客观反映空气污染对人口和生活环境的影响为原则。在根据本布点方案设计中，监测点数的确定直接关系到系统的资金投入，因此，需要对监测点位进行合理优化。由于存在多种优化布点方法，选用何种方法，各地应根据本地的实际情况做出合理、科学的选择。在设置监测点位时应遵循以下原则：

（1）监测点位的设置要有较好的代表性，能客观反映某一区域的空气污染程度及其变化规律。

（2）应该考虑各监测点的设置条件尽量保持一致，以便各监测站获得的数据能够进行比较。

（3）在监测点位的布局上要最大化地分布均匀，以反映城市各行政区环境空气污染水平及规律。

（4）在布局上还应考虑每个城市应设置1个区域性范围的环境空气对照点，这样有助于对城市各监测点环境空气污染变化进行分析和评价。控制点的位置应设置在城市主导风向的上风方向和环境空气污染远低于其他测点的地点，并且应结合城市规划考虑设置监测点位，使所确定的监测点位既有利于当前，又能适应未来发展的需要。

（5）考虑监测点位的设置要与城市规划相结合，以使确定的监测点位能够适应未来发展的需要。

（二）监测项目

在环境质量标准中涉及十几种常规环境空气质量监测项目，但在这些监测项目中只有部分项目能够实现连续自动监测，因此在系统监测项目的选取上，要选择容易购置的仪器设备，和容易掌握污染超标和具有代表总体变化特征的项目进行监测。

各国大气自动监测系统的监测项目基本相同，包括二氧化硫、氮氧化物、一氧化碳、总悬浮颗粒物或粉尘、臭氧、硫化氢、总碳氢化合物、甲烷、非甲烷烃以及气象参数等。根据我国环境监测技术规范，地面大气自动监测系统的监测点分为Ⅰ类监测点和Ⅱ类监测点。一级测点数据进入国家环境数据库，二级测点数据由省、市统一管理。一级监测点除测温、湿度、大气压、风向、风速等气象参数外，规定了必须测的污染物种类有：二氧化硫、氮氧化物、一氧化碳、总悬浮微粒或飘尘；被选项目有臭氧、碳氢化合物总量。类测点法的测定项目可以根据具体情况而定。

（三）子站内的仪器装备

分站场内设有自动采样与预处理系统、自动监测仪器及其标定装置、气象测量仪、计算机及信息传输系统等。图 6-13 为某地面大气自动监测系统子站装备的仪器设备框图。

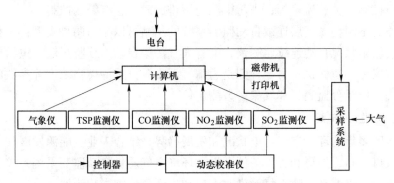

图 6-13　某地面大气自动监测系统子站装备的仪器设备框图

采样时可分别采用集中采样和单机采样，或将两者结合使用，选择何种采样方法主要根据大气样品的主要组成成分确定，如若总悬浮颗粒物或可吸入尘应单独采样，而不适合集中采样。在实践中，这两种方法常被结合使用（图 6-14）。标定系统包括污染物监测仪

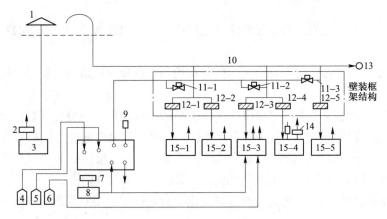

图 6-14　采样气路系统

1—采样探头；2，14—泵；3—MPSI 100I（TSP）；4—NO 瓶；5—CO 瓶；6—C_nH_m 瓶；

7—空压机；8—零气源；9—安全阀；10—采样玻璃总管；11-1—SO_2、O_3 阀；11-2—NMHC 阀；

11-3—CO 阀；12-1~12-5—过滤器；13—抽风机；15-1—15-5—动态校正器

表的零点、量程及标准气源（如标准气体发生器、标准气瓶），定标流量计等的零点、量程。每隔一段时间（例如8h或24h），在计算机和控制器的控制下，按顺序对各监测仪器进行零气源和标准气输入校准。标定后，计算机给出零和跨度值报告。

（四）大气污染自动监测仪器

大气污染自动监测仪要获得准确的污染信息，必须具有连续运行能力强、灵敏度高、精度高、可靠性好等特点。

表6-2列出美国、日本和我国采用的主要监测方法和监测仪器。

表6-2　美国、日本和我国采用的主要监测方法和监测仪器

国别	项目	测定方法	监测仪器及性能
美国	SO_2	脉冲紫外荧光法	脉冲紫外荧光 SO_2 分析仪，0~5ppm，0~10ppm
	CO	相关红外吸收法	相关红外 CO 分析仪，0~50ppm，0~100ppm
	NO_x	化学发光法	化学发光 NO_x 分析仪，0~10ppm
	O_3	紫外光度法	紫外光度 O_3 分析仪，0~10ppm
	总烃	气相色谱法（FID）	气相色谱仪
	飘尘	β射线吸收法	β射线飘尘监测仪
	TSP	大容量滤尘称重法	大容量采样 TSP 测定仪（非自动）
日本	SO_2	紫外荧光法	紫外荧光 SO_2 分析仪，0~5ppm，0~1000ppm
	CO	非色散红外吸收法	非色散红外 CO 分析仪，0~100ppm，0~200ppm
	NO_x	化学发光法	化学发光 NO_x 分析仪，0~2ppm
	O_3	紫外光度法	紫外光度 O_3 分析仪，0~2ppm
	总烃	气相色谱法（FID）	气相色谱仪
	飘尘	β射线吸收法	β射线飘尘监测仪，0~1000μg/m³
	TSP	大容量滤尘称重法	大容量采样 TSP 测定仪（非自动）
中国	SO_2	紫外荧光法	紫外荧光 SO_2 分析仪，0~10ppm
	CO	非色散红外吸收法	非色散红外 CO 分析仪，0~30ppm
	NO_x	化学发光法	化学发光 NO_x 分析仪，0~10ppm
	O_3	紫外光度法	紫外光度 O_3 分析仪，0~10ppm
	总烃	气相色谱法（FID）	气相色谱仪
	飘尘	β射线吸收法	β射线飘尘监测仪，5~1000μg/m³
	TSP	大容量滤尘称重法	大容量采样 TSP 测定仪（非自动）

（五）气象观测仪器

大气污染状况与气象条件关系密切，因此，对污染物的监测和气象观测必须经常同时进行。气象台站由常规地面气象和梯度观测组成。正如其名称所示，地面站的常规气象观测是对地面站的风向、风速、温度、湿度、气压、太阳辐射、雨量等要素的观测。渐进观测是指在大气中某一高度上，观察到温度、风向、风速等随高度变化的现象。由于大多数大中城市都有气象台，能够连续观测到各种气象参数，因此，它有助于分析大气污染的发展趋势，研究污染物的扩散和迁移规律等。但是，气象部门收集的信息并不是用来监测大气污染的，而是用来获取被监测地区的主要气象数据的，在普通大气监测系统的各分站都安装了自动观测仪器，仪器的参数包括风向、风速、气压、温度、湿度和太阳辐射。

（六）大气污染监测车

监测车是指装有大气污染自动监测装置，气象参数观测装置，计算机数据处理系统及其他辅助设备的车辆。它既是一个流动监测站，又是对大气环境自动监测系统的补充，可随时对污染事故现场或可疑点进行采样测定，以便及时掌握污染情况，采取有效措施。

我国生产的大气污染监测车装备的监测仪器有 SO_2 自动监测仪、NO_x 自动监测仪、O_3 自动监测仪、CO 自动监测仪和空气质量专用色谱仪（可测定总烃、甲烷、乙烯、乙炔及 CO）；测量风向、风速、温度、湿度的小型气象仪；用于进行程序控制、数据处理的电子计算机及结果显示、记录、打印仪器；辅助设备有标准气源及载气源、采样管及风机、配电系统等。除大气污染监测车外，还有污染源监测车，两者唯一的区别是装备的监测仪器有所不同。

课堂练习

一、填空题

1. 环境空气自动监测系统是由_____、_____、_____和_____等4部分组成。

2. 监测仪器经修理或重新安装后，最主要的操作是_____、_____和_____校准。

二、简答题

1. 计算机信息技术在环境空气自动检测中具有哪些优势？

2. 系统监测布点应该遵循哪些原则？

3. 图示说明空气质量监测自动站的结构及运行方式。

第三节　污染源在线监测

一、污染源在线监测技术概述

（一）污染源在线监测技术的发展

近年来，我国生态环境的破坏和污染问题日益突出，不仅对生态造成破坏，更严重的是对人类的生存构成威胁。我国的空气污染很严重，二氧化硫和烟尘的排放量在世界上排名第一。水资源污染问题也尤其突出，全国70条河流存在污染问题，1.1亿左右居民住宅周边1km范围内有石油化工、炼焦、火电等严重排污企业。此外，垃圾污染问题在我国也十分突出，每年平均产生工业固体垃圾8.2亿吨，生活垃圾1.4亿吨。因此，在如此触目惊心的情况下，做好污染监测就显得非常重要。

我国污染监测工作起步较晚，认识相对薄弱，政府从20世纪70年代才开始重视。国内污染源监测技术处于起步阶段，由于传统的实验室分析监测方法存在一定的局限性，不仅无法实现数据共享、远程传输、实时监测，而且监测效果和精度都不高，在突发污染事件发生时往往显得手足无措。环境污染日益严重，监测污染源、判断污染程度是污染源监测的重要手段，传统的污染源监测方法已经不能适应于污染源的监测和管理。应用污染源在线监测技术，不仅可以提高效率，降低成本，而且可以进一步提高数据的准确性和有效性，能对污染源概况和污染设施运行状况进行持续、及时、准确的监测。判断污染源的排放是否达标，既可现场自动完成监测，又可远程传输污染源数据，自动分析数据并报警。近几年来，由于政府投入和国家政策的支持，中国污染源在线监测技术水平不断提高，并具备了相应的研究能力。为适应技术发展趋势，我国应关注世界动态，了解并总结当前污染源在线监测技术发展现状，积极引进国外先进技术，缩小国内与国外的差距。积极培养专业人才，提高相关人员的创新和改进能力，尽快赶超国际水平，完善设备，提升国内污染源在线监测技术水平。

（二）污染源在线监测技术的创新

当今是信息时代，信息技术、计算机技术、微处理器技术、通信技术等各种高科技无处不在，它们的应用已经影响并改变了人们的生活方式和工作方式，给人们带来了许多方便。将高新技术应用于污染源监测技术，可以极大地提高污染源在线监测技术的自动化、智能化水平，可以进一步优化污染源在线监测系统的结构，再提高系统的稳定可靠度。信息源污染在线监测系统由自动监测设备和监控中心两部分组成，其中自动监测设备是其核心，传输网采用无线传输网和移动网三种技术，采用传感器技术、自动监测技术、自动测量技术、软件技术和监测预警技术。采用信息化的污染源在线监测技术，可以有效地掌握第一手数据，防止污染源的过度排放，对于研究污染源的排放规律，应对突发的污染源事件都有重要意义。针对目前污染源在线监测技术的发展趋势，大多数企业都配备了技术先进、性能优良的在线监测装置。仪器监测信息量大，可进行连续实时监测，从而使污染源在线监测技术实现智能化、自动化、网络化。人工工作量大、数据误差大、难以进行统计、查询信息不方便、操作烦琐等问题已基本解决。但调查结果表明，污染源在线监测技术的不合理使用严重影响了该装置的运行。有些地方政府安装的数据采集传输设备与企业安装的传输设备之间存在信号干扰问题，这种干扰会影响数据传输的准确性。现在市场上销售的数据采集式传输仪由于型号不同，数据传输标准也不统一，在同一个排放口安装多个仪器会产生干扰。另外，一般情况下，仪器出现故障时，不能及时有效地维修，也不能实时进行调整和反馈修正。如果在监测过程中设备出现问题，排放是否超标没有得到有效的监测，则失去性能不能发生报警。保证监测数据质量，提高监测效率，是污染源在线监测技术应用的关键。制定健全的污染源在线监测技术标准和规范，完善当地管理体制，为了免于信号间的相互干扰，政府和企业应共同使用一个仪器，共享一套在线监测数据。

二、污染源在线监测系统

（一）污水自动监测系统（WPMS）

污染物自动监测仪器在污染物排放总量控制实施过程中不可或缺，它能够保障对污染物总量控制的实施。以监测水质污染综合指标及某些特点项目为基础的水质污染自动监测系统（WPMS）已经出现在世界许多国家中。

1. 监测系统构成

污水自动监测系统包括一个监测中心（母站），几个固定监测站（子站），以及一套信息传输系统，如图 6-15 所示。即在一个水系或一个地区建立几个监测站，并配备连续的自动监测设备，通过一个中心站对几个子站进行控制。每一个子站均装配有采水设备、水质污染监测仪器和附属设备，以及水文、气象参数测量仪器，地区的水质污染状况可随时通过微型计算机及无线电台进行自动监测。

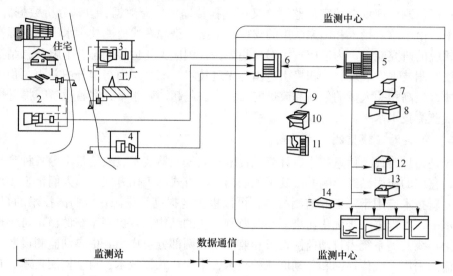

图 6-15　污水监测系统的组成图

1—污水处理厂；2—污水处理厂监测站；3—污染源监测站；4—河川监测站；
5—数据处理装置；6—通信装置；7—输入输出打字机；8—CRI；9—通信打字机；
10—操作台；11—显示盘；12—行式打字机；13—绘图机；14—数据传送装置

监测中心站的主要功能：

（1）开机、停机、校对检测仪器等工作可由中心站向各个子站发出指令，管理子站的工作。

（2）各子站的监测数据需实时收集，并做好数据处理和统计检验。

（3）打印数据报表，绘制出污染分布图。

（4）把收集到的监测数据贮存至移动硬盘上，记录并组建数据库，便于随时检索和调用。

（5）发现污染指数超标时，能发起警报，引起有关污染源行政管理部门的注意，便于采取有效措施。

监测子站（两类）的主要功能：

（1）计算机对预定监测点的信息和其他污染源的信息进行分类、筛选和综合分析。

（2）有间断性地对监测数据进行采集、统计和处理。

（3）按不同的需要对采集到的数据存储、显示、记录和打印等。

（4）可由本站的无线电进行有关查询命令和控制信息，并向总站传送检测数据。

2. 在线监测指标

COD、氨氮、石油类、氰化物、砷、汞、六价铬、铅和镉是国家总量控制项目。根据环境管理的需要可酌情增加其他项目，相关指标有 pH 值、水温、浊度、电导率等。废水流量和污染物浓度要同时、同区域进行连续监测，这是水污染物排放总量进行在线监测时的要求。水源的主要用途及监测站的主要任务决定了各监测站的监测项目。通常监测的项目有：

（1）综合指标的监测项目：水温、pH 值、电导率、氧化还原电位、溶解氧、浊度、悬浮物、生化需氧量、化学需氧量、总需氧量及总有机碳等。

（2）单项污染物的监测项目：金属离子、氟化物、氯离子、氰化物、酚、农药等。

每一个项目的测定方法并不唯一，目前已被水污染自动监测系统所采用或可能被采用的监测项目及监测方法见表 6-3。

表 6-3　污水自动监测项目及检测办法

监测项目		监测方法	监测项目		监测方法
综合指标	水温	热敏电阻或铂电阻法	单项污染物浓度	氟离子	氟离子电极法
	浊度	表面光散射法		氯离子	氯离子电极法
	pH 值	玻璃电极法		氰离子	氰离子电极法
	电导率	电导电极法		氨	氨离子电极法
	溶解氧	隔膜电极法		铬	湿化学自动比色法
	化学需氧量	$K_2Cr_2O_7$ 或 $KMnO_4$ 湿化学法或流动池紫外线吸收光度法		酚	湿化学自动比色法或紫外线吸收光度法
	总需氧量	高温氧化锆-库仑法或燃料电池法等			
	总有机碳	气相色谱法或非色散红外线吸收法			

水污染自动监测系统的监测项目不但由建站的初衷和任务决定，还取决于自动监测方法的科学性和成熟程度。同时，污染水质受污染物种类、污染物成分、其他干扰等因素，需要进行一系列的预处理操作。然而水质污染通常是痕量的，对其进行连续自动监测就比较困难。所以，开发水质污染连续自动监测技术首先针对那些能够反映水质污染的综合指标项目，然后再逐步增加具体污染项目的连续自动监测。

3. 系统监控与验收

（1）监测数据要求

如 COD_{Cr} 水质在线自动监测仪、总磷水质自动分析仪、总有机碳（TOC）自动分析器、紫外（UV）吸收水质自动在线监测仪和氨氮自动分析机等，在连续排放的情况下，每小时至少获取一次监测值，每天保证有 24 次检测数据；pH、温度和流量的自动监测值至少每 10min 收集一次。

对化学需氧量（COD_{Cr}）水质在线自动监测仪、总磷（COD）、总有机碳（TOC）、紫外（UV）等在线自动监测装置来说，监测数据的数量不能少于污水累计排放小时数。

对于酸碱度、温度和流量，监测数据不得少于累积污水排放小时数的 6 倍。如实际水样比对试验或检验结果不符合 HJ/T 355—2007 表 1 所列性能指标要求，应立即重新进行二次比对或检验，若连续三次检验结果均不符合要求，则应用备用仪器或人工方法进行监测。必须强调的是，备用仪器在使用和操作前，必须经过检验和比较试验。

（2）试验

对化学需氧量 COD_{Cr} 水质在线自动监测仪、总磷水质自动分析仪、总有机碳（TOC）水质自动分析仪、紫外（UV）吸收水质自动在线监测仪和氨氮水质自动分析仪而言，采用水质在线自动监测方法和实验室标准方法进行实际水样的现场比对试验时，应尽量保证比对样品的均匀性。共 3 对，其中 2 对实际水样比较试验相对误差应符合 HJ/T 355—2007 中表 1 所列要求。用水质自动分析法和标准法分别测定实际水样的 pH 值、温度和流量，并将测定结果与对比试验的绝对误差控制在 ±0.5pH 以内，将温度的变化幅度控制为 ±0.5℃。表 6-4 为固定污染源废水自动监控系统比对监测结果的评价指标限值。如果比较监测项目和比较监测结果都不符合表 6-4 的评价指标限制，则判定比较监测为不合格。

表 6-4 固定污染源废水自动监控系统比对监测结果评价指标限值

仪器名称	实际水样比对实验相对误差
pH 计	±0.5
温度计	±0.5℃
总有机碳（TOC）水质自动分析仪	按 COD_{Cr} 实际水样比实验相对误差
化学需氧量（COD_{Cr}）水质在线自动监测仪	±10% 以接近水样的低浓度质控样代替水样进行实验 $COD_{Cr}<30mg/L$
	±30% $30mg/L \leqslant COD_{Cr}<60mg/L$
	±20% $60mg/L \leqslant COD_{Cr}<100mg/L$
	±15% $COD_{Cr} \geqslant 100mg/L$
总磷水质自动分析仪	±15%
紫外（UV）吸收水质自动在线监测仪	按 COD_{Cr} 实际水样比实验相对误差
氨氮水质自动分析仪	±15%

（3）监控检查

1）诊断检查：数据采集传输仪对污水在线监测仪器应具备传感器报警、断电记录等故障的判断功能。

2）校正检查：用数据采集传输仪上位机可发送零点和量程校准命令来检查和校准水污染源在线监测仪器的零点和量程。

3）控制检查：对不连续监测的项目（如 TOC、COD_{Cr} 等）上位机可通过数据采集转移设置水污染源在线监测仪器的测量时间，也可发送强制进行水质测定的命令。

4）故障恢复试验：人工模拟故障，如停电、水、气的切断。水体污染在线监测系统恢复供电后，可进行正常的自动启动和遥控启动。将故障前完整的分析结果保存在数据采集传输仪中，保证故障过程中不会丢失。

（二）烟气排放连续监测系统（CEMS）

1. 监测系统构成

固定污染源烟气排放连续监测系统是由烟尘监测子系统、气态污染物监测子系统、烟气排放参数测量子系统、系统控制及数据采集处理子系统等组成，如图 6-16 所示。

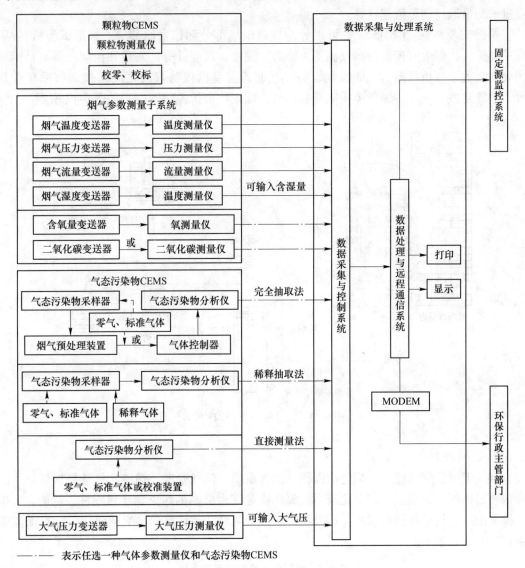

图 6-16　烟气排放连续监测系统

（1）气体污染物监测子系统：是对分散于烟气中的气体污染物进行监测，包括 SO_2、NO_2、O_3、CO、CO_2 等多种形式。烟道上安装有气体污染物采样探头，传输管连接中间，将样本气体传送到分析仪。通常采用抽提法和稀释法两种方法，抽提方法是通过对输送管加热，解决抽提过程中烟气所含水汽的凝结。采用纯净干气按一定比例稀释样品，不存在水汽凝结问题，但取样探头复杂、成本高。

（2）微粒（粉尘）监测子系统：监测烟尘污染物的方法主要有 β 射线衰减法、荷移、浊度和后散射法。

（3）烟粉尘参数监测子系统：它是烟尘温度、湿度、压力、含氧量、流量等辅助参数的监测，将污染物监测数据转换为标准状态下过量空气系数的干烟数据，其中温度的测量采用热电阻、热电偶或红外线法等；湿度的测量采用电容法、红外线吸收法或双氧法等；流量的测量通过测量流速计算。

根据安装布局，CEMS 设备可以分为烟道现场部分和仪器间部分。烟道试验机包括：直采样探头、烟尘监控器、烟气温度、压力、湿度、速度计等。测量和控制设备有：烟气预处理装置、分析仪器、工业控制设备、气瓶等。室内仪与仪表之间通过烟气采样伴热管，电缆连接，用于传输气体、电源和信号，固定污染源 CEMS 配置如图 6-17 所示。

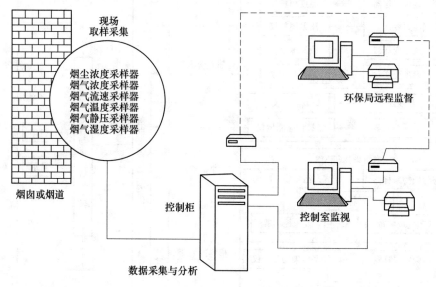

图 6-17　固定污染源 CEMS 配置

2. 监测指标

烟气温度、烟气流速、烟道截面积、烟气流量、烟气湿度、烟道含氧量是烟气必测的参数项目指标，而烟尘、二氧化硫、氮氧化物是烟道必测的污染物项目指标，同时，污染物排放浓度、污染物排放速率、污染物排放量是测量必须计算的参数项目。烟气自动监测项目与方法见表 6-5。

表 6-5　烟气自动监测项目与方法

序号	监测分析项目	监测分析方法
1	烟气温度	热电偶法
2	烟气流速	皮托管法
3	烟气湿度	红外吸收法、测氧法
4	烟道含氧量	氧化锆法、顺磁式氧分析法
5	烟道中颗粒物	浊度法、光散射法
6	二氧化硫	紫外荧光法、非分散红外吸收法
7	氮氧化物	化学发光法、非分散红外吸收法

3. 系统监控

(1) CEMS 测点布置的合理性

为了保证 CEMS 数据的准确度，安装位置必须合理，测点位置选择必须具有代表性。一些设计部门、电厂由于场地等方面的原因，在设计、施工中未考虑 CEMS 监控点设置的合理性。在一般情况下，烟气脱硫系统的烟道长度是有限的，直管段长度难以保证，且 CEMS 数据的代表性偏低，难以满足 CEMS 的测量精度要求。

烟道等效直径在 1m 或 1/3 左右的 CEMS 测量点，应优先选择在竖管段，避开烟气涡区域，并与烟道内壁保持一定距离。若烟道直管段长度大于 6 倍烟道当量直径，则监测孔前的直管段应不小于 4 倍当量直径且监测孔后的直管段长度不小于 2 倍当量直径；若烟道直管段长度小于 6 倍烟道当量直径，则监测孔前直管段长度必须大于监测孔后的直管段长度。

颗粒物监测孔的位置，可根据颗粒物重力沉降因素设立在水平管道或设立在测量光束可通过烟道中心的垂直管段。在烟尘监测孔下游 0.5m 左右应预留有手工采样孔，供校准使用。

(2) 比对试验

因为烟中的水分呈水雾或滴状，这种状态的烟将明显干扰用光学原理设计的测尘仪器，所以安装在锅炉湿法净化除尘、脱硫装置后的管道或烟囱上的 CEMS 在比对试验应以气体污染物为重点，如辅助参数流速、温度、湿度、压力等。根据《固定污染源烟气排放连续监测系统技术要求和测试方法》（HJ 776—2007）进行比对监测，参考方法的测试孔位设置在 CEMS 系统测孔后 1.0m 以内。比对监测过程中，时刻保证生产正常，除尘系统运行稳定。颗粒物与 CEMS 系统、二氧化硫与 CEMS 系统、烟气流速与 CEMS 系统分别同时间区间同步测试 15 次、18 次、5 次，分别获取 18 个数据对和 7 个日均值数据对。比对监测前，需要标定 CEMS 系统中所有在线仪器的零点和量程。

参考方法中的颗粒物浓度的测定采用了 3012H 型烟尘平行采样仪，测量了烟气气流速度，并用 GB/T 16157—1996 中测定烟气中的温度、压力、湿度和大气压等参数，计算了 SO_2 的浓度，用《固定污染源排气中二氧化硫的测定电位电解法》（HJ/T 57—2000）测定了二氧化硫。在进行对比监测前，用有证流量检定仪校准烟尘平行采集器。

(3) 量控制措施

由于 CEMS 是组成复杂的技术系统，并且烟气成分特殊，如不经常维护，极易造成严重的腐蚀、堵塞、数据漂移等问题，使整个系统瘫痪。所以 CEMS 正常运行期间应严格遵照仪器使用说明书提出的要求，定期进行日常管理和维护工作，并及时更换已到试用期的零部件。按系统运行、维护操作规程定期对系统各部分进行巡查，每 3 个月对系统进行一次系统的维护检查，保证仪器处于最佳技术状态。

1) 运行检查：是确定系统功能是否正常进行的日常的检查。最常见的检查是零点和量程漂移；观测检查包括检查控制面板上指示灯、真空和压力表、转子流量计、温度设置、流速等。检查结果与控制要求比较，如果发现故障或超过限值，则应立即采取纠正措施。

2) 定期维护：是指定期进行的维护工作。既需要更换过滤器、发动机轴承、泵、灯等，也需要电学系统和光学系统进行检查。更换系统器件的时间间隔可从 30 天到 1 年或更长的时间，时间长短可由试验结果和误差的大小来确定。

3）性能审核：是对 CEMS 的运行进行的检查，通过检查可指出存在的问题和提出需要改善预防性维护保养的方法或告知操作人员需要进行补偿性维护。

在定期维护检查时可能没有发现 CEMS 发生的故障，但在审核性能时发现了，就能及时做出补偿性维护。非定期维护是指在 CEMS 出现故障时才进行的维护。通过这样的过程，能够逐渐建立完善的预防性维护程序，将有助于操作人员降低预测系统部件的故障率。改变进行预防性维护的时间间隔，使更换部件的时间与部件出现故障的时间基本保持一致，更好地减少系统发生故障的次数。

4）质保体系及监督管理制度的建立：主要包括 CEMS 操作人员的技术要求，仪器的日常维护和保养，易耗品的更换，系统的校准，数据的记录方法和内容，操作日志和故障检修记录等一整套操作管理制度，以及定点定时的质量检验和监督管理机制。

课堂练习

一、填空题

1. 烟气必测的参数项目指标有烟气温度、_____、烟道截面积、_____、烟气湿度、_____。

2. 烟道必测的污染物项目指标有_____、_____、_____。

3. 测量必须计算的参数项目有_____、_____、_____。

二、判断题

1. 固定污染源烟气排放连续监测系统是由烟尘监测子系统、气态污染物监测子系统、烟气排放参数测量子系统、系统控制及数据采集处理子系统等组成。　　　（　　）

2. 污水自动监测系统综合指标的监测项目：金属离子、氟化物、氯离子、氰化物、酚、农药等。　　　　　　　　　　　　　　　　　　　　　　　　　（　　）

三、简答题

1. 简述环境监测技术在水环境、大气环境、噪声环境中的运用与内容。

2. 简述污水自动监测系统监测中心站与监测子站的主要功能。

第四节　环境噪声自动监测

一、环境噪声自动监测概述

噪声自动监测系统的建立，标志着城市噪声管理走向现代化，走向智能化，是开展环境噪声监测工作，提高声环境质量的重要基础，它不仅能实时监测噪声污染源，而且体现了环境监测、评价和发布的一体化。

如今，丹麦 BK 公司生产的环境噪声连续自动监测系统已经被我国北京、上海、广州等大城市引进安装，大多数国内噪声检测仪器制造商已研制出国产环境噪声连续自动监测系统。伴随着我国科学技术的不断进步，在环境噪声战略研究、城市区域环境噪声评价、环境噪声预测等方面都有了新的发展，环境噪声连续自动监测系统将在全国大、中城市得到广泛应用。与城市现有的大气自动监测站、水质自动监测站共同组成水、气、声自动监测网，为保护我国城乡环境做出更大的贡献。

在现代城市噪声管理中，环境噪声自动监测系统发挥的作用如下：

（1）对建筑施工噪声是否超标进行实时监控，并及时取证。

（2）借助于相关噪声软件绘制城市实时或常年噪声频谱图，及时发现、掌握噪声超标点和区域。

（3）对噪声突发事件进行记录分析。

（4）针对交通要道、机场、高速公路、铁路车站、城市轻轨、高架桥、体育场馆、港口等城市噪声敏感点的声环境质量特征进行连续自动监测和频谱分析，并据此制定噪声治理措施。

（5）可为城市噪声功能区远景规划的编制、城市规划的整体合理布局、噪声控制预测、连续有效可靠的监测提供数据。

（6）通过对城市噪声连续监测数据与大气、水质自动监测数据共享，可以向公众发布城市环境质量状况。

二、环境噪声自动监测系统

（一）系统构成

自动环境噪声监测系统由前端智能仪表、噪声数据管理中心和噪声数据处理中心组成，详见图6-18。

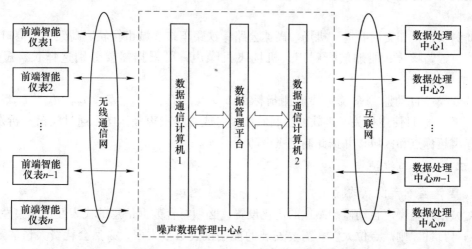

图6-18　噪声自动监测系统结构示意图

可以有 n 个前端智能仪表（$n < 10000$）、k 个噪声数据管理中心（$k < 100$）和 m 个噪声信息处理中心（$m < 1000$）进行环境噪声在线自动监测系统。

（1）前端智能仪表。前端智能仪表的工作原理受其构成成分决定，该系统由噪声数据采集设备、数据预处理的计算机和无线通信传输模块组成，所以前端智能仪表通过感知数据采样装置传来的环境噪声状态并将其传输到数据处理计算机，再经过数据处理计算机对其进行分析和预处理，并将数据传输给管理中心，该过程全程不需人力，全靠其自动。

（2）噪声数据管理中心。由数据通信计算机、数据管理计算机和网络设备构成的噪声数据管理中心连接前端智能仪表，它收到前端智能仪表传来的数据后，就开始工作，管理和备份接收到的数据，并根据环境管理需要发送相应的数据。

（3）噪声数据处理中心。数据处理中心主要由计算机、显示器、打印机等组成。中央处理平台需要数据库软件、GIS 软件、统计分析软件作为基础。数据处理计算机、监视器及打印机等构成了数据处理中心，数据处理中心基于数据库软件、地理信息系统软件、统计分析软件工作，采用 B/S（浏览器/服务器）工作模式，用户可以通过服务器对数据信息进行确认、调用和输入。数据处理中心可在工作时间内完成监测点的噪声动态波形图，噪声统计分布（正态或偏态分布），相关性检验，期望值和标准偏差，噪声趋势预测，超限报警和现场录音回放，噪声频谱分析，空间数据示，日、月、年统计图表等。

（二）监测项目

为长期监测和了解适用不同标准的区域代表性点或不同功能区代表性点的定点监测或全市环境噪声的污染状况和变化及短期了解该特定点的噪声污染程度和超标情况，城市环境噪声自动监测系统的监测项目分为长期监测和短期监测。不同的噪声可按需求选择监测项目。

针对不同标准适用的区域代表性区域或不同功能区代表性测量点设置的长期监测项目，其目的是长期监测和了解该区域或整个城市环境噪声的污染状况和变化；针对工厂边界、建筑工地等特殊需要设置的短期监测项目，目的是短期了解该特定点的噪声污染程度和超标情况。

监测项目，如交通要道、机场、高速公路、铁路车站、城市轻轨、高架桥、港口等道路噪声、铁路噪声、船舶航行噪声、机场飞机噪声，可根据需要分别选择长、短监测项目。

环境噪声自动监测系统主要监测指标为 L_p、L_{eq}、L_{max}、L_5、L_{10}、L_{50}、L_{90}、L_{95}、L_d、L_n、L_{dn} 等，并且使用相关噪声软件绘制城市实时或常年噪声频谱图，通过频谱分析发现、掌握噪声超标点和区域，并据此制定噪声防治措施。

（三）选点与维护

1. 噪声监测布设点的优化

对城市环境噪声自动监测站位的优化设置，必须符合数据信息的代表性、完整性以及设置的可行性原则。点位太多，需要安装的前端仪表数量太多，必然会耗费大量的财力，而且不可取。在噪声领域，最优点问题是一个迫切需要解决的问题，同时也是自动监测系统面临的问题。

噪声监测布点的选择应根据所获得的数据信息具有代表性、完整性和监测点位设置的可行性原则，尽量少设点，以减少需要安装的前端仪器数量，从而节省资金。对于每一监测项目的具体监测点位和点位位数，应根据优化研究的结论和国内外环境监测网现有的优化设计方法，如统计方法、模拟方法、综合方法等，确定最优点位。基于时间、空间相关性原则的环境质量随意性评价方法，对历史环境监测数据进行了充分的测试，结果表明，该方法具有省力、方便的特点；模拟方法是根据噪声源的排放特点和环境条件（如周围建筑物的环境条件），预测噪声强度分布，然后根据得到的噪声强度和范围大小，合理设置监测点，对固定源、流动源及环境条件等数据进行充分的测试；综合方法是将上述两种方法进行综合，使其方法更长，更具补充性，由于考虑了现有监测资料的变化规律，以及声源的排放性和环境条件等因素，这两种方法被较广泛地采用。无论采用哪种优化方法，其目的都是使环境噪声监测实测数据在空间上具有最佳代表性。自然，所设计的监测点应尽量减少点位数目。此外，在设计确定监测点的点位时，还应考虑到该地区的人口总数及人口分布、噪声污染的程度及范围，以及功能区的性质等因素。

2. 户外单元的维护

户外声环境的测量是整个监测系统的关键，所以测点应按要求安装气象传感器，在测量噪声时可附加气象要素进行环境噪声测量，并剔除雨天、风速超过规范要求的异常数据，保证系统能在各种恶劣环境（如高温、高湿）下正常运行。

噪声监控系统中的数据采集系统多需在室外工作，此时供电不方便，一般采用蓄电池供电或蓄电池与市电联合供电。使用电瓶供电，其优点是不受监控地点的限制，流动性好，更适合于短期监控工作；使用市政电力网络为监控系统供电，则适合于长期监控工作，为了防止停电，可使用小型电瓶作为应急电源。因此，我们应按所需选择最合适的供电方式。

课堂练习

一、填空题

1. L_{eq}、L_{10}、L_{50} 和 L_{90} 的含义分别为_____、_____、_____、_____。

2. 城市环境噪声按照来源可分为_____、_____、_____、_____和其他噪声五种。

二、选择题

1. 对某小区的声环境现状监测时，测得该小区昼间声压级为 60dB，夜间声压级为 45dB，则该小区昼夜等效声级为（　　）。

A. 52.5dB　　　B. 60dB　　　C. 58.3dB　　　D. 58.2dB

2. 可从声级计上直接读取的参数有（　　）。

A. 声压级　　　B. 声功率　　　C. 声压　　　D. 以上都不对

3. 进行城市区域噪声监测时，对测量仪器的正确要求是（　　）。

A. 使用型以上积分式声级计

B. 使用型以上精密声级计

C. 采样时间响应间隔小于或等于 1s

D. 采样时间响应间隔小于或等于 2s

三、简答题

1. 简述 WPMS 和 CEMS 的监测过程。
2. 简述噪声自动监测的选点和维护要点。

第七章　现场监测技术

随着环境问题的日益严重，我国强化了环境管理及完善了环境监测各方面工作，其中现场监测是目前我国环境监测发展的重点。由于日常生产生活中，突发性污染事故频发，需要及时、迅速、准确地了解污染物来源、种类、扩散路径及范围等关键性问题，为后期制定切实可行的应急方案提供技术依据；另外，常规监测中，不少污染指标现场测试会更方便，过程污染更小，结果也更准确，也能大大节约人力、物力和财力。因此，开展现场监测是实现环境保护工作全方位发展的基础。

本章前三节探讨了水中有机物、无机物及固定源污染的现场监测技术，第四节重点说明当前突发性污染应急监测的内容。

第一节　水中有机污染物现场监测技术

一、水中有机物污染概述

工业废水、生活废水与大气污染是水中有机污染物的主要来源。目前，我国污水处理工艺比较落后，污水处理效率相对偏低。数据显示，80%左右的污水未经妥善处理就直接排放到自然中。污水不仅对自然环境造成了严重的破坏，而且严重地影响着人类的生活和健康。自然界中排放的废水中含有大量的有机污染物，如苯类、酚类、各种油类、卤代烃和其他有机大分子物质，这些物质会使水库湖泊水体富营养化，造成藻类过度繁殖。有些海藻在新陈代谢过程中产生海藻毒素，可引起肝癌、肝炎等多种疾病。尽管工业废水已经进行了处理，但是这些处理过的水体中仍然存在着对人体健康有害的有机污染物。现在的工业废水处理方法仍然沿用传统，废水处理工艺仍然是絮凝、沉淀、过滤、消毒等工序。但是，该处理方法只能去除废水中的胶质、细菌、悬浮物等，不能有效地去除水中的有机物。目前常用的消毒方法是氯化消毒。在氯消毒过程中，氯会与水中的一些有机物如三卤甲烷、卤乙酸等反应生成卤化有机物，这将对人类健康构成潜在威胁。

一般情况下，水体中的有机污染物可以分为颗粒状、可溶性有机物。粒状物包括无生命的有机质颗粒和生物，而溶解性有机质包括胶质有机质和真溶液有机质。溶于水的有机物质可以分为碳水化合物、腐殖质、脂肪、含氮有机物质、烃类、微生物等。

水中的碳水化合物有多糖和单糖，水中碳水化合物主要来源于浮游植物的光合作用。腐败植体分子组成复杂，性质相对稳定，植物和动物尸体的物理和化学生物反应形成腐殖质，其相对分子量较小，含有羟基和酚羟基。类脂质包括脂肪酸酯、磷脂、长链脂肪酸酯、长链醇等，可从有机溶剂中提取。含氮有机化合物主要包括氨基酸和肽类，由浮游生物分解代谢产生的氨基酸，一般呈低分子量氨基酸形式，含氮有机物在水中也有尿素、尿嘧啶等。烃类是构成水中有机污染物的主要成分之一，在水体中，烃类会导致水体缺氧，对水体中的生物构成威胁。水的烃类主要来源于石油和卤代烃杀虫剂等。烃类会在水里停留很久，在自然界内没有酶分解烃类。烃类物质具有很强的生物毒性，对人类健康构成严重威胁。维生素在水中有生物素、硫胺素等，维生素在水中含量很少。除了上述有机化合物，水中还有其他有机化合物，如丙酮、甲基乙基酮、丁酮、丁醛等。

二、水中有机物污染现场监测

无论是天然水还是污染排放水，所含的有机污染物的种类繁多，既有植物性污染物（植物残体、腐殖质等），也有动物性污染物（动物残骸以及动物排泄物）。然而量大、面广的还是各种人为污染物，如工业废料、生活用水中各种有机废物。有机污染指标大致可归纳为：（1）物理指标。水质的物理指标主要包括：水温、色度、嗅、悬浮物、浊度等指标。（2）综合指标。综合指标是间接测量水体中有机物的总量的综合指标，其中有溶解氧、化学耗氧量、生化需氧量等指标。（3）单项指标。单项指标是具体地去测定水中某些有机物的数量指标，如酚、石油类等指标。这些项目将越来越多。

（一）水质物理指标的测定

1. 水温

水的温度因水源而异，一般来说，地下水的温度相对恒定，地表水的温度变化很大。自然地表水温度在 $0 \sim 35℃$ 范围内随季节变化而变化，饮用水的水温在 $6 \sim 20℃$ 之间，水温的测定应在现场进行。水银温度计可以用来测量地表水的温度，测量深水温度时用深水温度计或热敏电阻温度计。计量时，把温度计插入水中，静置 $0.5 \sim 1min$，以获得稳定的读数，测量精度通常要求 $±1℃$ 的精度。当温度计不能直接插入水中时，可以用适当的水取样器收集水后，在水样中进行测量。测量水温时，应同时采集水样。

2. 色度

水质的颜色主要取决于混合进水中的污染物。由于污染源的不同，工业废水的颜色变得更加复杂。水色可分为真色和表色，水中悬浮固体完全去除后的颜色为真色，悬浮物未被去除时的颜色为表色。

水质监测通常用真色表示，因此在测定之前，应通过澄清、过滤或离心沉淀去除水中的悬浮固体。但是不能用滤纸过滤，因为滤纸可以吸收一些颜色，所以一些水样中含有微粒太细的有机或无机物质，通过离心不容易去除的，只能测定水样的表面颜色，但应注明。

色度的测定法如下。

（1）钴铂比色法：以氯铂酸钾和氯化钴的混合溶液为标准溶液，称为钴铂标准溶液。铂以 $1mg/L$ 氯铂酸离子的颜色称为 1 度。在测定时，需要制备标准溶液，即将 $1.246g$ 氯铂酸钾（相当于 $0.500g$ 金属铂）和 $1.000g$ 结晶二氯化钴（$CoCl_2 \cdot 6H_2O$）溶解在含有 $100mL$ 浓溶液的蒸馏水中，用蒸馏水稀释至 $1000mL$，即为 500 度。继而用该液体制备 $5 \sim 70$ 度增量的标准色阶。配制方法和对应的度数见表 7-1。

表 7-1　钴铂标准色阶的配置与对应的度数

用蒸馏水稀释到 50.0mL 所用标准液体积/mL	以铂酸盐表示的色度	用蒸馏水稀释到 50.0mL 所用标准液体积/mL	以铂酸盐表示的色度
0.0	0	3.5	35
0.5	5	4.0	40
1.0	10	4.5	45
1.5	15	5.0	50
2.0	20	6.0	60
2.5	25	7.0	70
3.0	30		

测定时，首先比较水样和钴铂标准色阶，再记录水样的色度。在 70 度以内直接比色。如果色度超过 70 度，就用蒸馏水稀释水样，然后比较颜色。一直到颜色在标准色阶内为止。

如果没有氯铂酸钾，用重铬酸钾代替氯铂酸钾。当制备标准色阶时，称取 0.0437g 重铬酸钾和 1.000g 硫酸钴（$CoSO_4 \cdot 7H_2O$），将其溶于少量的水中，然后加 0.50mL 浓硫酸，用水稀释至 500mL，此溶液的色度为 500 度。然后用这种液体按照上述方法制备标准色阶。此法适用于被天然物质污染的水源，不适用于颜色很深的工业废水。

（2）稀释倍数法：稀释倍数法通常用于测定工业废水的色度。用无色水稀释澄清的废水样品，直至其接近无色。将它放入比色管（水柱高度为 10cm）中，并将其与白色背景上相同高度的蒸馏水进行比较，稀释直至检测不到颜色。这个难以察觉的最大稀释倍数就是水样的稀释倍数。测定色度时，尽量使水样的颜色与标准色阶一致，如果不一致，应做颜色描述。使用文字描述时，可表示为绿色、浅绿色、黄色、浅黄色、红色、紫红色、微红色等。

3. 浊度

水的浑浊是由悬浮物（如沉积物、胶体、有机物、浮游生物、微生物等）引起的。悬浮物存在于水中，这与河岸条件、水流速度和工业废水污染有关。浊度通常以 1L 蒸馏水中含有 1mg 二氧化硅作为浊度单位。有时，为了方便，也使用每升水的悬浮物量。中国的水质标准规定，自来水的浊度不得超过 5mg/L。工业用水一般不能用浊度。

水的浊度可以用浊度计进行测定。浊度计的原理是以丁达尔效应为基础，当水中的粒子被光照射时，发生散射，散射光的强度由下面的公式表示：

$$I = KI_0 \frac{nV^2}{\lambda^2} \tag{7-1}$$

式中　K——常数；

　　　I_0——入射光的强度；

　　　λ——波长；

　　　n——单位体积中的粒子数；

　　　V——颗粒的体积。

由式（7-1）可以看出，当其他条件固定时，散射光的强度与每单位体积的粒子数成正比。浊度计就是利用这一基本原理,待测水样中颗粒的散射光被硒光电池接收,产生光电效应并转化为光电流。水的浊度越高,散射光越强,光电流越大。把这个光电流输入到以浊度为数值尺度的显示器上。可在测水样时直接读出浊度。还可以用分光光度法测定水中浊度,测定波长选择在 660nm。首先用比色皿测定标准溶液的吸光度,画出标准曲线;并在相同条件下测量水样的吸光度,以得到相应的浊度。

4. 嗅的检验

洁净的水是没有臭味的。污染物种类的不同,受污染的水样中会产生不同的味道,比如说生活污水和轻工业废水,其中含有大量的有机质,长时间发酵后会产生酸、臭的味道,含有硫化氢的水会散发出臭鸡蛋味道等。

对气味的检测,主要靠检测人员的嗅觉。因人对气味的感受力不同,测定时可由多人同时测定,并取其平均值。定性分析时,可将水样调至室温(冷)或加热(热),充分振荡后,闻其气味,用适当文字描述,并在表中记录其强度,见表7-2。

表7-2 臭强度等级表

等级	强度	说　　明	等级	强度	说　　明
0	无	无任何臭味	3	明显	可明显察觉
1	微弱	一般人难觉出有臭,敏感者可觉出	4	强	有明显臭味
2	弱	一般则能察觉	5	极强	有强烈的恶臭

定量分析通常是用稀释法来确定臭阈值的浓度,用无臭的水(即用活性炭过滤的蒸馏水和煮开的自来水),逐渐稀释待测水样,直至监测人员闻不到有异味为止,确定臭阈值,即水样被稀释到其浓度后的稀释倍数。在具体操作时,将一定量水样按一定的梯度抽取,用无臭水稀释至 200mL,见表 7-3。并且加热到预定温度(40℃或60℃),摇动并打开瓶塞,由低到高,确定阈值。

表7-3 不同稀释比例时的臭阈值

水样体积/mL（稀释至200mL）	臭阈值	水样体积/mL（稀释至200mL）	臭阈值
200	1	12	17
140	1.4	8.3	24
100	2	5.7	35
70	3	4	50
50	4	2.8	70
35	6	2	100
25	8	1.4	140
17	12	1.0	200

臭阈值的计算公式:

$$臭阈值 = \frac{水样体积 - 无臭水体积}{水样体积} \tag{7-2}$$

5. 悬浮物——重量法

天然水和工业废水中可能含有矿渣、尘埃颗粒、有机物等固体废弃物。如用滤网过滤，把那些无法通过滤网的固体称为悬浮物。过多的悬浮物会使水质浑浊，透光率降低，影响水生生物的呼吸和新陈代谢，更多的时候会使河道堵塞，干涸后吹起尘土，造成二次污染。

在对悬浮物进行检测时，首先将新鲜水样中的树叶、木棍、粪块、死鱼等杂物挑去。为了防止沉降，摇动样品，吸取定量样品，用滤纸过滤。若污水中有油脂，滤后可用石油醚洗涤过滤，滤完后，将滤液置于 105~110℃ 下烘干，计算，用 mg/L 表示。

（二）水中有机污染综合指标的快速测定

1. OC/COD——滴定法

在待测水样中加入重铬酸钾溶液和浓硫酸，在硫酸的溶解热温度下进行反应，反应时间约 15min，最后用硫酸亚铁铵滴定残余重铬酸钾。硫酸溶解放热温度约为 110℃，但由于室温及其他因素影响，可能会有所变动产生误差，但在现场测定时是容许的，其值一般低于室内标准法，但同 BOD 的相关性是有意义的。

试剂与仪器：

（1）硫酸-硫酸银溶液：称量 11g 硫酸银在 1L 硫酸中溶解，需要 1~2 天时间才能完全溶解，可加热快速溶解。

（2）重铬酸钾溶液：称取 0.5g 重铬酸钾溶于 1L 水中。

（3）亚铁溶液：称取 2g 邻菲罗啉（结晶水合物）和 1g 硫酸亚铁（7 水盐）溶解于水中，稀释至 100mL。

（4）N/20 硫酸亚铁铵溶液：将 20g 硫酸亚铁铵（6 水盐）溶于约 500mL 预先煮开的冷却水中，加入 20mL 硫酸，待冷却后，将其转移到 1L 水中进行稀释。该溶液使用前需标定，其标定步骤如下：

精确量取重铬酸钾溶液（标定专用）10mL 于锥形瓶中，加 100mL 水，60mL 硫酸，再滴入 2~3 滴邻菲罗啉亚铁溶液（作指示剂），用硫酸亚铁铵溶液滴定，当滴定到溶液由蓝绿色变为红色且 30s 内不变色，即为滴定终点。记录消耗硫酸亚铁铵体积（x，mL），系数 f 值由下式计算：

$$f = \frac{10}{x} \tag{7-3}$$

说明：此时，若消耗的体积（mL）在 10±1 以下、相对误差在 10 以内可取 $f=1$。

（5）标定用 N/20 重铬酸钾溶液：预先把重铬酸钾（标准剂）在玛瑙钵中研碎，在 100~110℃ 下干燥 3~4h，移入干燥器冷却。准确称量 2.45g $K_2Cl_2O_7$ 溶于水中，在体积 1L 的量筒中，用水稀释至刻度。该溶液 1mL 相当于 0.4mg 氧。

（6）250mL 三角烧瓶。

实验操作：

（1）量取适量水样加入预置有 0.5g 硫酸汞的 250mL 三角烧瓶中，加水至液体总量为 20mL，充分搅拌混合均匀。

（2）准确加入重铬酸钾溶液（N/20）10mL，再小心地加入硫酸-硫酸银溶液 20mL，充分振荡混合后，放置反应 15min。

（3）待此溶液冷却后，再用水稀释至 200mL。

（4）加入 2~3 滴邻菲罗啉亚铁溶液，用 N/20 硫酸亚铁铵溶液滴定过剩的重铬酸钾，当溶液由蓝绿色变为红色且 30s 内不变色即为终点。

（5）将 20mL 水（试验用水）与检测水并行运行，进行空白试验，按相同步骤由下式计算重铬酸钾耗氧量（O）：

$$O = \frac{(a - b) \times f \times 1000}{V} \times 0.4 \tag{7-4}$$

式中　a——空白试验中所消耗的 N/20 硫酸亚铁铵溶液体积，mL；

　　　b——滴定时所消耗的 N/20 硫酸亚铁铵溶液的体积，mL；

　　　f——N/20 硫酸亚铁铵系数；

　　　V——水样体积，mL。

注意事项：

（1）较为理想的是使用的硫酸亚铁铵溶液的浓度是经准确测定的，但在现场往往是不可能的，这时可用重铬酸钾溶液进行标定。使用的时候，须将 N/10 的重铬酸钾溶液稀释 1 倍，使浓度为 N/20。

（2）硫酸放热（溶解热），温度约为 110℃，大约 15min 可降到 50~60℃ 以下。但由于室温或室外气温变化所产生的影响致使测定值不稳定，这也是难免的。

一般情况下，由此而得到的测定值对应的 BOD 和 COD 的相关性大体上为 1∶1。

2. 溶解氧（DO）——滴定法

取适量的水样，加入一定量的硫酸锰、碘化钾和氢氧化钠，使溶解氧与这些试剂反应生成棕色沉淀的过程被称为氧的固定。一经静置，沉淀物集中于瓶底，氧吸附在沉淀物上。加入硫酸酸化，碘化钾氧化后产生游离碘，然后用硫代硫酸钠去滴定游离碘。反应方程式为：

$$Mn^{2+} + 2OH^- \Longrightarrow Mn(OH)_2$$

$$Mn(OH)_2 + \frac{1}{2}O_2 \Longrightarrow MnO(OH)_2$$

$$MnO(OH)_2 + 2I^- + 4H^+ \Longrightarrow Mn^{2+} + I_2 + 3H_2O$$

$$I_2 + 2SO_3^{2-} \Longrightarrow 2I^- + S_4O_6^{2-} \tag{7-5}$$

试剂与仪器：

（1）硫酸锰溶液：称取 48.0g 硫酸锰溶于水中稀释至 1L。

（2）碱性碘化钾溶液：称取氢氧化钠 50.0g（或氢氧化钾 70g）和碘化钾 150g（或碘化钠 135g）分别加水溶解后，再混合在一起，加水稀释至 1L，装入棕色瓶子中，用橡胶瓶塞盖严，保存于阴暗处，此溶液呈酸性时不会游离出碘。

（3）淀粉溶液：称取 1g 淀粉与 10mL 水充分搅拌均匀，然后边搅动边加入 100mL 热水，加热煮沸 1min 后，冷却至室温，使用其上面的澄清液。因为此溶液易变色，所以应现用现配。

（4）硫代硫酸钠溶液：称取 3.2g 硫代硫酸钠（5 水盐）和 0.2g 碳酸盐（无水），溶解于水并稀释至 1L。此液与 f 因子可通过下述方法进行标定：将 25mL N/80 标定的碘酸钾溶液放入带塞的 300mL 三角碘量瓶中，加入 2g 碘化钾和 5mL 硫酸（1∶5）溶液，立即盖塞，轻轻摇匀，在暗处静置 5min 后，加入 100mL 水，用此溶液滴定游离碘，滴定至淡黄色时，加约 3mL 淀粉溶液，继续滴定，直至蓝色消失。在此过程中，记录消耗硫代硫酸钠体积（x，mL），由以下公式计算出因子：

$$f = 25/x \tag{7-6}$$

（5）N/30 碘化钾溶液：取适当碘酸钾（标准试剂）在 120～140℃条件下干燥 2h，然后置于硫酸干燥器内冷却至室温，称取 0.4g 溶于少量水中，移入体积为 1L 的刻度量筒中，稀释至标线。若采用市场出售的 N/10 重铬酸钾溶液，用时需稀释至 8 倍。

（6）氧瓶：使用带塞细径磨口瓶（100mL），若塞下部向外延伸成 45°时，密封时不得有气泡残留。瓶子的实际容量可以通过把瓶子装满水称重后，再扣除瓶子本身的重量即可得到。

（7）移液管：备用 2 支下部内径约为 1.5mm 的吸管，一支用于吸量硫酸锰溶液，另一支用于吸量碱性碘化钾溶液，其刻度均为 1.0mL。N/80 硫代硫酸钠溶液的 f 因子可由下述方法求得：

$$f = \frac{O}{a} \times \frac{V-2}{1000} \times 10 \tag{7-7}$$

式中 O——溶解氧（O_2），mg/L；

  a——滴定时所需 N/80 硫代硫酸钠溶液的体积，mL；

  f——N/80 硫代硫酸钠溶液的因子；

  V——氧瓶容量，mL。

将 1L 水装入烧杯中，用曝气装置充气 30min，准确测定此时水温，由表 7-4 查出相应的饱和溶解氧量。

表 7-4 纯水中饱和溶解氧量（O_2）（在气压为 7600Pa、氧 20.9%、水蒸气饱和大气中）

（mg/L）

t/℃	0.0	0.1	0.2	0.3	0.4	0.5	0.6	0.7	0.8	0.9
0	14.16	14.12	14.08	14.04	14.00	13.97	13.93	13.89	13.85	13.81
1	13.77	13.74	13.70	13.66	13.63	13.59	13.55	13.51	13.48	13.41
2	13.40	13.37	13.33	13.30	13.26	13.22	13.19	13.15	13.12	13.08
3	13.05	13.01	12.98	12.94	12.91	12.87	12.84	12.81	12.77	12.74
4	12.70	12.67	12.64	12.60	12.57	12.54	12.51	12.47	12.44	12.41
5	12.37	12.34	12.31	12.28	12.25	12.22	12.18	12.15	12.12	12.09
6	12.06	12.03	12.00	11.97	11.94	11.91	11.88	11.85	11.82	11.79
7	11.76	11.73	11.70	11.67	11.64	11.61	11.58	11.55	11.52	11.50
8	11.47	11.44	11.41	11.38	11.36	11.33	11.30	11.27	11.25	11.22
9	11.19	11.16	11.14	11.11	11.08	11.06	11.03	11.00	11.98	11.95
10	10.92	10.90	10.87	10.85	10.82	10.80	10.77	10.75	10.72	10.70
11	10.67	10.65	10.62	10.60	10.57	10.55	10.53	10.50	10.48	10.45

$t/℃$	0.0	0.1	0.2	0.3	0.4	0.5	0.6	0.7	0.8	0.9
12	10.43	10.40	10.38	10.36	10.34	10.31	10.29	10.27	10.24	10.22
13	10.20	10.17	10.15	10.13	10.11	10.09	10.06	10.04	10.02	10.00
14	9.98	9.95	9.93	9.91	9.89	9.87	9.85	9.83	9.81	9.78
15	9.76	9.74	9.72	9.70	9.68	9.66	9.64	9.62	9.60	9.58
16	9.56	9.54	9.52	9.50	9.48	9.46	9.45	9.43	9.41	9.39
17	9.37	9.35	9.33	9.31	9.30	9.28	9.26	9.24	9.22	9.208
18	9.18	9.17	9.15	9.13	9.12	9.10	9.08	9.06	9.04	9.03
19	9.01	8.99	8.98	8.96	8.94	8.93	8.91	8.89	8.88	8.86
20	8.84	8.83	8.81	8.79	8.78	8.76	8.75	8.73	8.71	8.70
21	8.68	8.67	8.65	8.64	8.62	8.61	8.59	8.58	8.56	8.55
22	8.53	8.52	8.50	8.49	8.47	8.46	8.44	8.43	8.41	8.40
23	8.38	8.37	8.36	8.34	8.33	8.32	8.30	8.29	8.27	8.26
24	8.25	8.23	8.22	8.21	8.19	8.18	8.17	8.15	8.14	8.13
25	8.11	8.10	8.09	8.07	8.06	8.05	8.04	8.02	8.01	8.00
26	7.99	7.97	7.96	7.95	7.94	7.92	7.91	7.90	7.89	7.88
27	7.86	7.85	7.84	7.83	7.82	7.81	7.79	7.78	7.77	7.76
28	7.75	7.74	7.72	7.71	7.70	7.69	7.68	7.67	7.66	7.65
29	7.64	7.62	7.61	7.60	7.59	7.58	7.57	7.56	7.55	7.54
30	7.53	7.52	7.51	7.50	7.48	7.47	7.46	7.45	7.44	7.43
31	7.42	7.41	7.40	7.39	7.38	7.37	7.36	7.35	7.34	7.33
32	7.32	7.31	7.30	7.29	7.28	7.27	7.26	7.25	7.24	7.23
33	7.22	7.21	7.20	7.20	7.19	7.18	7.17	7.16	7.15	7.14
34	7.16	7.12	7.11	7.10	7.09	7.08	7.07	7.06	7.05	7.05
35	7.04	7.03	7.02	7.01	7.00	6.99	6.98	6.97	6.96	6.95
36	6.94	6.94	6.93	6.92	6.91	6.90	6.89	6.88	6.87	6.86
37	6.86	6.85	6.84	6.83	6.82	6.81	6.80	6.79	6.78	6.77
38	6.76	6.76	6.75	6.74	6.73	6.72	6.71	6.70	6.70	6.69
39	6.68	6.67	6.66	6.65	6.64	6.63	6.63	6.62	6.61	6.60
40	6.59	6.58	6.57	6.56	6.56	6.55	6.54	6.53	6.52	6.51

实验操作：

（1）量取一定的水样于氧瓶中，分别加入 1mL 硫酸锰溶液和 1mL 碱性碘化钾溶液。

（2）每个吸管的尖端都要贴在氧瓶的首部，轻轻注入试剂，此时相对密度大的试剂就会沉淀于氧瓶的底部。

（3）试剂加完，盖上瓶塞（此时水样要向外溢出约 3mL，激烈反复连续颠倒 20s 约 30 次），使其混匀。

（4）照例静置，使沉淀物沉淀到氧瓶的底部，待上部溶液澄清时，打开瓶塞，加入

1mL 浓硫酸，然后盖上塞子（澄清的上清液要溢出约1mL），反复颠倒数次使其混合。

（5）待瓶内呈淡黄色-黄棕色状态时，打开瓶塞，将溶液移到300mL锥形瓶中，再用少量水冲洗氧瓶和氧瓶塞，并将洗下的液体加到锥形瓶中。

（6）用N/80硫代硫酸钠溶液滴定锥形瓶中水样，滴定到黄色时，再加入几滴淀粉指示剂，依次滴定直至溶液蓝色消失。记下此时消耗的N/80硫代硫酸钠溶液体积（a，mL），由以下公式计算出溶解氧的浓度（mg/L）：

$$O = \frac{a \times f \times 100}{V - 2} \times 0.1 \tag{7-8}$$

式中　a——滴定所需要的 N/80 硫代硫酸钠溶液体积，mL；

　　　f——N/80 硫代硫酸钠溶液因子；

　　　V——氧瓶的体积，mL。

3. 碘耗量——滴定法

用碘耗量测定废水里所含的硫化物、硫化氢和多数还原性物质总量，是使水样与定量的碘作用，过量的碘用硫代硫酸钠滴定，最后计算出碘耗量。但是，可与碘化合的物质除了硫化物外，还有很多物质（如亚硝酸盐、酚类等）。

试剂与仪器：

（1）N/130硫代硫酸钠溶液：称量1.9g硫代硫酸钠，溶于水并稀释至1L，此溶液1mL相当1mg碘，标定后使用。称取0.27g预先在120~140℃下干燥2h，并将在干燥器中冷却过的碘酸钾（标准试剂）溶解于水并稀释于1L量筒至标线，即为N/130碘酸钾溶液。

（2）N/130碘溶液：取1g碘和2g碘化钾溶于20mL水以后，用水稀释至1L，贮存于棕色瓶中。

（3）淀粉溶液：称取1g淀粉与10mL水充分混匀，然后边搅拌边加入100mL热水，加热煮沸1min后，冷却至室温，使用其上面的澄清液（因此液易变色，故应现用现配）。

实验操作：

（1）量取100mL水于体积为300mL带塞子的玻璃瓶中，添加10mL N/130碘溶液，再添加1g碘化钾（KI）充分混匀。

（2）然后用另一支吸管滴入 N/130 硫代硫酸钠溶液，滴定至溶液的淡黄棕色变为淡黄色为止。

（3）再加入5mL淀粉溶液，继续滴定到生成的蓝色完全消失为止。记下所消耗的硫代硫酸钠溶液的体积是多少（a，mL）。

（4）另将100mL水样徐徐加入预先装有10mL N/130碘溶液和1g碘化钾的带塞玻璃瓶中，盖上塞子，充分混匀。

（5）静置2min，用N/130硫代硫酸钠溶液滴定水样呈淡黄色时，加入5mL淀粉溶液，继续滴定直到所生成的蓝色完全消失为止。记录这时所消耗的硫代硫酸钠溶液的体积（b，mL），由下式计算出碘耗量（mg/L）：

$$碘耗量(I, mg/L) = (a - b)F \times \frac{1000}{水样体积} \tag{7-9}$$

式中　F——N/130 硫代硫酸钠的效力。

注意事项：因为硫代硫酸钠溶液在很多项目的测定中都要使用，所以可以预先制备浓度高的贮备液（如 N/10 溶液），使用时，根据需要加水稀释即可使用。

4. 酚类——滴定法

含有微量酚（0.005mg/L）的水与所加消毒剂的残余氯反应生成具有异味的氯酚。采用 4-氨基安替比林同酚化合物反应生成氨替比林色素色度的比色法测定酚类物质。利用氯仿萃取法萃取色素。氧化物质、还原物质、金属离子、芳香族胺、油分、焦油等都会对测定造成干扰，要得到准确的测定结果，可先用蒸馏法除去。

试剂与仪器：

（1）盐酸。

（2）氯化铵-氨溶液：称取 67.5g 氯化铵溶于 570mL 氨水中，加水稀释至 1L。将此溶液移入密闭瓶中，于低温处保存。

（3）溴酸钾-溴化钾溶液（N/10）：称取 2.78g 溴酸钾和 10g 溴化钾溶于水并稀释至 1L。

（4）N/10 硫代硫酸钠溶液：称取 26g 硫代硫酸钠（5 水盐）和 0.2g 无水碳酸钠，用无碳酸的水溶解并稀释至 1L，再加入约 10mL 异戊醇，充分振荡混合后，放置 2 天。

标定：用吸管量取 25mL N/10 碘酸钾溶液（标定用）于 300mL 三角烧瓶中，加 2g 碘化钾和 5mL 硫酸（1∶5）立即盖塞，轻轻振荡，在暗处放置 5min 后，加水 100mL，使用此液滴定游离碘，滴定至黄色溶液变浅时，加入作为指示剂的淀粉溶液 3mL，继续滴定至碘淀粉的蓝色消失为止。将平行进行的空白试验修正过的标定液的体积（x，mL）代入下式计算因子（f）：

$$f = \frac{25}{x} \tag{7-10}$$

（5）N/10 碘酸钾溶液（标定用）：预先在 120～140℃下干燥 2h，在干燥器中冷却至室温后，从中准确称取碘酸钾（KIO 标准试剂）3.57g，溶于水中，并装入 1L 刻度量筒中，稀释到标线处。

（6）铁氰化钾溶液：称取 9g 大颗粒状铁氰化钾，先用少量水将颗粒表面洗涤干净后，溶于水并稀释至 100mL，必要时需过滤。此溶液有效期为一周。在一周内若发现变红则重新配制。

（7）无水硫酸钠。

（8）碘化钾。

（9）4-氨基安替比林溶液：称取 2g 4-氨基安替比林溶于水，稀释到 100mL。此溶液现用现配（在阴暗处保存可连续使用 3～5 天）。

（10）酚标准溶液：

1）酚原液：称取 1g 酚溶于水并稀释至 1L，此溶液作为原液存放于阴冷处（可在冰箱下部存放）。

标定：将大约 100mL 水加入容量为 500mL 的带塞三角烧瓶中，准确加入 50mL 酚原液，加入 50mL N/10 溴酸钾-溴化钾溶液（反应量约为 40mL），再加 5mL 盐酸（这时生成三溴酚白色沉淀）。盖严瓶塞，轻轻摇匀，待棕色的溴游离出来以后，静置 10min，然后加 1g 碘化钾，游离碘在 N/10 硫代硫酸钠滴定后，等待溶液变成淡黄色以后，再加入 3mL

淀粉溶液，至蓝色终点（终点）。同时记录 N/10 硫代硫酸钠消耗量（b，mL）。

另外，量取 100mL 水于容量为 500mL 的三角烧瓶中，准确加入 N/10 溴酸钾-溴化钾溶液 25mL，以下步骤同上，求出消耗的 N/10 硫代硫酸钠溶液的体积（a，mL）。

利用下式计算原液中酚的浓度值（mg/L）：

$$p = (2a - b) \times 31.4 \tag{7-11}$$

2）酚标准溶液：准确量取含 10mg 酚的酚原液于 1L 刻度量筒中，加水稀释至 1L，再从中量取 100mL 放入另一支 1L 刻度量筒中，加水稀释至 1L，此液即为酚标准溶液。每 1mL 标准液中含酚为 0.001mg。此液现用现配。

（11）淀粉溶液：与溶解氧（DO）中的配制相同。

（12）三氯甲烷（氯仿）。

实验操作：

（1）将水样的 pH 值调整到约为 7。

（2）定量量取 80mL 水样品于比色管中，并加入 3.0mL 氯化铵氨水溶液充分摇匀。

（3）添加 2mL 4-氨基安替比林溶液，摇匀，加入 2mL 铁氰化钾溶液，混合均匀，静置 3min。

（4）加 10mL 氯仿，剧烈振荡 1min 以上，静置分层。

（5）在 0~50mL 之间，使用比色管取酚类标准液，加水到 80mL，下面的步骤和水样一样。将水样酚浓度（mg/L）代入水样颜色所对应的标准液管内标准液的体积（a，mL），得出水样酚类的浓度（mg/L）。

$$酚类浓度(mg/L) = a \times \frac{1000}{80} \times 0.001 \tag{7-12}$$

5. 油类——重量法

油类是水体有机污染物的标志之一，主要来源于工业废水和生活污水，也是水生生物分解的产物。浮油漂浮在水面，一方面会影响水与空气界面上的氧交换；同时微生物也会氧化分解，消耗水中的溶解氧，导致水质恶化。在被污染的水体中，油处于三种状态：一部分吸附在悬浮颗粒上，一部分为乳化状态，另一部分为溶解物。水中含油量的测定，以有机溶剂萃取法最为简便，只需采用重量法测定即可。将硫酸加到样品中，使样品的 pH 值小于 2，以此来抑制微生物的活性。将酸化水样品倒入分液漏斗中，加入氯化钠，用石油醚进行萃取。抽提液加入无水硫酸钠进行脱水，用滤纸过滤。过滤液在 65℃ 的环境中干燥 1h，再冷却 30min 后称量。以称重质量为基础，计算水样中的油含量。该方法的最低检出量为 5mL/L 油。石油醚的使用必须是纯的，否则就需要重新蒸馏。液体分离的漏斗式活塞不能涂任何油脂。

6. 阴离子洗涤剂——比色法

人造清洁剂的主要成分是表面活性物质。以往常用的是烷基苯磺酸盐（ABS），自 1960 年代中期起，许多国家开始改用线型烷基磺酸盐（LAS）。国内目前生产的合成清洁剂都是这两种，而且都是以烷基苯磺酸盐为主。阴离子性清洁剂主要是烷基苯磺酸钠、烷基磺酸钠和脂肪醇硫酸钠，它们都能与次甲基蓝发生反应，产生蓝色的盐或离子对的化合物，这类物质可与次甲基蓝发生络合，称为次甲基蓝活性物质（CMBAS）。该络合物易溶于氯仿，经氯仿萃取，得到的络合物颜色与浓度成正比。

以直链烷基苯磺酸钠为标准用此法测定，其测定结果也用此标准物表示被测物的浓度。标准溶液在50%乙醇中溶解测定。在30~60℃沸腾条件下用石油醚提取多次，去除非皂化物后，将乙醇溶液蒸发浓缩至干燥状态，然后溶于无水乙醇中，滤除无机盐，使滤液浓缩结晶，再用苯重新结晶得到白色固体，干燥产物经红外光谱鉴定，并对碳、硫元素进行定量测定，纯度不得低于98%。将此方法用于精制标准溶液，并绘制工作曲线。在对水样品进行分析时，将一定体积的水样品吸入分液漏斗中，加入次甲基蓝溶液，氯仿萃取出蓝色络合物，进行比色测定。

本方法检测的最小限度为0.02mg/L LAS，最大限度为0.60mg/L LAS。

7. BOD_5 稀释法

在有氧条件下，微生物分解水中有机物所需溶解氧的量被称为生化需氧量，这也是环境水质标准和污水排放标准中水质有机污染的重点控制指标之一。测定原理大致上与溶解氧相同。先在水样中加入稀释水稀释，培养5天，测定培养前后的溶解氧的量，两者之差即为 BOD_5。其具体操作流程如图7-1所示。

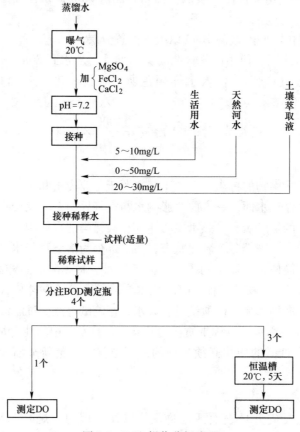

图7-1　BOD操作分析流程

特制稀释用水，给水中补充微生物养料，向蒸馏水中加 $MgSO_4$、$FeCl_2$，供微生物繁殖之用，用磷酸缓冲液调节pH值在7.2~8.0之间，充分曝气，使水中溶解的氧接近饱和，水样须含微生物，否则要接种（生活污水或天然河水）。水样若不呈中性，需先中和（以麝香草酚蓝为指示剂）再稀释培养。恒温培养箱可因地制宜，适应现场快速测定。主要控制温度在 $20℃$（$±1℃$），以生化完全、基本达到平衡为准。

8. BOD——检压法

将水样置于三角瓶中，如图 7-2 所示，三角瓶上方装有二氧化碳的吸收剂（45%的氢氧化钠溶液或碳酸钙等），用压力计的瓶塞密封三角瓶，再将上面所述装置放置于恒温槽内，用电磁搅拌器搅拌其内部的水样，补充因好氧性微生物消耗的氧气，使其溶解氧常处在饱和状态。有机物分解时产生二氧化碳，被密封系统中的二氧化碳吸收剂吸收。这时，系统仅因消耗了氧量而成为负压状态，在压力计上显示出一定的压差。待三角瓶中反应完成后，可由水银压力计所示的压力计算出生化需氧量。

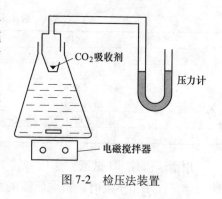

图 7-2　检压法装置

课堂练习

一、填空题

1. 钴铂比色法：以_____和_____的_____标准溶液，称为钴铂标准溶液。
2. 水中溶解氧的测定通常采用_____法及其_____和_____法。清洁水可直接采用_____测定，大部外受污染的地表水和工业废水，必须采用_____或_____测定。

二、简答题

1. 简述水质现场监测的主要物理指标和测定方法？
2. 水中有机物总量的综合指标有哪些，如何实现现场快速监测？

第二节　水中无机物污染现场监测技术

一、水中无机物污染概述

无机污染物（inorganic pollutant），顾名思义，是指由一种或多种无机物构成的污染物，包括各种有毒的金属及其衍生物。建筑材料、化工等工业生产产生的污染物大多为无机污染物。各种酸、碱和盐类的排放，会引起水体污染，其中，所含的重金属如铅、镉、汞、铜会在沉积物或土壤中积累，通过食物链危害人体与生物。

二、水中无机物污染现场监测

（一）pH 值——比色法

比色法测定 pH 值的原理是指，抽取在特定的 pH 值下具有一定变色范围的色素（指示剂）溶液滴入待测的水样中，将所呈色调与标准系列的色调比较而得出水样的 pH 值。如将滤纸浸入各种指示剂（表 7-5 所显示的 pH＝6～8 的一些指示剂的变色范围）的溶液中，将其干燥，成品可用于制作 pH 试纸，这为现场检验试剂提供了很大的简便。

表 7-5　各种指示剂变色范围

指示剂名称	pH 变色范围
氯酚红（CPR）	4.8（黄）～6.4（红）
溴甲酚紫（BCP）	5.2（黄）～6.8（紫）
溴酚红（BPR）	5.2（黄）～6.8（红）
溴百里酚蓝（HTR）	6.0（黄）～7.6（蓝）
酚红（PR）	6.8（黄）～8.4（红）
甲酚红（CR）	7.2（黄）～8.8（红）

用镊子镊住 pH 试纸，然后将其尖端浸入水样后取出，静置一段时间过后，与标准色阶对比，使用指示剂时，量取所需的水样，加入一定量的指示剂溶液，使其充分混合，然后与标准色阶进行对比，得到 pH 值。pH 指示剂，在其变色范围之间的部分较明显，比较容易观察，两侧都很难以辨析，因而多使用指示剂变色范围的中间的部分来进行测定。特别要注意在比色时并不是色的浓度而是色调。水样量和加入水样中的指示剂量均要取一定值。水样的色的浓度和标准色的浓度都是相同的。一般（比色法）测得的 pH 值误差范围在 0.2～0.5 之间。

（二）阳离子快速监测技术

1. 锌（Zn）

（1）试纸法：取 pH 值约为 1～8 的检水置于烧杯中，然后加入两粒氢氧化钠，振荡并摇匀，过滤，然后等到试验纸全部浸湿之后取出，呈现出的橙红—红色的色调与标准色对比就可以得到结果。其浓度的范围应该在 10～25mg/L 之间的都可以使用这个方法。

（2）检测管法：水样首先调整 pH 值到 3～8，随后在试管中加入 2～3mL 的水样，添加剂［1］再加两小匙，再加 2 滴添加剂［2］和添加剂［3］并摇匀。这个时候就让 pH 值控制在 4～6，然后将其收入试管内。锌的存在会使结果显示为紫色，那样就可根据发色带的长度与标准浓度表比较读出结果（mg/L），如图 7-3 所示。锌浓度在 0.1～20mg/L 的判别可以划分 6 个区间进行。

2. 镉（Cd）

（1）2-p 硝基苯卡巴脲的定性法。

试剂：0.1%的 2-p 硝基苯卡巴脲的乙醇溶液（滴瓶）；10%氢氧化钠水溶液（滴瓶）；10%氰化钠水溶液（滴瓶）；40%福尔马林水溶液（滴瓶）。

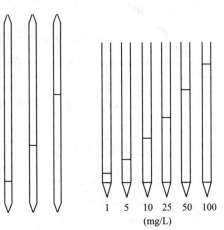

图 7-3　检测管使用标准浓度

操作：按顺序分别在滴板上滴加 1 滴水样，1 滴 10%NaOH 的水溶液，1 滴 10%NaCN 的水溶液，再加入 0.1%的 2-p 硝基苯卡巴脲乙醇溶液，如果水样中存在镉的话就可能出现蓝绿色。这个办法检查的限量为 0.3μg，稀释界限为 1：62000。

（2）铁-α，α′联吡啶定性法。

试剂：铁-α，α′联吡啶溶液（需要硫酸亚铁0.146g，联吡啶0.25g，将其溶入50mL水中，加10g碘化钾，使劲晃30min后用滤纸过滤掉，并将滤液存留在滴板上）。

操作：在滤纸上滴1滴水样，再滴加吡啶溶液1滴，紫红色斑点是由于镉的存在。这个办法检出限量为0.05μg，稀释界限1：10^6。

（3）测管法：将所取水样pH值调整到3~8的范围，滴加添加剂［1］和［2］各3滴，震荡摇匀后，再加入试剂［3］2滴，剧烈振荡大约30min，确认pH值在4~6之间，即可吸入检测管内。将因镉存在而显色的发色带的长度同标准浓度表比较，从而得出结果。测定范围为0.2~5mg/L。

3. 铬（Cr）

（1）试纸法：

1）在试管中加水样约5mL，并滴加25%的硫酸水溶液，直到pH<1，呈现出较强的酸性为止，将试纸浸入水样中15s后取出，并且和显现为粉红色—紫色的颜色和标准色表来做比较，得出最终结果。范围大概在5~250mg/L之间（以CrO_7^{2-}计）。如果有铅、铜、铁等干扰时需首先进行处理。

2）将试纸浸入水样中立即取出，片刻后六价铬离子的存在会让其显现出蓝色，然后和标准色表对比得出结果。这个方法测定范围为5~100mg/L。三价铬可首先由高锰酸钾氯化后再进行测试，除此之外，如果铁的含量在100mg/L之上时，由于产生干扰，可以用氰化钾遮蔽。

（2）比色法：取水样于试管下方的刻度线，加蓝盒内试剂，再加红盒内试剂并摇匀，5min后，添加提取液到上方刻度线处，剧烈震荡30min后，静置使其分层，将上层着色的紫红色同塑料制标准色管进行比较，读取结果（mg/L）。本法检测范围0.1~2.0mg/L。这个方法是针对六价铬的测定，三价铬也可以依照此方法进行操作（需进行特定的处理方法）。

（3）测管法：在试管中加入水样，调节pH值至4~8，用检测管吸取，静置3min后用标准比色表对比得出结果（mg/L），测定范围0.2~25mg/L。此法测定的是六价铬，三价铬还要进行相应处理。

主要离子试验纸见表7-6。

表7-6 主要离子试验纸

检测离子	定量范围/mg·L^{-1}	使用pH
锌	10，40，100，250	1~8
六价铬	5，20，50，100，250	1以下硫酸酸性
钴	10，25，50，100，250，1000	1~7
铁	5，20，50，125，250，500，1000	1~7
铜	10，25，50，100，200，500	2~7
镍	10，25，50，100，250，500	2~7
锰	10，25，50，100，250，500	1~6

4. 汞（Hg）

（1）二苯卡巴腙法。

试剂：1%二苯卡巴腙乙醇溶液（现用现配）。

操作：先酸化试纸，然后滴上一滴水样，然后再加入二苯卡巴腙试剂一滴，因为汞的浓度不同所以会显现紫蓝色的斑点。把这些斑点和标准样品对比得出最后结论。这个办法检验出限制为 $1\mu g$，稀释的限制为 $1:5\times10^4$。当检验出限 $0.2\mu g$ 时，稀释限则为 $1:2.5\times10^5$。

（2）检测管法：把水样的 pH 值调成 3~9，随后在试管中放入 2~3mL，再向其中加入 3 滴硫酸和附带的添加剂 [1] 和添加剂 [2]，将其吸入到试管中，首先呈现橙红色，上面的部分渐渐变为绿色，下面的部分变为黄色，将其黄色层次的长度同标准浓度表上的印刷长度进行比较，进而得出汞的浓度。这个方法检验出限 0.05~5mg/L。

5. 铁（Fe）

（1）试纸法：在试管中加入水样约 10mL，再加一牛角匙的抗坏血酸粉末，适宜振荡 15s，然后将试纸浸入并立即取出，试纸颜色变为桃色，使之与标准色进行对比得出结果。此法测定范围为 $5\sim1\times10^3$ ppm。还需要排除共存的铜、钴、钒等对本试验的干扰。

（2）比色法：加水样至试管刻度处，加入一片显色剂并振荡，将其显现的颜色程度同标准色进行对比。

（3）测管法：量取水约 10mL，调节 pH 值至 1~3 并加入 1 勺还原剂，混合后吸入检测管内，由于铁的存在会使其显现为红褐色，与标准色对比得出结果。此法检测范围为 0.5~2.5mg/L。

6. 铜（Cu）

（1）试纸法：在试管中加入适量水样（pH = 2~7），将试纸浸入，使试纸完全浸湿，取出后立即把多余的水分震去，大约 10~15s 后，试纸显现为紫色，将其与标准的对比得出结果。检测范围为 10~500mg/L。

（2）比色法：加水样至试管刻度处，并加入显色剂 1 片，振荡摇匀，将显现的颜色同标准色对比得出结果。此法检测范围为 0.3~15mg/L。

（3）测管法：在试管中加入水样约 10mL，再分别加入 3 勺还原剂和缓冲剂，将其吸入检测管内，显现的颜色同标准浓度表比较即可得出结果。此法检测范围为 1~100mg/L。

7. 铅（Pb）

（1）硫腙法。

试剂：30%氰化钾水溶液（滴瓶）；浓氨水（滴瓶）；现配的双硫腙四氯化碳溶液（滴瓶）；溶于 100mL 四氯化碳中的 2mg 双硫腙。

操作：在试管里滴上 1 滴水样，再滴氰化钾水溶液 3 滴、浓氨水 1 滴以及双硫腙四氯化碳溶液，摇晃均匀使下面部分带有红色。检验出限 $0.05\mu g$，稀释限 $1:12.5\times10^5$。

（2）测管法：把水样的 pH 值调节成 3~8，并且取 2~3mL 在试管中，然后在其中加 3 小匙添加剂 [1]、2 滴添加剂 [2]、3 滴添加剂 [3]、剧烈振荡，使其均匀，使其 pH 值在 4~8 之间，将其吸入检测管。若该溶液显现红褐色就证明水样里有铅的存在，将其发色带部分同标准浓度表进行对比，得出结果（mg/L）。此法检测范围为 1~10mg/L。

8. 镍（Ni）

（1）试纸法：将其 pH 值调成 3~7，将试纸全部浸入水样中，等待其湿润后清除过多的水分，静待 30s 后，把显现的桃色—红色与标准色进行比较，得出最后结果。测定范围为 10~500mg/L。若显色同标准色不同，1min 以后再进行测定。其他共存离子干扰应该排除。

（2）比色法：将水样按照要求去除，分别加添加剂［1］1滴，添加剂［2］2滴和发色试剂一片。充分振荡后，把对有镍存在时显现的桃色溶液的色度同塑料制标准色棒比较，得出结果（mg/L）。此法检测范围为0.5~10mg/L。

9. 锰（Mn）——试纸法

将试纸按顺序浸入pH值为1~6的水样中、氢氧化钠溶液（1~2mol/L）15s、10%的醋酸溶液15s，最后试纸呈现出蓝色，将其同标准色进行对比，读出结果（mg/L）。此法测定范围为10~50mg/L。若所呈现的颜色同标准色有不同时应思考是不是有离子的干扰。这个时候，最好参考使用说明书，首先将干扰的离子排除后再按以上方法重新进行测定。

10. 氨（NH_4）——萘斯勒试剂法

试剂：萘斯勒试剂溶液；1mol/L氢氧化钠水溶液（滴瓶）。

操作：加水样至试管中，滴加几滴氢氧化钠水溶液，使之呈现碱性，再滴加几滴奈斯勒试剂，振荡摇匀，溶液呈现黄色可能由于氨的存在。

11. 水的硬度

（1）片剂添加法

取水样于测定容器上方刻度100mL处或下方刻度50mL处，并且加入试剂A（EDTA）1小匙，振荡并且摇晃均匀，这时溶液应为紫红色，每次加入试剂B一片，振荡摇匀后，观察溶液是否呈现蓝色，如果呈现蓝色便可停止加入试剂B。此时，加入试剂B（BT）的片数相当于硬度10mg/L。例如，取100mL水样，加1片试剂B相当硬度10mg/L，如再加7片即相当70mg/L（指1L水中含70mg $CaCO_3$）。当硬度较高的时候，进行上述操作须选取水样50mL，此时的一片试剂B相当20mg/L。

（2）滴瓶法

使用水样洗涤该滴定容器多次以后，将水样盛至标线5mL，加指示剂（BT）一片，振荡混匀后使其呈现红色，此时渐渐加入EDTA溶液滴定。每加一滴充分振荡并摇匀，直至蓝色出现在溶液中为止，并且记下消耗的EDTA数量，水样的硬度便可以此来表示［德国度：每100mL水样中含CaO的质量（mg）］。举例，滴至结束消耗了9滴EDTA溶液，那么，水样的硬度即可表示为9度。此值乘以18即为mg/L硬度［每升水样中含$CaCO_3$质量（mg）］。

（三）阴离子快速监测技术

1. 亚硝酸离子（NO_2^-）

（1）试纸法：pH=1~14的水样中浸入试纸，一段时间后取出并去除多余的水，15s以后将所呈现的红紫色与标准色进行比较，记录结果（mg/L）。此法的检测范围为1~50mg/L。用到的试纸要在密封的容器中保存，用时再取，取出后用完要再次放入容器中封好，不然离子会让水体变为灰色。

（2）比色法：取一支容器瓶，然后扎一个小孔在顶部，用力挤压容器瓶，让容器瓶内的空气挤出再次吸进水样，吸进的水样至整个容器的一半处，缓缓摇振让水样与其内试剂充分地溶解。30s后，把显现为淡桃—红紫色和透在纸上的标准色进行比较，读取结果（mg/L）。此法检测范围为0.02~0.5mg/L。

2. 硫离子（S⁻）

（1）硝普酸钠法。

试剂：2%硝普酸钠水溶液（滴瓶盛）。

操作：将滴板上分别滴上一滴试剂和碱性水样，呈现出紫色则证明是硫离子的存在。这个方法检验出限 1g，稀释限 1∶5×10⁴。

（2）检测管法：首先先把此水样的 pH 值调整到 7 以上，然后就将其吸入到检测管进行检测，若呈现褐色的话则证明存在硫离子。把这个颜色与标准色阶进行对比，写出结果（mg/L）。这个方法检测范围为 0.5～100mg/L。

3. 游离氯的方法——比色法

在试管中先量取 3mL 的水样，在试管中加入试剂 A1 滴并且振荡摇匀，随后试剂 B1 小匙，振荡，摇晃均匀。出现蓝的话则证明氯的存在。把所显现的蓝色和标准比色棒对比，写出结果（mg/L）。此法检测范围为 0.1～1.5mg/L。

4. 氰离子的方法——比色法

（1）游离氰的比色定量法：在试管中加水样直至到达试管刻度线处，然后再向其中加中和剂 1 片，安静等待，等到完全溶解后，向试管内加入酒石酸酸化，在这个时候，马上把蘸有发色剂的试纸放在试管塞上，将其一起封闭存放于试管上，试纸变为蓝色则说明水样放出了氰气。10min 过后，把呈现的颜色同标准色比较，得出结果（mg/L）。检测范围为 0.5～4mg/L。

（2）总氰的比色定量法：加入发色试剂在试管 A 中直至刻度处，然后向试管 A 中滴加两滴辅助发色剂，加入水样在试管 B 中直至刻度处，若存在残留的氯共存，可以再加入处理剂做预处理。然后再加蒸馏试剂 2 滴，按照图 7-4 安装。适当地调气泵量和酒精灯，蒸馏 5～10min 便可，随后把蒸馏液进行冷却，和标准比色计进行比较便可。观察与其最接近的浓色，写出结果（mg/L）。这个方法检测范围为 0.5～10mg/L（图 7-5）。

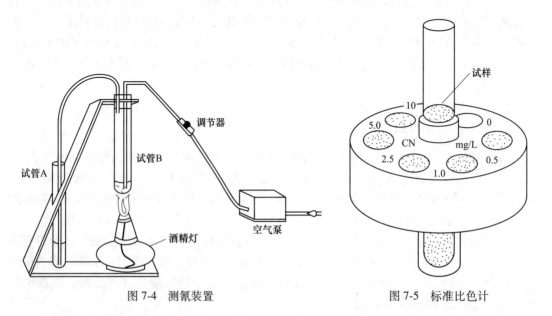

图 7-4　测氰装置　　　　　　　　　　图 7-5　标准比色计

5. 检验氟离子的方法——比色法

试管中取水样至下方刻度，并且在试管内加入萃取液至上方刻度，然后再向试管内加发色试剂一片，振荡，摇晃均匀，大概 15min 后，再振荡 30s，静置，等待分层，随后取得上层色调和塑料制标准棒进行对比，记录结果（mg/L）。这个方法检测范围为 0.1 ~ 0.5mg/L。

课堂练习

一、填空题

1. Cu^{2+} 的检测技术包括_____、_____、_____。

2. 测定铬的玻璃器皿用_____洗涤。

二、选择题

测定 Cr^{6+} 的水样，应在（　　）条件下保存。

A. 弱碱性　　　　　B. 弱酸性　　　　　C. 中性

三、简答题

1. 简述离子检测技术在我们生产生活中的应用。

2. 什么叫水污染？分析水体污染的类型和影响。

第三节　固定源监测技术

一、固定源排气污染概述

燃料燃烧时，空气污染的主要来源是烟道中排出的烟尘和有害气体。烟尘是自然和人类燃煤和工业生产过程中所排放出来的一些固体颗粒型物，大气中漂浮着这些颗粒物，若大气中的这些颗粒物存在一定时间并达到一定的浓度，就可以被人们所感知，而导致人体受到危害。事实上，在农牧时代，烟尘就已经开始由人类产生，可那个时候较小的排放量并不能够危及人类。但是现在当人类开始步入现代社会使得很多的烟尘被排入大气中，这个的危害也越来越大，这也不由得引起我们的重视。故有必要归纳烟尘污染产生的原因对其危害进行分析，并且提出应对的方法。

（一）烟尘的"生产地"

分析认为，空气中主要的烟尘污染来源于以下几个途径：

（1）工业生产。其一，工业锅炉仍然在大面积使用在发电等各领域，并且大部分是燃煤型锅炉，由此产生大量烟尘。第二，焊接技术在电子、机械、建筑等行业中使用是必然的，因而会造成大量烟尘产生。其三，不容忽视的火力。在许多工业领域中，都不可避免地会产生一定烟尘。

（2）汽车尾气。未完全燃烧的柴油、汽油所产生的废气会随尾气一起排出，其颗粒大小均不尽相同。随着社会经济高速发展，人们的生活质量不断上升，汽车保有水平稳步上升，导致汽车尾气给大气污染的程度迅速增加。

（3）城市供暖。暖气改造大都在北方进行了，但是主流依然是煤炭供暖。城市供暖造成的烟尘污染一般都具有季节性与区域差异的特点，因此使北方冬天大气污染很严重。

（4）餐饮服务业。餐饮业和洗浴业是城市中的烟尘排放主要对象。基本上所有的餐饮场所都设置了排烟系统，并大多时间都是处于排放状态，洗浴中心和澡堂在经营时期更是全天排放烟尘。最严重的是在餐饮业中，烧烤摊烟尘的排放，烟尘排放现象也一样较多出现在使用燃煤锅炉的馒头店等场所中。

（5）家庭生活。在家中吃饭、取暖等行为都会有烟尘产生。现在的社会，虽然现在很多人都会使用燃气灶来做饭，但是很难阻止有油烟的排放。在一些乡下，可能有很多使用柴火做饭、在室外烘烤的现象，产生很多烟尘，一些抽烟的人也会排放部分的烟尘污染。家庭生活烟尘的排放量所占总烟尘污染排放量的10%以下，是非常小的一部分。

（6）秸秆焚烧。近些年，我国中央到地方，一直在强调控制雾霾、治理秸秆焚烧工作，甚至还制定了一系列的法律规定，并且增强了在收获季节针对性的宣传和打击力度，不过，现在焚烧秸秆的现象还是有在发生，而且表现为焚烧秸秆种类多、分布广的特点。

（二）烟尘污染所带来的危害

大气污染一大组成部分就是烟尘，其危害对象涉及很多方面，包括人体、工农业生产、基础设施等。

（1）烟尘污染给人带来的危害。人类呼吸空气中的烟尘进入到呼吸道内，从而使人体的肺、气管等器官受到损害，并且还可能引发包括肺癌等系列病症，人体皮肤也会直接受到伤害。

（2）烟尘带给工业农业生产的危害。烟尘污染给动物带来的危害是和人一样的，这会降低其自身价值，进而间接影响人体健康同时，可能会降低养殖业效益。在农作方面，农作物的生长发育会受到影响，而出现自身弱、产生病害等现象。酸雨是烟尘的间接成品，其对农作物的负面影响更为显著。

（3）烟尘污染对基础设施的危害。酸雨发生在我国很多的地方，这不仅会对人畜、农作物带来危害，还直接导致了一些建筑设施老化，包括家庭住宅、商业用房和交通路道桥梁等。在酸雨的腐蚀下，社会上的一些基础设施会出现老化，使用寿命降低，甚至造成安全事故。

二、固定源排气现场监测

（一）过滤称重法

过滤称重法是一种非常常见的方法，基本原理是将一定体积的含尘烟气通过已知质量的滤筒，烟气中的尘粒被阻挡，粉尘浓度是根据采样前后滤筒的质量差和采样体积计算的。由于烟道中的气体有一定的流量和压力，也有较高的温度和湿度，而且经常有一些腐蚀性气体，所以必须采用恒速取样法。粉尘颗粒采样系统如图7-6所示。恒定采样流量和采样体积根据普通采样管法的公式计算。烟雾浓度 $[mg/m^3(标，干)]$ 计算如下：

$$尘粒浓度 = \frac{W_2 - W_1}{V_{nd}} \times 10^6 \tag{7-13}$$

式中 W_1、W_2——采样前后滤筒质量，g；

V_{nd}——采样体积，L（标，干）。

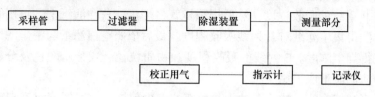

图 7-6 烟尘采样系统

该方法高准确、高精度，国外有很多国家已经采用这种方法作为标准方法。我国也将这种方法作为鉴别其他分析方法的标准。然而，这种方法是手动的，不能了解到烟尘浓度的动态变化。为了提高燃料的利用率和除尘器的效率，有必要使用烟尘连续测量仪器。

（二）光电透射法

光电透射法测量烟尘的理论是根据朗伯-比尔定律，通过测量悬浮在烟雾中的尘粒对入射测量光的衰减程度来计算烟尘相对浓度的方法。该方法包括以下步骤：向烟气投射测量光，烟尘使测量光减弱，通过光电传感元件产生与粉尘浓度成比例的电信号，电信号由电位器连续显示和记录。根据下式，光束通过含尘烟气后的光通量 F 为：

$$F/F_0 = \exp(-KLN\pi r^2) \tag{7-14}$$

式中 F_0——零点情况（即清洁气体中）下的原始光通量；

L——光束在含尘气体中通过的长度；

N——单位容积中尘粒数目；

r——尘粒半径；

K——尘粒的消光系数。

如果采用光电流 I 代替光通量 F，采用零点情况下基本准光电流 I_0 代替 F_0，同时考虑尘粒粒径分布没有明显变化时，含尘浓度 $C \propto N\pi r^2$。对于固定测点，L 一定，对于固定种类烟尘，K 值也一定，则 KL 乘积仍为一常数，以 σ 表示，则上式可改写为：

$$I/I_0 = \exp(-\sigma C) \tag{7-15}$$

再代入变换得：

$$(I - I_0) \cdot R = \Delta I \cdot R = V \tag{7-16}$$

可得：

$$C = \lg \frac{I_0 R}{I_0 R - V} \cdot \frac{1}{\sigma'} \quad \sigma' = 0.4348\sigma \tag{7-17}$$

式中 I_0——零点情况下光电流，常数；

R——负载电阻，常数；

V——记录仪指示的结果，mV。

由公式可以看出，含尘浓度 C 值与指示仪表显示的电位差 V 值是相互对应的。国产光电透射式测尘仪由检测器、稳定电源控制器和显示仪表组成，结构简单、使用方便、维护量小、响应速度快，可在被测含尘气体的理化性质不变的情况下进行连续测定。但是该仪器的安装要求比较高，标定工作也较烦琐。

（三）射线吸收法

该方法的基本原理是：首先，用放射线核素所释放出的射线（电子流）照射空白滤纸，测得其对 β 射线的吸收程度，然后用采样管将烟尘捕获在滤纸上，再用 β 射线照射集尘后的滤纸，测得集尘滤纸对 β 射线吸收程度。最后依照空白滤纸与集尘滤纸对 β 射线的吸收程度来获得烟尘浓度。β 射线的吸收程度和物质粒径、成分、颜色及分散状态均没有关系，但与物质的质量成正比。

以滤纸置底和捕集物在滤纸上的尘粒分布均匀为前提，设射线穿过空白滤纸的程度为 I_0，透过集尘滤纸的强度为 I，滤纸上每平方厘米所捕集的烟尘质量为 $G(\text{g})$，则：

$$I = I_0 e^{-\mu G} \tag{7-18}$$

其中：

$$G = \frac{QtC}{A} \tag{7-19}$$

式中　μ——尘粒质量吸收系数，cm^2/g；

　　　Q——采样抽气量，m^2/min；

　　　t——抽气时间，min；

　　　C——烟尘浓度，g/m^2；

　　　A——滤纸集尘面积，cm^2。

将以上二式合并得：

$$C = \frac{A}{\mu Qt}(\ln I_0 - \ln I) \tag{7-20}$$

这说明在 $\frac{A}{\mu Qt}$ 选定之后，烟尘浓度 C 正比于 $(\ln I_0 - \ln I)$，因此可以通过测定集尘前后所透过的 β 射线的强度来确定烟尘的浓度。

β 射线测尘仪是一种能进行现场、间歇以及自动测定烟尘浓度的仪器。1996 年 11 月北京环保科技开发公司研究制造出的 β 传感器式快速烟尘浓度直读式测试仪，成功通过了国家环境保护局组织的专家鉴定，翻开了我国便携式烟尘测试仪实现浓度直读技术的新篇章。该仪器不仅能直读烟气浓度，还具有自动跟踪测试仪的功能，如测定烟气气流流动速度和烟度、显示、打印、断电保护等。尤其值得注意的是，与其他便携式烟尘测试仪相比，该仪器无动力采样，不需要抽气泵，体积更加小巧、轻便。

（四）林格曼黑度仪法

林格曼黑度仪法是一种监测烟气的视觉黑度的方法，也就是人对其气味、颜色等一系列的反应，感应强度为监测指标。具体地说，就是将林格曼烟气浓度图放置在合适的位置，通过将排放源口处烟尘与图上的黑度相比较，根据人的视觉的反应来判断烟气中有害物质的排放，当排放源烟气颜色接近色块时，则认为烟尘浓度与色块黑度水平一致。林格曼烟气浓度图样规格繁多，我国制印的标准尺寸为 14cm×21cm。这个图由六个不同黑度的小块组成，除去纯白与纯黑，其他都是在白色背景底部画出不同宽度的黑条，按照黑条在每块小区域内占整个区域面积的百分数，将其划分为 0~5 的林格曼级数。其中表现为全白的为 0 级，全黑为 5 级，1 级所代表的是黑条面积占整块面积的 20%，2 级占 40%，3 级占 60%，4 级占 80%。依据这个原理，国内外都已经制成了方便携带与操作的小型林格曼图和测验望远镜。林格曼烟气浓度的特点见表 7-7。

表 7-7　林格曼烟气浓度的特点

林格曼级数	视觉烟气特点	黑色条格面积百分数/%
0	全白	0
1	微灰	20
2	灰	40
3	深灰	60
4	灰黑	80
5	全黑	100

观测应在白天进行，观察时应立即将刚排出烟囱的烟的黑度与图中的黑度进行比较，并记录烟气的持续时间与林格曼级数。若记录烟气黑度介于两种林格曼级数之间，则可估计一个 0.5 或 0.25 林格曼级数。根据观察者的判断，用林格曼测试仪监测烟气的黑度。不过，烟气黑度的读数不仅与烟气自身的黑度相关，还和天空的均匀性、亮度、风速、烟囱的尺寸结构（直径和形状）及观察时照射光线的角度等有关。此外，由于烟气黑度与烟气中尘粒含量之间难以建立明确的定量关系，因此，不能用这种方法替代烟气中有害物质的排放浓度和排放量的测定。不过由于该方法操作简便、成本低，尤其适合监测黑烟，因此，在很多国家，仍然将其列为现场监测烟气排放的常用方法之一。

（五）锅炉烟气中 SO_2 的测定——碘量法

以 0.5L/min 流量采样 20~30min，将样品溶液转移至 150mL 碘量瓶中，并且使用吸收液来洗涤吸收瓶，洗涤液并于样品溶液。现场按碘量法分析，记录消耗碘溶液的体积（V），用同一方法测定空白吸收液消耗碘溶液的体积（V）。

1. 烟气中二氧化硫排放浓度（mg/dm^2）

采样体积计算：

$$V_{nd} = 5.1 \times 10^{-2} Q'_r n \sqrt{\frac{B_a + P_r}{T_r}} \tag{7-21}$$

或

$$V'_{nd} = 0.58 Q'_r n \sqrt{\frac{B'_a + P'_r}{T_r}} \tag{7-22}$$

式中　$V_{nd}(V'_{nd})$——标准状态下干烟气的采样体积，dL；

$\quad\quad Q'_r$——采样时流量计的读数，L/min；

$\quad\quad n$——采样时间，min；

$\quad\quad T_r$——流量计前的烟气绝对温度，K；

$\quad B_a(B'_a)$——大气压力，Pa；

$\quad P_r(P'_r)$——流量计前压力计的读数，Pa。

二氧化硫浓度计算：

$$C_{SO_2} = \frac{(V - V_0) C\left(\frac{1}{2} I_2\right) \times 32.0}{V_{nd}} \tag{7-23}$$

式中　V_{nd}——采样体积（标），dL；

　　　V_0——空白消耗碘溶液的体积，mL；

　　　V——所测试液消耗碘溶液的体积，mL；

　　C_{SO_2}——烟气中 SO_2 排放浓度，mg/dm³。

2. 烟气中二氧化硫排放量

烟道、排气筒的烟气流量的计算：

$$Q_{snd} = Q_S(1 - X_{sw}) \frac{B_a + P_s}{760} \times \frac{273}{273 + t_1} \tag{7-24}$$

其中，
$$Q_S = \bar{V}F \times 3600$$

式中　Q_S——烟道或排气筒中排气流量，m³/h；

　　Q_{snd}——标准状态下，烟道里干烟气的流量，dm³/h。

烟气排放量计算：

$$G = C_{SO_2} \times Q_{snd} \times 10^{-6} \tag{7-25}$$

式中　G——烟道或排气筒中二氧化硫排放量，kg/h；

　　C_{SO_2}——烟道或排气筒中二氧化硫的浓度，mg/dm³；

　　Q_{snd}——标准状态下，烟道中干烟气的流量，dm³/h。

（六）烟气中 NO_x 的测定——快速苯酚二磺酸法

吸收液将 NO_x 吸收后，NO_x 将转化为硝酸根离子，在无水条件下与苯酚二磺酸发生耦合作用，在氢氧化铵存在的条件下会呈现黄色，依据颜色的深浅比色定量。硝酸盐、亚硝酸盐对测定产生正误差，卤化物对测定产生负误差，增加吸收液中氧化剂量可以排除二氧化硫的干扰。测定范围为 $20 \sim 2000 mg/m^3$。

1. 试剂

（1）吸收液：向 1000mL 容量瓶里加水 800mL、浓硫酸 3.0mL，充分摇匀，再加入 30%过氧化氢 10.0mL，用水将其稀释至杯线，摇匀保存（1 个月），使用前吸取吸收液 25.0mL，用水稀释至 100mL 摇匀。

（2）浓氨水、发烟硫酸（含游离 SO_2、15%~30%浓硫酸）。

（3）30%过氧化氢，在冷暗处保存。

（4）苯酚二磺酸溶液制备：准确称量 25.0g 苯酚加入至 150mL 浓硫酸中，冷却后，加入发烟硫酸 75.0mL，水溶加热回流 2h，冷却后，贮藏于棕色瓶中。

（5）硝酸钾贮备液：称取 0.43g 硝酸钾粉末（在 105~110℃ 干燥 2h），用水将其溶解，然后转移至 1000mL 容量瓶内，再用水稀释平齐标线，充分摇匀。此溶液每毫升含 200μg 二氧化氮。

（6）硝酸钾标准溶液：加入硝酸钾贮备液 10mL 至 100mL 容量瓶内，用水稀释至平齐标线，充分摇匀。该溶液每毫升含 20μg 二氧化氮。

（7）4%氢氧化钠溶液：称取 4g 氢氧化钠溶液于 100mL 水中。

2. 标准曲线的绘制

取 7 只 75mL 瓷蒸发皿按照表 7-8 配制标准色列。将各标准色列号溶液充分摇匀后，在瓷蒸发皿中加数滴 4%氢氧化钠溶液，使石蕊试纸恰好呈现碱性，而后水浴加热将其蒸干。冷却后，滴入 2.0mL 苯酚二磺酸溶液，并用玻璃棒不断搅拌，等其充分反应溶解后，加 1.0mL 水和 4 滴硫酸并搅拌；冷却后再加入 10mL 水，将其搅拌混匀后缓慢倒入 15mL 浓氨水；用定量滤纸将其过滤在 100mL 的棕色容量瓶中，将瓷蒸发皿和滤纸用水洗 2～3 次，同时也将洗涤液并入 100mL 容量瓶内；再将其稀释至平齐标线，充分摇匀，在 420nm 处，用 3cm 比色皿，测定空白液试剂对光的吸取程度作为对照。绘制标准曲线用二氧化氮的吸光度，或用最小二乘法计算回归方程。

表 7-8　标准色列

标准色列号	0	1	2	3	4	5	6
硝酸钾标准溶液/mL	0	1.00	2.00	3.00	4.00	5.00	7.00
吸收液/mL	10.00	10.00	10.00	10.00	10.00	10.00	10.00
二氧化氮（NO_2）含量/μg	0	20.0	40.0	60.0	80.0	100.0	140.0

3. 试样测定

将已采集气体的注射器（图 7-7）在室温下放置数分钟，读取气体体积 V 及室温 t（℃），用 20mL 注射器吸取吸收液 20.0mL，接着注入 200mL 注射器中，并关闭考克，剧烈振摇 1min。待放置 2h 后，再振摇 1min，最后将注射器内溶液转移至 120mL 蒸发皿内，以下步骤同标准曲线的绘制。另取吸收液 20.0mL 置于 120mL 瓷蒸发皿内，并加入 10.0mL 水，同法做空白试验。当氮氧化物浓度超过 1000mg/m³ 时，将注射器内的溶液和洗涤液加入 100mL 容量瓶中，加水至标线的位置，充分摇匀。吸取样品溶液 10.0mL 置于 120mL 瓷蒸发皿内，同时取得吸收液 20.0mL 放置在 100mL 的容量瓶内，并且加水到达标线处，充分地摇晃均匀。吸取该溶液 10.0mL 置于 120mL 瓷蒸发皿内，做空白试验，以下步骤同标准曲线的绘制。其氮氧化物（NO_2）含量由下式计算求得：

$$二氧化氮(NO_2) = \frac{WV_t}{V_{nd}V_a} \tag{7-26}$$

式中　W——取样分析溶液中二氧化氮的含量，μg；

　　　V_t——样品溶液总的体积，mL；

　　　V_a——取样分析溶液体积，mL；

　　　V_{nd}——标态下干烟气采气体积，dL。

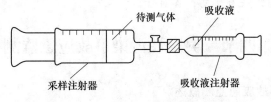

图 7-7　注射器采样

说明：

（1）使用氢氧化钠样品溶液时，需注意氢氧化钠溶液用量，当缺少氢氧化钠溶液时，部分硝酸会挥发掉，造成检测结果偏低；当氢氧化钠溶液过剩时，则会产生过量的盐，在显色过程中，因存在大量不溶性物质，更容易出现误差。

（2）氨水应缓慢滴加，防止迸溅，加入氨水之后，如果没有及时过滤，应把试样装进棕色瓶，并存放至暗室中。

（3）测定时应使用相同型号的滤纸，过滤时应把滤纸洗至没有颜色。

目前生产的便携式烟气测定仪可连续测量锅炉净化前后的浓度，及测量 O_2、CO、NO、NO_2、SO_2、CO_2、C_xH_y 烟气中水分、温度、湿度、流速、压差、燃烧效率和空气过剩系数等，可对固定（在线）烟气分析进行调校、验收、比对等。

课堂练习

一、填空题

1. 烟尘的主要来源包括：_____、汽车尾气、城市供暖、_____、家庭生活以及_____。

2. 光电透射法测量烟尘的理论是根据_____，通过测量悬浮在烟雾中的尘粒对入射测量光的_____来计算烟尘相对浓度的方法。

二、判断题

1. 在林格曼烟气浓度图样中，全黑为 0 级，全白为 5 级。   （   ）

2. 射线吸收法中 β 射线的吸收程度和物质的质量成正比。   （   ）

三、选择题

应该用（   ）来测定烟气中 NO_x 含量。

A. 碘量法   B. 过滤称重法

C. 快速苯酚二磺酸法   D. 林格曼黑度仪法

四、简答题

1. 烟尘主要危害有哪些？

2. 过滤称重法和林格曼黑度法的主要原理和特点各是什么？

3. 固定源现场测定方法有哪些，各有什么特点？

第四节   突发性污染事故应急监测

一、突发性污染事故应急监测概述

突发污染事故应急监测是指在突发污染事件发生后，监测人员利用便携式快速检测设备，迅速到达现场进行监测或采取有效方法，快速、准确地判断污染物种类、浓度及扩散路径、速度和范围，确定污染事故的危害程度，并为后续应急事故处理、处置及应急方案编制等工作的开展提供及时的技术支持。这既为现场决策赢得了宝贵的时间，又对控制污染扩散范围，缩短事故污染时间，减少事故损失具有重要意义。

（一）突发性污染事故的分类

根据污染事故发生原因、污染物特性及事故表现形式等，突发性污染事故可分为以下六种类型：

（1）有毒有害化学品污染事故：工业生产及人们日常生活中，由于储存、使用、运输、排放不当造成有毒有害化学品泄漏或非正常排放而引发的事故。如 CO、H_2S、Cl_2、NH_3 等毒气泄漏造成的事故，也有一些液态工业化学品的非法倾倒等引发的水污染事故，这些较为常见。

（2）易燃易爆物质爆炸事故：易燃易爆物质的泄漏或大量存在引发火灾和爆炸的危险物品，如石油液化气和天然气使用时发生泄漏、开采煤矿时存在大量瓦斯气体、垃圾和固体废物堆放处置不当造成的爆炸事故。

（3）剧毒农药污染事故：发生在农药生产、储运、使用过程中的泄漏造成的污染事故。

（4）放射性污染事故：放射性物质泄漏引发核辐射形成的危害事件。如发生在 20 世纪 80 年代切尔诺贝利核电厂放射性物质泄漏事故，造成周边 1400 多名居民在短时间内死亡，至今事故周边 10 公里之内仍是荒无人烟，一片凄凉。

（5）溢油环境污染事故：包括油田开采过程中的井喷泄漏和运输中意外原油泄漏，以及油库、油罐车及炼油厂储运和生产中的泄漏等引发的环境污染事故。

（6）废水非正常排放引发的污染事故：含有大量污染物的工业废水、生活污水、矿山废水等由于特殊原因带来的水体污染事故。该事故的扩散速度极快，难以在短时间内控制，并会导致区域内水域质量急剧恶化，造成区域内居民饮水、工业用水及渔业用水困难。

（二）突发性污染事故的特征

（1）污染事故形式多样。自然界中污染物的种类繁多，由过量污染物引起的突发性污染事故也比较多，因此，突发性环境污染事故的表现形式也呈现出多样化，在生产和生活的各个环节都可能发生突发性环境污染事故。

（2）污染事故具有突发性。突发性污染事故的污染物与普通受管控的污染物固定排放方式及限制性排放浓度不同，这类事故的污染物排放方式、排放途径、排放地点、排放时间和排放量等通常很难固定。事故都是突发性的，无法预测，有着很强的偶然性和瞬时性。

（3）污染事故危害严重。污染物的常规排放一般不会在短期内对环境产生大规模破坏，而突发性事故不同，往往会在短时间内发生大量的泄漏或发生爆炸、火灾等，破坏性较大，相对难控制，损失一般也较惨重。

（4）污染事故处理处置困难重重。由于污染事故突发，短期内处理处置大量溢出污染物给环保工作带来巨大困难，加之污染扩散面广，对于治理人员也是一个很大的压力和考验。

（5）突发性污染事故具有的共性。在众多污染事故中，突发性污染事故的发生也是有迹可循的，主要体现在污染物生产、储运及使用不当，过程管理不善，无防范措施等方面。

二、突发性污染事故应急监测

突发性污染事故应急监测，不仅指事故发生后的监测，还包括事故发生前的预防工作。预防工作包括成立应急事故机构，充分落实组织、人员、资金、技术、装备等，制定各种预案，确保事故发生后，能在最短的时间内开展一系列工作，降低事故扩散及危害面。另外，从预防的角度考虑，有关部门应对本地区危险物质的生产、使用、储存和运输的数量、地点、方式和路线进行调查，制定相应的处置预案，加强公众防范意识，建立应急网络，实施应急行动等。

（一）应急监测程序

为了快速、有序地应对突发性污染事故，掌握污染物的来源、类别、浓度及发展趋势，及时控制污染扩散范围，缩短污染物危害时间，这些都与高效完整的应急监测体系相关联。目前，国内常用的应急监测体系如图 7-8 所示。

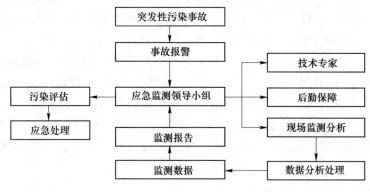

图 7-8　应急监测流程图

（二）应急监测组织机构

应急监测组织机构由应急监测领导组、现场监测组、技术分析组和后勤组构成，各组职责如下：

（1）应急监测领导组：统筹和指挥整个应急监测行动。

（2）技术分析组：负责提供污染源和污染物特性、控制标准、监测方法、防护措施、处理处置技术等内容，审核监测报告并批准报告。

（3）现场监测组：负责对事故现场调查，制定应急监测方案，现场采样测试，实验室分析及编制监测报告等。

（4）后勤组：负责保证以上工作顺利进行的各种后勤服务，对车辆、仪器的维护工作等。

（三）应急监测手段

简便易行、快速灵敏的应急监测技术是有效开展现场应急监测的基础。紧急状况监测方法主要有感官检测法、试纸法、检测管法、动植物检测法、光度法、电化学法和色谱法等。

（1）感官检测法。感官检测法，是根据污染物气味、颜色、状态等物理及化学性质的差异，通过用味觉、视觉、听觉和嗅觉感知被检测物质的存在。以人作为检测仪器，检测结果往往具有不稳定性，需要综合几次检测（由不同的人进行）的数据作为最终结果。

（2）光度分析法。用光照射物质时，会发生光的吸收、反射、衍射和透射作用，而这些特性发生的程度跟物质的数量有关，根据光的这些特性，建立起对物质定性、定量分析的方法，称之为光度分析法。常见的便携式分光光度计，可实现现场总有机碳、总氮、总磷及氨氮等的测试。

（3）检测管法。检测管法是将多孔颗粒物质浸泡后填于玻璃管中，制成测试管，气体通过时显色，根据颜色深浅或柱子变色长度为依据来确定污染组分含量。常用简易检测管来快速定量或半定量分析水或空气中有害污染物，主要检测指标有一氧化碳、氯气、硫化氢、二氧化硫、可燃气、酚、六价铬、硫化物及化学需氧量等。

（4）植物和动物检测法。植物和动物检测法，利用指示动植物对现场污染物特有的反应对污染物进行判断，可用植物表皮组织的损伤程度，动物的反常行为等来判断污染物含量或存在的方法。例如，利用地衣的数量、种类及盖度评价空气质量水平，利用老鼠和金丝雀判断矿区瓦斯含量等。

（5）试纸法。试纸法主要利用样品同试纸接触后，发生反应，引起试纸颜色变化或产生高度梯度，与标准色卡或标准尺对比，实现定性或半定量分析的方法。试纸法具有检测快、成本低、灵敏度能满足需要，且操作简单等优点，在现场检测时非常受欢迎。

（6）色谱分析法。色谱法是根据不同组分在两相间分配系数的不同，实现对不同物质组成成分分离和测定的方法。目前开发的现场检测色谱仪器主要有便携式 GC-MS 联用仪、便携式 IC 仪器、便携式 GC 等。

（7）电化学法。应急监测中的电化学法主要利用电化学传感器来识别一些气体和水中的离子。当被测组分扩散到电极表面，在电极表面被氧化或还原，从而改变了体系的电化学性质，实现了被测组分的定量分析。由于电化学传感器体积小，携带方便，在现场检测应用广泛，如水质常规五参数（温度、pH、DO、电导率和浊度）的现场测定，二氧化硫、氮氧化物及颗粒物的在线检测等。

（8）化学测试组件法。这种方法通常是将一定量的水样品加入专用试剂中，它们之间会发生显色反应，呈现出特定的颜色变化。把指示色和标准色相比较，就可以得到所测污染物的含量。常见的方法有计数滴定器、目视比色法和比色柱等。

（四）应急监测信息系统

突发性污染事故发生的时间、地点、污染物种类及扩散范围都存在极大的不确定性，若要及时有效地对事故进行处理处置，就需要一个完整、全面及信息化的系统。信息化系统的建立离不开现代化的信息技术，通过现代化信息技术的使用可在短时间内掌握污染源及周边地区的环境状况，如利用 GPS 技术可以快速确定事故现场的监测点位，畅通的通信可以及时传递现场情况和指挥组指令。

（1）数据库技术。数据库是构建现代信息化系统的基础。根据应急监测的特点，需要收集区域内有关应急监测需要的各种资料构建数据库，以便事故发生时能及时调用相关信息，为高效准确开展后续工作提供信息支撑。

（2）信息化技术。事故发生时，需要应急信息技术确定事故发生位置、危险品种类、附近风险源情况及预案管理和监测管理情况，并进行应急监测和数据结果分析，以此为基础制定和实施应急处理处置方案，最后形成归纳总结材料提交到应急监测系统，供以后参考。如 2003 年 10 月 27 日，发生在安徽省合肥市的苯泄漏爆炸事故，当时的应急监测小组就采用了 GIS 和 GPS 技术对现场情况进行了应急处理，降低了事故的发展态势，保障了周边居民的生命和财产安全。

（五）应急监测后勤系统

应急监测后勤系统是构建完整应急监测方案的重要组成部分。应急监测后勤系统包括负责应急监测车辆的维护、保养和调配，同时这些工作需符合相关管理规定，保证所有的应急监测车辆随时能够正常使用；制定应急监测车辆及司机值班安排，负责应急监测各类设备及试剂、耗材的采购和后勤保障，并组织相关人员的培训和学习等内容。

（六）应急监测方案报告

应急监测员应根据监测结果编制应急监测快报和应急监测报告。应急监测快报一般以表格形式体现出污染监测的类别、点位、项目、结果、时间、点位坐标、达标情况及监测结论和建议等。应急监测方案报告内容具体如下。

（1）事故概要：简述任务来源，开展应急监测的时间、地点及污染事故情况等。

（2）事故发生：描述了突发性污染事故发生的时间、地点、性质、原因等，主要污染物及周围环境的危害程度和范围等；说明了从收到应急监测指令到启动应急监测程序，赶赴现场，进行应急监测的情况，包括重要时间点、检测地点、是否有其他单位联合实施以及可能需要说明的情况等。

（3）监控的内容：主要包括监测点位、项目、频率和方法等。

（4）监测结果：监控时间、监控点、项目和结果、评估标准和气象参数等。

（5）监测的结论和建议：分析结果根据相应的环境质量标准或污染物排放标准进行评价，说明污染类型、程度、范围和变化趋势，如结论符合应急监测终止条件，建议上级部门终止现场应急监测。

（6）报告签发：根据紧急情况监测部门的质量管理体系文件的有关程序文件要求执行。一般为下达指令的应急监测领导组负责人签发。

（七）应急监测方案的实施

（1）事故预警。为了有效地识别和提取隐患信息，灵敏而准确地通知危险前兆，提前预警并采取相关措施，使反馈在前，部署在后，防患于未然，将事故降到最低程度，需要对事故提前做好预测预警工作。

（2）应急指挥。应急指挥工作由相关领导及技术人员组成的应急监测领导小组负责，领导小组需要实时关注污染事故发展态势，提出污染事故应急处理工作的重要事项和重大决策，及时调整任务实施方案。2005 年 12 月 1 日，在国家、省、市、县四级应急监测人员的共同努力下，扬州市江都区某化工厂发生的丙烯腈罐体爆燃事故得到科学合理的应急处置方案，事故在短时间内得到有效控制，遏制了事态的扩大。

（3）现场监测。

（4）监控组技术人员负责现场监控的各项工作。一般而言，首先要确定污染物的种类、污染程度和影响范围，其次要确定监测项目、监测点位和监测方法，最后要把监测到的有关数据及时送到指挥中心。

（5）监测报告。未能现场检测的污染项目或需要实验室分析的项目均需把样品运回实验室分析检测，根据测定结果，分析事故成因、污染程度，得出结论和建议，编写提交监测报告。

（6）后续处置问题。根据监测报告结果，应急监测领导小组需确定事故发展态势是否稳定，是否需要缩小监测范围，变更监测点位，以免二次事故发生。

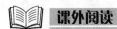 **课堂练习**

一、填空题

应急监测程序：＿＿＿＿＿＿、＿＿＿＿＿＿、＿＿＿＿＿＿、＿＿＿＿＿＿、＿＿＿＿＿＿。

二、简答题

1. 突发性污染事故有哪些？
2. 简述突发性污染事故应急处理方案？

课外阅读

天津港"8·12"特大火灾爆炸事故

在天津市滨海新区塘沽开发区，2015年8月12日深夜，天津东疆保税港区瑞海国际物流有限公司所属危险品仓库发生火灾爆炸事故，爆炸物品为集装箱内易燃、易爆物品，现场火光冲天，腾起蘑菇云，附近居民听到巨响，有强烈震感。后来，推测出爆炸的总能量相当于450吨TNT当量。2015年8月16日上午，氰化物位置已确认有两个点，大约有几百吨。爆炸核心区污染坑氰化物平均超标40倍。

在事故现场，天津港公安局消防支队人员伤亡惨重，共165人丧生，其中参与救援处置的公安现役消防队员24人、天津港公安消防局工作人员75人、民警11人，事故企业、周边企业职工和居民55人；8人失踪，其中天津消防队员5人，周边企业员工、天津消防人员家属3人；798人受伤（伤势较重伤员58人，轻伤740人）；304栋楼房、12428辆小轿车、7533个集装箱受损；造成直接经济损失68.66亿。天津滨海新区"8·12"爆炸事故，经国务院调查组认定为特别重大的生产安全责任事故。

实验

实验一　色度的测定

（一）铂钴比色法

一、实验原理

用氯铂酸钾及氯化钴配制成标准色列，被测样品与之目视比较，与标准色列接近或相同的色度值，即是水样的色度。

二、实验仪器和试剂

（1）500 度色度储备液：将 1.245g 的六氯铂酸钾以及 1.000g 六水氯化钴溶于约 500mL 水中，加入 100mL 的盐酸，并在 1000mL 的容量瓶定容至刻度线。

（2）标准色列溶液：准备 10 个 500mL 的容量瓶，向其中分别加入 5.00、10.00、15.00、20.00、25.00、30.00、35.00、40.00、60.00、70.00mL 的储备液，定容至刻度，色度分别为：5、10、15、20、25、30、35、40、50、60 和 70 度。

（3）光学用水：将用蒸馏水浸泡过的 0.2μm 滤膜，过滤要用的蒸馏水，弃去最先的 250mL。

（4）pH 计：测量范围为 0~14pH 单位。

（5）50mL 的具塞比色管。

三、实验步骤

（1）将样品倒入 250mL 的量筒中，静置一段时间后，去上层液体进行测定。

（2）将一组具塞比色管使用色度标准溶液来充至标准线，再取一个比色管用以标取样品。

（3）将所有的比色管放置在以白色板为背景的表面上，之后垂直向下观察，找出与样品色度最接近的标准溶液。

（4）如果色度大于 70 度，则应进行适当稀释。

四、实验记录

稀释过的样品色度 A_0，用下式计算：

$$A_0 = \frac{V_1}{V_0} A_1$$

式中　V_1——样品稀释后的体积；

　　　V_0——样品稀释前的体积；

　　　A_1——稀释样品色度观察值。

五、实验注意事项

（1）实验所用的溶液要密封盖好，存放于暗处。

（2）样品需经 $0.45\mu m$ 的滤膜过滤，为溶解物的颜色。

（3）水的表观色，为未过滤或离心的样品测定的颜色。

（二）稀释倍数法

一、实验原理

工业废水的颜色常采用稀释倍数法来确定，用将样品稀释至刚好看不到颜色时的稀释倍数来表示，并用文字描述水的颜色性质，单位为倍。

二、实验器皿

实验器皿为标线高度一致的 50mL 具塞比色管。

三、实验步骤

（1）取一定量（约 100mL）已静置澄清后的水样于烧杯中，以白色底板为背景，观测并描述其颜色的种类。

（2）取不同量澄清水样和光学纯水稀释至 50mL 具塞比色管刻度，得不同稀释倍数的溶液。放置于白色底板上，同纯水比较，比较接近的为水样稀释倍数。

（3）水样稀释要求：色度在 50 倍以上，取水样第一次稀释后要求在 50 倍以内；色度 50 倍以内，要求每次稀释倍数小于 2。记录稀释倍数，同时测定水样 pH 值。

四、实验记录

（1）把得到的各级各次稀释倍数相乘，最后所得积的整数值为样品色度。

（2）描述样品的颜色包括透明度、颜色深浅及色调情况。

五、实验注意事项与其他

（1）水样有"真色"和"假色"之分，去除悬浮物后颜色为真色。

（2）测定色度时，需同时测定水样 pH 值。

实验二　　溶解氧的测定

大气氧含量和水体中氧浓度决定了天然水体中的溶解氧含量。未受污染的地表水中溶解氧较饱和，表示水中生态良好。当水体被污染时，水中还原性物质和氧发生化学反应被消耗，气态氧补充不及时，溶解氧含量下降，水质条件恶化。因此，水体受污染程度也可用溶解氧含量来表示，在环境监测中是一个重要指标。本实验介绍碘量法、叠氮化钠修正法、便携式溶解氧仪法三种测定水中溶解氧含量方法，可根据实际情况选择。

（一）碘量法

一、实验目的

（1）学习溶解氧的采样方法。

（2）理解并掌握碘量法测水体中溶解氧的步骤方法。

二、实验原理

水样中加入硫酸锰和碱性碘化钾，水中溶氧将二价锰氧化成四价锰，生成棕色沉淀。加酸后，沉淀溶解，与碘离子反应释放出游离碘。以淀粉为指示剂，用硫代硫酸钠溶液滴定释放出的游离碘，根据滴定液消耗量计算溶解氧含量。该法用于水质良好的地表水。

三、实验仪器

（1）溶解氧采样瓶。

（2）常用的仪器设备。

四、实验试剂

（1）硫酸锰溶液：称取 280g 硫酸锰（$MnSO_4 \cdot 4H_2O$）溶于水，用 500mL 容量瓶定容，混匀备用。该溶液不含还原性物质。

（2）碱性碘化钾溶液：称取 250g 氢氧化钠溶于 200mL 水中，冷却备用。另称取 75g 碘化钾溶于 100mL 水。将两溶液混合，搅拌均匀，于 500mL 容量瓶定容，混匀，用棕色瓶密封储存。该溶液不含还原性物质。

（3）硫酸溶液：按硫酸和水体积 1：5 的比例制备。

（4）1g/100mL 淀粉指示剂：称取 1g 淀粉，加入少量水搅拌均匀，慢慢倒入 100mL 煮沸水中，继续沸腾，溶液澄清则制备完毕，待其稍冷后加入 0.1g 水杨酸防腐，装入试剂瓶中备用。

（5）重铬酸钾标准溶液：称取干燥 2h 的重铬酸钾 0.6129g，加水溶解，用 500mL 容量瓶定容，混匀备用。

（6）硫代硫酸钠溶液：称取 1.6g 硫代硫酸，用煮沸放冷的水溶解，加入 0.1g 碳酸钠，用 500mL 容量瓶稀释定容，置于棕色瓶内贮存，临用时用重铬酸钾标准溶液标定其浓度，方法如下：

称取 1g 碘化钾，用 100mL 水溶解于 250mL 碘量瓶中，加入 5mL 硫酸溶液、10mL 重铬酸钾标准溶液，塞紧瓶塞，混合均匀。放在避光处静置 5min，用硫代硫酸钠溶液滴定，颜色变为淡黄色且半分钟内不褪色，加入淀粉指示剂 1mL，继续滴定，蓝色刚刚褪去为滴定终点，记录溶液用量。硫代硫酸钠溶液浓度表示为：

$$C(\text{mol/L}) = \frac{10 \times 0.025}{V(\text{mL})}$$

五、实验步骤

（1）采样：沿采样瓶壁倾注水样至溢出一段时间，加入碱性碘化钾溶液 2mL、硫酸锰溶液 1mL，盖紧瓶盖，混匀，于暗处静置。待固体物质沉淀，再摇匀。注意取水样时不能有气泡残留。

（2）样品处理：加入硫酸 2mL，盖紧瓶塞混匀。沉淀物全溶解后，于暗处稳定 5min。

（3）滴定：取 100.0mL 处理好的水样，置于 250mL 锥形瓶中，用硫代硫酸钠溶液滴定，颜色变为淡黄色且半分钟内不褪色，加入淀粉指示剂 1mL，继续滴定，蓝色刚刚褪去为滴定终点，记录溶液用量。

六、实验结果表示

溶解氧浓度（O_2，mg/L）：

$$溶解氧浓度 = \frac{C \times V \times 8 \times 1000}{100}$$

七、实验注意事项

（1）水样非中性时，可用硫酸溶液或氢氧化钠溶液调水样 pH 至中性后再进行测定。

（2）水样有氯化物会干扰检测，应加入硫代硫酸钠去除干扰。

（二）叠氮化钠修正法

一、实验目的

了解和掌握叠氮化钠修正法测水中溶解氧的方法步骤。

二、实验原理

同碘量法，该方法适用于检测污染严重废水的溶解氧含量。

三、实验仪器与试剂

（1）碱性碘化钾-叠氮化钠溶液：用天平称取 250g 氢氧化钠置于烧杯中，用 200mL 水溶解；称取 5g 叠氮化钠置于烧杯中，用 20mL 水中溶解；称取 75g 碘化钾置于烧杯中，用 100mL 水溶解。氢氧化钠溶液温度降至室温后，将三种溶液混合，搅拌均匀，用 500mL 容量瓶定容，混匀，用棕色瓶密封储存。

（2）40%氟化钾溶液：用天平称取 40.0g 氟化钾，于少量水中溶解，用 100mL 容量瓶定容，摇匀，在聚乙烯瓶中保存。

（3）其他试剂及使用的仪器与碘量法的相同。

四、实验步骤

用碱性碘化钾-叠氮化钠溶液代替碱性碘化钾溶液，其余步骤和碘量法相同。

五、实验结果

同碘量法。

六、实验注意事项

叠氮化钠容易爆炸且毒性巨大，碱性碘化钾-叠氮化钠溶液酸化时应注意。

（三）便携式溶解氧仪法

一、实验目的

（1）了解便携式溶解氧仪的使用方法。

（2）掌握用溶解氧仪测定溶解氧的方法步骤。

二、实验原理

测定用的电极探头与水样接触，电极在电压或电池的作用下产生电位差。氧气扩散至阴极被还原产生电流，在某一温度下，该电流与溶解氧成比例关系。该方法用于测定较清洁的地表水。

三、实验仪器

实验仪器：便携式溶解氧仪。

四、实验步骤

（1）电极校准：

1）零点校准：仪器自带零点补偿功能或用零点检查溶液校准。

2）已知浓度校准：制备已知浓度的校准溶液作为样品进行测试。

（2）样品测量；溶液处于静止状态时，会导致测量结果出现误差。为保证测量结果准确，测量时应用手摇动电极或用磁力搅拌器，使水样保持固定流速，降低误差。

五、实验结果

实验结果：记录溶解氧仪读数。

六、实验注意事项

（1）电极头初次使用时应用电极填充液浸泡。

（2）当环境温度与样品温度差距较大时，测定的时间延长属于正常现象。

（3）当水样中含有其他物质如氨、二氧化硫、溴、油类物质、藻类物质等，会对测量造成干扰，同时会损坏电极。

七、思考题

（1）试分析以上三种方法的适用范围。

（2）用碘量法测溶解氧的注意事项有哪些？

实验三　　水中悬浮物的测定——重量法

一、实验原理

取一定量水样，用 $0.45\mu m$ 滤膜过滤，把滤膜残留物质放在 $103\sim105℃$ 环境中烘干，称滤膜前后质量差，除以取样体积，即为水中悬浮物的含量。

二、实验仪器和试剂

（1）全玻璃微孔滤膜过滤器。
（2）CN-CA 滤膜，孔径 $0.45\mu m$，直径 60mm。
（3）无齿扁嘴镊子。
（4）吸滤瓶、真空泵。
（5）蒸馏水或同等纯度的水。

三、实验步骤

（1）在水样采集前，应先使用清洗剂将采集瓶洗干净，而后用纯水（蒸馏水）洗净。采集时，要先用该水样润洗采集瓶至少 3 遍。之后采集具有代表性水样 $0.5\sim1L$，盖紧瓶盖。

（2）采集回来的水样应尽快分析测定。如需放置，应贮存在 4℃ 冷藏箱中，不超过 7 天。

（3）用镊子（扁嘴无齿型）将滤膜夹起，并将其放置于 $103\sim105℃$ 环境中烘干，之后冷却称量，如此反复至少两次，前后两次称量差值要不大于 0.2mg。将已经烘干的滤膜准确放置在吸滤器上，可以在滤膜周围用蒸馏水湿润，用以固定。

（4）取 100mL 水样，抽滤，用纯水（每次 10mL）对滤膜清洗。接着取出滤膜，将其置于烘箱中，环境温度为 $103\sim105℃$，反复烘干至少两次，使其两次的称量重量差不大于 0.4mg。

四、实验记录

悬浮物含量：

$$C = \frac{(A - B) \times 10^6}{V}$$

式中　C——水中悬浮物浓度，mg/L；
　　　A——悬浮物+滤膜+称量瓶重量，g；
　　　B——滤膜+称量瓶重量，g；
　　　V——试样体积，mL。

五、实验注意事项

（1）漂浮或沉没的不均匀固体物质不属于悬浮物，应及时从水样中去除。

（2）不能加入任何保护试剂，以防破坏水中物质在固、液间的分配平衡。

实验四 水中六价铬的测定——二苯碳酰二肼分光光度法

铬是生物体必需的微量元素之一。铬的毒性大小很大程度上取决于它的价态，六价铬的毒性比三价铬的毒性要大得多，人体吸收并蓄积一定量六价铬，会导致肝癌。同样是六价铬，不同化合物，其毒性也不同。当水体六价铬浓度为1mg/L时，水体呈现淡黄色并带有涩味；当三价铬浓度为1mg/L时，水体的浊度明显增加，三价铬对鱼的毒性比六价铬的大。

一、实验原理

在酸性溶液中，水样中的六价铬会与二苯碳酰二肼发生反应，生成一种紫红色化合物，最大吸收波长为540nm，摩尔吸光系数为4×10^4L/（mol·cm），该化合物颜色深度同六价铬浓度成线性关系，可建立六价铬的定量分析方法。

二、实验仪器

（1）分光光度计。
（2）10mm、30mm比色皿。

三、实验试剂

（1）丙酮。
（2）（1+1）硫酸：硫酸与水的体积比为1:1。
（3）（1+1）磷酸：磷酸与水的体积比为1:1。
（4）0.2%氢氧化钠溶液：用天平称取氢氧化钠1g，倒入烧杯中，加入500mL刚煮沸后冷却的水进行溶解，混合均匀。
（5）氢氧化锌共沉淀剂：
① 硫酸锌溶液：用天平将称好的8.0g硫酸锌用水溶解，并定容至100mL。
② 氢氧化钠溶液：置好120mL煮沸的（新）纯水，向其中加入2.4g氢氧化钠。
①、②两溶液混合。
（6）4%高锰酸钾溶液：将称取好的4.0g高锰酸钾溶解于热水中，冷却，定容至100mL。
（7）铬标准储备液：分析纯重铬酸钾0.2829g（已在120℃烘干2h），用水溶解，定容于1000mL容量瓶中。
（8）铬标准溶液①：移取5mL的储备液于500mL容量瓶中，定容至刻度。
（9）铬标准溶液②：移取25mL的储备液于500mL容量瓶中，定容至刻度。
（10）尿素溶液：称取20g的尿素，并溶于100mL水中。
（11）亚硝酸钠溶液：称取2.0g亚硝酸钠，溶于水，转移到100mL容量瓶中，定容。
（12）显色剂①：将称取好的二苯碳酰二肼0.2g溶解于50mL丙酮中，用水稀释至100mL，存放于低温避光处。

（13）显色剂②：用称取好的二苯碳酰二肼 1g 溶解到 50mL 丙酮溶液中，加水稀释到 100mL，置于低温避光处保存。

四、实验步骤

1. 样品预处理

（1）水样清洁，可直接测定。

（2）色度校正：若水样存在一定颜色，则可用另一份水样，并向其中加入试剂，用 2mL 丙酮代替显色剂，最后用此水样来测定。

（3）锌盐沉淀分离法：如果水样颜色深、混浊，可以用该方法进行预处理。取适量水样（六价铬的含量应少于 $100\mu g$），放置于 150mL 烧杯中，往烧杯中加入 50mL 的水，然后用胶头滴管滴加 0.2%氢氧化钠溶液，使溶液 pH 值维持在 7~8，之后搅拌，同时在搅拌的时候加入氢氧化锌共沉淀剂。移取此溶液 100mL 于容量瓶中，并定容。之后用滤纸过滤，弃去开始的 10mL，最后留下 50mL，用于测定。

（4）二价铁、亚硫酸盐等一些还原性物质的消除：取适量水样（六价铬的含量应该少于 $50\mu g$），放置于 50mL 比色管中，用水稀释至标准刻度线，加入 4mL 显色剂②，混合均匀。静置 5min 后，加入（1+1）硫酸溶液 0.5mL，进行摇匀。大约（5~10）min 后，在 540nm 波长处，用 10mm 或 30mm 的比色皿，以水作参比，测定吸光度。扣除空白试验吸光度后，从校准曲线查得六价铬含量。用同法作校准曲线。

（5）次氯酸盐等氧化性物质的消除：取适量水样（六价铬的含量应该少于 $50\mu g$），放置于 50mL 比色管中，用水稀释至标准刻度线。加入（1+1）硫酸溶液 0.5mL(1+1) 磷酸溶液 0.5mL，尿素溶液 1.0mL，混合均匀。慢慢用胶头滴管滴加 1mL 亚硝酸钠溶液，滴加溶液的同时进行摇匀，以除去过量的亚硝酸钠与尿素反应生成的气泡，等待气泡都被除尽后样品测定。

2. 样品测定

（1）量取适量经预处理的水样（或清洁水样），移至 50mL 的比色管，加水至标线，加入体积比为 1∶1 的磷酸溶液和硫酸溶液各 0.5mL。

（2）向（1）中的溶液中加入显色剂①约 2mL，静置约 10min 后，即可在 540nm 处测量吸光度。

3. 校准曲线的绘制

（1）向 50mL 比色管中分别加入 0mL、0.20mL、0.50mL、1.00mL、2.00mL、4.00mL、6.00mL、8.00mL 和 10.00mL 铬标准溶液①（如用锌盐沉淀分离需预加入标准溶液时，则应加倍加入标准溶液），用水稀释至标准刻度线。预处理和测定步骤操作和水样相同。

（2）吸光度经空白校正后，绘制吸光度对六价铬含量的校准曲线。

五、实验结果表示

六价铬浓度 $C(\text{Cr}, \text{mg/L})$：

$$C = \frac{m}{V}$$

式中　m——由校准曲线查得的六价铬量，μg；

　　　　V——水样的体积，mL。

六、实验注意事项及其他

（1）所有玻璃仪器，用酸性溶液或洗涤剂洗涤之后冲洗干净。玻璃器皿的内壁要求光滑和清洁，防止铬被吸附在玻璃器皿上面。铬标准溶液有两种浓度，其中每毫升含 5.00μg 六价铬的标准溶液，适用于总铬含量高的水样进行测定，测定时，使用 10mm 比色皿。

（2）二苯碳酰二肼与六价铬反应时，显色酸度控制在 0.05～0.3mol/L（1/2H$_2$SO$_4$），以 0.2mol/L 时显色效果最好。开始显色之前，应该把水样调至中性。显色的时候，放置时间和温度对显色有影响，温度控制在 15℃，时间在 5～15min，颜色可以稳定。

七、思考题

（1）除了使用上述方法，你还知道使用哪些方法来测定总铬吗？

（2）不同的铬浓度对水质的影响？

实验五　　水中总氮的测定——过硫酸钾氧化—紫外分光光度法

一、实验原理

总氮是反应水体富营养化的重要指标。在 120～124℃碱性介质下，以过硫酸钾作氧化剂，可将水中氨氮、亚硝酸盐氮及大部分有机氮化合物转化为硝酸盐氮。用紫外分光光度计分别于波长 220nm 与 275nm 处测定其吸光度值，按 $A=A_{220}-2A_{275}$ 计算硝酸盐氮的吸光度值，计算出总氮量。

该法主要适于地表水中（江、河、湖、库）总氮的测定。方法检测下限为 0.05mg/L，测定上限为 4mg/L。

二、实验仪器

（1）紫外分光光度计。

（2）压力蒸汽灭菌锅或家用压力锅，压力为 1.1～1.3kg/cm^2，温度为 120～124℃。

（3）25mL 具塞玻璃磨口比色管。

三、实验试剂

（1）无氨水：可用新制备的去离子水。

（2）20%氢氧化钠溶液：称取 20g 氢氧化钠，溶于无氨水，转移至 100mL 容量瓶，定容。

（3）碱性过硫酸钾溶液：称取 40g 过硫酸钾（K$_2$S$_2$O$_8$）和 15g 氢氧化钠分别溶于无氨水，依次转移至 1000mL 容量瓶，用水稀释至标线，摇匀备用。该溶液存于聚乙烯瓶内，保质期为一周。

（4）盐酸（1+9）。

（5）硝酸钾标准溶液：

1）标准贮备液：称取 0.7218g 优级纯硝酸钾（经 105~110℃烘干 4h）溶于无氨水，转移至 1000mL 容量瓶定容。此溶液 1mL 含 100μg 硝酸盐氮。加入 2mL 三氯甲烷为保护剂，至少可稳定 6 个月。

2）硝酸钾标准使用液：将上述标准贮备液用无氨水稀释 10 倍。此溶液 1mL 含 10μg 硝酸盐氮，使用当天配制。

四、实验步骤

（1）标准曲线绘制：

1）分别取 0mL、0.10mL、0.30mL、0.50mL、0.70mL、1.00mL、3.00mL、5.00mL、7.00mL、10.00mL 硝酸钾标准使用液于 25mL 比色管中，用无氨水稀释至 10mL 标线。

2）加入 5mL 碱性过硫酸钾溶液。塞紧磨口塞，用棉线及纱布裹紧扎好，防止溅出。

3）将比色管置于大烧杯中放在压力蒸汽灭菌锅内，加热 30min，放气待压力回零，之后升温至 120~124℃开始计时（或将比色管置于家用压力锅中，加热至顶压阀吹气开始计时），保持比色管在热水蒸汽中持续加热 30min。

4）冷却，放气，稳定后移去外盖，拿出比色管冷却至室温。

5）加入 1mL 盐酸（1+9），用无氨水稀释至标线。

6）在紫外分光光度计上，以无氨水做参比，用 10mm 石英比色皿分别在 220nm 和 275nm 波长处测定吸光度。用校正吸光度绘制校准曲线。

（2）样品测定。取 10mL 或含氮量在 20~80μg 的适量水样。按标准曲线绘制步骤 2）~6）操作。根据所得校正吸光度值，在标准曲线上查相应的总氮量。

五、实验结果表示

用下列公式计算总氮含量。

$$总氮(mg/L) = m/V$$

式中　　m——从标准曲线上查得的含氮量，μg；

　　　　V——所取水样体积，mL。

六、实验注意事项与其他

（1）参考吸光度比值（A_{275}/A_{220}）×100%>20%时，应予鉴别。

（2）具塞玻璃比色管密闭性应良好。使用压力蒸汽灭菌锅时，冷却后放气要缓慢，使用民用压力锅需完全冷却后方可揭盖，以免管塞蹦出。

（3）玻璃器皿可用 10%的盐酸浸洗，用蒸馏水冲洗后再用无氨水冲洗。

（4）高压蒸汽灭菌锅应定期校核压力；民用压力锅应检查橡胶密封圈，以免漏气而减压。

（5）悬浮物含量较多的水样，过硫酸钾氧化后有可能出现沉淀，遇此情况可吸取上清液进行吸光度值测定。

（6）用紫外分光光度计测定前，需先做基线扫描（300~200nm）再调零。

实验六　　水中氨氮的测定——纳氏试剂分光光度法

一、实验目的

（1）掌握氨氮测定最常用的方法——纳氏试剂比色法。

（2）复习含氮化合物测定的有关内容。

二、实验原理

碘化汞和碘化钾的碱性溶液与氨反应生成淡红棕色胶态化合物，颜色深浅与氨氮含量呈正相关，选定 420nm 波长的光测其吸光度，从而计算出氨氮的含量。

本法最低检出浓度为 0.025mg/L（光度法），测定上限为 2mg/L。水样做适当的预处理后，本法可适用于地面水、地下水、工业废水和生活污水。

三、实验仪器

（1）氨氮蒸馏装置：500mL 凯氏烧瓶、氮球、直形冷凝管和导管，可使用 500mL 蒸馏烧瓶。

（2）分光光度计。

（3）pH 计。

四、实验试剂

配制试剂用水均应为无氨水。

（1）无氨水。使用去离子水或蒸馏水。

（2）1mol/L 盐酸溶液。

（3）1mol/L 氢氧化钠溶液。

（4）轻质氧化镁（MgO）：将氧化镁在 500℃ 下加热，以除去碳酸盐。

（5）0.05%溴百里酚蓝指示液（pH＝6.0~7.6）。

（6）防沫剂：如石蜡碎片。

（7）吸收液：1）硼酸溶液：称取 20g 硼酸溶于水，稀释至 1L。2）0.01mol/L 硫酸溶液。

（8）纳氏试剂。可选择下列方法之一制备：

1）称取 20g 碘化钾溶于约 25mL 水中，边搅拌边分次少量加入二氯化汞（$HgCl_2$）结晶粉末（约 10g），至出现朱红色沉淀不易溶解时，改为滴加饱和二氯化汞溶液，并充分搅拌，当出现微量朱红色沉淀不再溶解时，停止滴加氯化汞溶液。

另取 60g 氢氧化钾溶于水，稀释至 250mL，充分冷却后备用。将上述溶液缓缓注入氢氧化钾溶液中，用水稀释至 400mL，混合均匀。放置过夜，取上清液密闭保存于聚乙烯瓶中。

2）称取 16g 氢氧化钠，溶于 50mL 水中，充分冷却后备用。

另称取 7g 碘化钾和 10g 碘化汞（HgI_2）溶于水，再将此溶液边搅拌边缓慢注入氢氧化钠溶液中。用水稀释至 100mL，密封保存于聚乙烯瓶中。

（9）酒石酸钾钠溶液：称取 50g 酒石酸钾钠（$KNaC_4H_4O_4 \cdot 4H_2O$）溶于 100mL 水中，加热煮沸以除去氨，冷却后，定容至 100mL。

（10）铵标准贮备溶液：称取 3.8190g 氯化铵（NH_4Cl）（100℃干燥）溶于水，移入 1000mL 容量瓶，定容，摇匀备用。此溶液 1mL 含 1.00mg 氨氮。

（11）铵标准使用溶液：取 5.00mL 铵标准贮备液于 500mL 容量瓶，定容。此溶液 1mL 含 0.010mg 氨氮。

五、实验步骤

（1）水样预处理：取 250mL 水样或适量水样加水稀释至 250mL（保证氨氮含量不大于 2.5mg）加于凯氏烧瓶中，加几滴溴百里酚蓝指示剂，用盐酸溶液或氢氧化钠溶液调节溶液 pH 值至 7 左右。添加 0.25g 轻质氧化镁和几粒玻璃珠，立即连接氮球和冷凝管，导管下端插入硼酸吸收液（50mL）液面下。加热蒸馏，至馏出液达 200mL 时，停止蒸馏。定容至 250mL。

（2）标准曲线的绘制：吸取 0.00mL、0.50mL、1.00mL、2.00mL、4.00mL、6.00mL、8.00mL 和 10.00mL 铵标准使用液于 50mL 比色管中，所对应氨氮含量分别为 0.0μg、5.0μg、10.0μg、20.0μg、40.0μg、60.0μg、80.0μg、100μg，加水至标线，分别再加入 1.0mL 酒石酸钾钠溶液和 1.5mL 纳氏试剂，混合均匀。显色 10min，在波长 420nm 处，用光程 2cm 比色皿，以水为参比，测定吸光度。

测得吸光度减去零浓度空白管的吸光度后，得到校正吸光度，以空白校正后的吸光度为纵坐标，相对应的氨氮含量为横坐标，绘制标准曲线。

（3）水样的测定：

1）取适量经絮凝沉淀预处理后的水样（氨氮含量不大于 0.1mg），移入 50mL 比色管中，稀释至标线，加 0.1mL 酒石酸钾钠溶液。

2）取适量经蒸馏预处理后的馏出液，移入 50mL 比色管，加适量 1mol/L 氢氧化钠溶液中和硼酸，稀释至标线。再加入 1.5mL 纳氏试剂，混合均匀。显色 10min，测吸光度。

（4）空白试验：用无氨水替代水样，依照与样品相同步骤进行处理和测定。

六、实验结果计算

由水样测得的吸光度减去空白试验的吸光度后，从标准曲线上查得氨氮含量（mg）。

$$\rho_N = \frac{A_s - A_b - a}{b \times V}$$

式中　ρ_N——水样中氨氮的质量浓度，mg/L，以氮计；

　　　A_s——水样的吸光度；

　　　A_b——空白实验吸光度；

　　　a——校准曲线的截距；

　　　b——校准曲线的斜率；

　　　V——水样体积，mL。

七、实验注意事项

（1）纳氏试剂中碘化汞与碘化钾的配比会对显色反应的灵敏性产生较大影响。实验中应去除静置后产生的沉淀。

（2）实验中使用的滤纸常含痕量铵盐，应用无氨水洗涤；使用的玻璃器皿应防止受到室内氨污染。

实验七　水体中总磷的测定——钼酸铵分光光度法

一、实验目的

总磷（TP）为《地表水环境质量标准》（GB 3838—2002）的基本检测项目，水中含磷类物质过高会使藻类迅速繁殖生长，造成水体透明度下降，水质恶化。因此，总磷是衡量水质富营养化的重要指标。常用测定方法为过硫酸钾消解——钼酸铵分光光度法。

二、实验原理

在中性条件下用过硫酸钾（或硝酸-高氯酸）消解水样，将不同形态磷化合物全部氧化为正磷酸盐。在酸性介质中，正磷酸盐与钼酸铵反应，在锑盐存在下生成磷钼杂多酸后，立即被抗坏血酸还原，生成蓝色络合物。该蓝色络合物与磷酸根含量呈正相关，可选定700nm波长的光测其吸光度，从而计算出总磷的含量。取样25mL时，本标准的最低线为0.01mg/L，测定上限为0.6mg/L。本实验适用于地面水、污水和工业废水中总磷含量的测定。

三、实验试剂

（1）浓硫酸（H_2SO_4），密度为1.84g/mL。

（2）浓硝酸（HNO_3），密度为1.4g/mL。

（3）高氯酸（$HClO_4$），优级纯，密度为1.68g/mL。

（4）硫酸（H_2SO_4），1+1。

（5）硫酸，$c(1/2H_2SO_4) = 1mol/L$：将27mL密度为1.84g/mL的硫酸加入到973mL水中。

（6）氢氧化钠（NaOH），1mol/L溶液：将40g氢氧化钠溶于水并稀释至1000mL。

（7）氢氧化钠（NaOH），6mol/L溶液；将240g氢氧化钠溶于水并稀释至1000mL。

（8）过硫酸钾，50g/L溶液：将5g过硫酸钾（$K_2S_2O_8$）溶解于水，并稀释至100mL。

（9）抗坏血酸，100g/L溶液：溶解10g抗坏血酸（$C_6H_8O_6$）于水中，并稀释至100mL。此溶液贮于棕色的试剂瓶中，在冷处可稳定几周。如不变色可长时间使用。

（10）钼酸盐溶液：溶解13g钼酸铵于100mL水中，溶解0.35g酒石酸锑钾于100mL水中。不断搅拌下把钼酸铵溶液缓缓加到300mL硫酸（1+1）中，加入酒石酸锑钾溶液混匀。于棕色试剂瓶中冷藏，可保存两月。

（11）浊度-色度补偿液：混合两体积硫酸（1+1）和一体积抗坏血酸溶液。使用当天配制。

（12）磷标准贮备溶液：称取 0.2197±0.001g 磷酸二氢钾（KH_2PO_4）（已在 110℃烘箱中干燥 2h，干燥器中冷却）。加水溶解后移至 1000mL 容量瓶，加入大约 800mL 水、加 5mL 硫酸（1+1）用水稀释至标线，混匀。1.00mL 标液含 50.0μg 的磷。该溶液于玻璃瓶中可贮存不少于 6 个月。

（13）磷标准使用溶液：将 10.0mL 的磷标液移至 250mL 容量瓶，加水稀释至标线，混匀。1.00mL 标液含 2.0μg 磷。当天配制。

（14）酚酞，10g/L 溶液：0.5g 酚酞溶于 50mL 95％乙醇中。

四、实验仪器

（1）压力蒸气灭菌锅或一般压力锅（1.1~1.4kg/cm²）。

（2）50mL 具塞玻璃磨口刻度管。

（3）分光光度计。

注：所有玻璃器皿应用稀盐酸或稀硝酸浸泡。

五、采样和样品

（1）取 500mL 水样，加入 1mL 浓硫酸，调节水样的 pH ≤1 或不加任何试剂冷藏保存。此为试样一。

注：由于磷酸盐易吸附在塑料瓶壁上，水样含磷量较少时，不用塑料瓶采样及盛装。

（2）试样的制备：

取摇匀的 25mL 水样于具塞刻度管中。若水样中磷含量较高，取样体积可酌情减少。此为试样二。

六、实验步骤

（1）消解：

1）过硫酸钾消解：向试样二中加 4mL 50g/L 的过硫酸钾溶液，塞紧具塞刻度管的塞子，并用棉线和纱布扎紧，放在烧杯中置于高压蒸气灭菌器中加热，待压力和温度分别升到 1.1kg/cm²、120℃时，稳定 30min，停止加热。压力表读数归零后，取出冷却。用水稀释至标线。

注：若选用硫酸保存试样，此步消解时，需将水样调至中性。

2）硝酸-高氯酸消解：取 25mL 水样，几粒玻璃珠或沸石，2mL 浓硝酸放于锥形瓶中，于电热板上加热浓缩至 10mL 溶液。稍冷后加 5mL 浓硝酸，再次加热浓缩至 10mL，冷却。加 3mL 高氯酸（密度为 1.68g/mL），加热至溶液冒白烟时，在锥形瓶上放置小漏斗，调节温度，使消解液在锥形瓶内壁保持回流状态，剩余 3~4mL 时，冷却。

加 10mL 去离子水，1~2 滴酚酞。滴加氢氧化钠溶液至微红色后，再滴加硫酸溶液至微红刚好褪去，混合均匀。移至具塞刻度管中，用水稀释至标线。

注：①用硝酸-高氯酸消解需要在通风橱中进行。高氯酸和有机物的混合物经加热易发生危险，需将试样先用硝酸消解，再加入硝酸-高氯酸消解。

②不可把正在消解样品蒸干。

③若消解后有残渣，可用滤纸过滤滤液至具塞刻度管中，同时充分清洗锥形瓶及滤纸，清洗液一并转移至具塞刻度管中。

④水样中若存在用过硫酸钾不易破坏的有机物时，可采用此法消解。

（2）空白试样：用水代替水样，加入与测定水样时相同的试剂，依照水样消解步骤同时进行。

（3）显色：分别向具塞刻度管中加 1mL 抗坏血酸溶液混匀，30s 后加 2mL 钼酸盐溶液混匀。放置 15min 显色。若显色时室温低于 13℃，可在 20~30℃ 水浴锅内显色 15min。

注：①若试样带一定浊度或色度时，需配制一个空白试样（消解后用水稀释至标线），向其加入 3mL 浊度-色度补偿液，不加抗坏血酸溶液和钼酸盐溶液。后从试样吸光度值中扣除空白试样吸光度值。

②当水样中砷含量大于 2mg/L 时，会干扰测定结果，可加硫代硫酸钠去除。当水样中硫化物含量大于 2mg/L 时，可通氮气去除。当水样中铬含量大于 50mg/L，可用亚硫酸钠去除。

（4）绘制工作曲线。取 7 支 25mL 具塞刻度管分别加入 0.0mL、0.50mL、1.00mL、3.00mL、5.00mL、10.0mL、15.0mL 磷酸盐标准液，稀释至标线，按上述步骤处理。以水做参比，测定吸光度值。扣除空白试验的吸光度值，以校正吸光度为纵坐标，相应磷含量浓度为横坐标，绘制工作曲线。

（5）测量：显色后的试样溶液，置于 3cm 光程的比色皿内，于 700nm 波长下，以水做参比，测定吸光度。扣除空白试验吸光度，进一步根据工作曲线得水样磷含量。

七、实验结果表示

总磷含量以 $C(mg/L)$ 表示，按下式计算：

$$C = m/V$$

式中　m——试样测得含磷量，μg；

　　　V——测定用试样体积，mL。

八、实验适用范围及注意事项

（1）本实验用过硫酸钾（或硝酸-高氯酸）为氧化剂，将未经过滤的水样消解，用钼酸铵分光光度测定总磷。

（2）总磷包括溶解的、颗粒的、有机的和无机的磷。

（3）在酸性条件下，砷、铬、硫会干扰测定。

实验八　化学需氧量的测定——重铬酸盐法

一、实验原理

向水样中加入重铬酸钾盐溶液，在硫酸存在的酸性环境里，消解氧化有机物 2h，冷却后，以试亚铁灵为指示剂，用硫酸亚铁铵溶液滴定，由化学方程式计算出耗氧的质量浓度，即为 COD_{Cr}。

二、实验仪器和试剂

（1）硫酸：$\rho = 1.84\text{g/mL}$，GR。

（2）重铬酸钾：称取实验所用量，并放在105℃环境中烘干，纯度为分析纯以上。

（3）硫酸银。

（4）硫酸汞。

（5）硫酸亚铁铵。

（6）邻苯二甲酸氢钾。

（7）七水合硫酸亚铁。

（8）硫酸溶液：水与硫酸的体积比为1∶9。

（9）重铬酸钾标液：两种浓度0.250mol/L、0.0250mol/L。

（10）硫酸银-硫酸溶液：实验称取10.0g的硫酸银，将其加入含1L的硫酸当中，并放置至少1天。

（11）硫酸汞溶液，$\rho = 100\text{g/L}$。

（12）硫酸亚铁铵标准溶液：$c = 0.05\text{mol/L}$、0.005mol/L。

（13）邻苯二甲酸氢钾标准溶液，$c = 2.0824\text{mmol/L}$。

（14）试亚铁灵指示剂：将称取好的0.7g七水硫酸亚铁放置于含50mL的烧杯中，同时向其中加入1.5g的邻菲罗啉，溶解至100mL，转移至试剂瓶备用。

（15）回流装置：选用水冷型装置，带磨口250mL的三角瓶。

（16）加热装置：实验用电热炉。

（17）分析天平：精确0.0001g。

（18）25mL或50mL酸式滴定管及玻璃珠等。

三、实验步骤

1. COD_{Cr}浓度不大于50mg/L的样品

（1）实验中将10mL的水样放于三角瓶中，加入硫酸汞溶液、重铬酸钾盐溶液（$c = 0.0250\text{mol/L}$）和几颗沸石，加入硫酸汞的量要根据水样中的氯离子量确定，一般按两者质量比为20∶1的比例加入，最大加入量为2mL。

（2）采用水冷型装置进行实验测定。实验开始前先将冷却水通入冷凝管中，将装好了的水样安装好，向装置上端加入硫酸银-硫酸溶液，摇匀三角瓶。开始加热，从水样出现沸腾时，保持微沸2h，冷却后，加入约45mL左右的蒸馏水，冲洗冷凝管，冷却三角瓶，加入2滴指示剂，开始滴定，其颜色由黄色→蓝绿色→红褐色，为滴定终点。同时记下标准液消耗的体积V_1。

（3）按照上述相同的步骤以10mL试剂水来代替水样进行空白实验，记录下空白滴定时消耗硫酸亚铁铵标准溶液的体积V_0。

2. COD_{Cr}浓度大于50mg/L的样品

（1）量取10mL的水样于三角瓶中，分别加入硫酸汞溶液（按水样氯离子含量确定）、重铬酸钾盐溶液（$c = 0.250\text{mol/L}$）以及几颗沸石。

（2）按照如上相同步骤，用去离子水代替水样进行空白试验。

四、实验记录

按如下公式计算样品中化学需氧量的质量浓度 $\rho(\text{mg/L})$。

$$\rho = \frac{C \times (V_0 - V_1) \times 8000}{V_2} \times F$$

式中　　C ——硫酸亚铁铵标液浓度，mol/L；

$\quad\quad$ V_0 ——空白试验消耗硫酸亚铁铵标液的体积，mL；

$\quad\quad$ V_1 ——水样测定消耗硫酸亚铁铵标液的体积，mL；

$\quad\quad$ V_2 ——水样体积，mL；

$\quad\quad$ F ——稀释倍数。

五、实验注意事项

（1）在实验消解过程中，宜保证微沸状态，切忌出现沸腾。整个实验中，加入试亚铁灵试剂的量应一致。

（2）实验中水样氯离子含量的简单判定：量取 10mL 的待测水样，将其加入含有 20mL 的三角瓶中，之后用氢氧化钠溶液（10g/L）调节至中性，向其中加入 1 滴铬酸钾指示剂，使用胶头滴管不断滴加硝酸银溶液，等到出现砖红色沉淀，即到滴定终点，然后根据相关的化学方程式 1 计算氯离子浓度。

实验九　五日生化需氧量的测定——稀释与接种法

一、实验原理

水样在 20℃左右的暗处培养 5 天或者（2+5）天（先在 0~4℃ 的避光、黑暗的环境培养 2 天，然后在 20℃ 的避光、黑暗的环境培养 5 天，总计 7 天），分别测定培养前和培养后水样中溶解氧的质量浓度，求出培养前后的差，计算出每升水样消耗的溶解氧量，用 BOD_5 来表示。

当水样中的有机物含量比较多时，BOD_5 的含量大于 6mg/L，应该先进行稀释然后测定；对于一些不含或微生物含量较少的废水，在进行测定时应该先进行菌体的接种，用来引进能分解水中有机物的微生物。

二、实验仪器和试剂

（1）接种液：购买接种物质用来接种微生物，接种液的配制和使用，按照说明书进行相关操作。

（2）磷酸盐缓冲溶液：分别称取 21.8g 磷酸氢二钾、8.5g 磷酸二氢钾、33.4g 七水合磷酸氢二钠和 1.7g 氯化铵溶解于水中，稀释至 1000mL，此时溶液的 pH 为 7.2。

（3）硫酸镁溶液：$\rho = 11.0\text{g/L}$。

（4）氯化钙溶液：$\rho = 27.6\text{g/L}$。

（5）氯化铁溶液：$\rho = 0.15g/L$。

（6）稀释水：在玻璃瓶中，加入一定量的水，水温大约控制在 20℃，使用曝气装置进行曝气 1h（最少 1h），使稀释水中的溶解氧达到 8mg/L 以上。在使用之前，每升水中应该加入上述四种盐溶液各 1.0mL，混合均匀，20℃保存。

（7）盐酸溶液：$c=0.5mol/L$。

（8）氢氧化钠溶液：$c=0.5mol/L$。

（9）亚硫酸钠溶液：$c=0.025mol/L$。

（10）葡萄糖-谷氨酸标准溶液：将谷氨酸（优级纯）和葡萄糖（优级纯），在 130℃下干燥 1h，各称取 150mg 溶解于水中，在 1000mL 容量瓶中稀释至标准刻度线。

（11）丙烯基硫脲硝化抑制剂：$\rho=1.0g/L$。

（12）乙酸溶液：1+1。

（13）碘化钾溶液：$\rho=100g/L$。

（14）淀粉溶液：$\rho=5g/L$。

（15）滤膜：孔径为 1.6μm。

（16）稀释容器：1000~2000mL 的量筒或容量瓶。

（17）溶解氧瓶：带水封装置，容积 250~300mL。

（18）溶解氧测定仪。

（19）虹吸管：供分取水样或添加稀释水。

（20）冰箱：有冷冻和冷藏功能。

（21）冷藏箱：0~4℃。

（22）带风扇的恒温培养箱：20±1℃。

（23）曝气装置：多通道空气泵或其他曝气装置；曝气可能带来其他污染，如果有污染，空气应过滤和清洗。

三、实验步骤

实验中出现较多的可生化污染物质时，即 BOD_5 浓度达到至少 6mg/L，同时水样中没有足够的微生物时，可采用稀释接种法测定。

（1）实验之前出现水样中溶解氧量较低，则实验前应用曝气装置，先行曝气至少约 15min 左右；如果水样中含氧量较高，则应用力振荡，赶走一部分氧气。

（2）如果实验测定中出现硝化反应（即硝化细菌活动），应向水样中加入 2mL 的丙烯基硫脲硝化抑制剂。其稀释倍数的确定按照表 1、表 2 的方法确定。

（3）稀释倍数确定：进行稀释培养后，试样中剩余的氧含量至少为实验前氧含量的 30%~60%，同时培养后的溶解氧含量不能低于 2mg/L。

（4）实验中稀释倍数的确定要根据三个水质参数，即总有机碳、高锰酸盐指数和化学需氧量来确定，同时按照表 1 的参数比值确定期望值，然后再根据表 2 确定相应的稀释因子。

（5）如果不能准确地选择稀释倍数时，一个样品是需要做 2~3 个不同的稀释倍数。

（6）在确定稀释倍数后，实用虹吸吸管将水样加入相应的稀释水当中，如是将稀释水加入稀释容器中，则应加入至刻度，加完之后，轻轻摇匀，防止气泡产生。如果实验中的稀释倍数超过 100 倍，则应多次稀释。

（7）空白试样：稀释接种法测定，空白试样为接种稀释水，必要时每升接种稀释水中加入 2mL 丙烯基硫脲硝化抑制剂。

表 1　典型的比值 R

样品类型	总有机碳 R	高锰酸盐指数 R	化学需氧量 R
没有经过处理的废水	1.2~2.8	1.2~1.5	0.35~0.65
经过生化处理的废水	0.3~1.0	0.5~1.2	0.20~0.35

四、实验记录

由表 1 知 R 值，并使用下式计算生化需氧量的期望值：

$$\rho = R \times Y$$

其中，Y 为高锰酸盐指数、总有机碳或化学需氧量的值，mg/L。由估算得出的 BOD_5 的期望值，按表 2 确定样品的稀释倍数。

表 2　测定的稀释倍数

期望值/mg·L^{-1}	稀释倍数	期望值/mg·L^{-1}	稀释倍数
6~12	2	200~600	100
10~30	5	400~1200	200
20~60	10	1000~3000	500
40~120	20	2000~6000	1000
100~300	50		

稀释与接种法稀释法与稀释接种法按下式计算样品 BOD_5 的测定结果：

$$\rho = \frac{(\rho_1 - \rho_2) - (\rho_3 - \rho_4)f_1}{f_2}$$

式中　ρ——BOD_5 质量浓度，mg/L；

　　　ρ_1——在培养前接种稀释水样的溶解氧质量浓度，mg/L；

　　　ρ_2——在培养后接种稀释水样的溶解氧质量浓度，mg/L；

　　　ρ_3——在培养前空白样的溶解氧质量浓度，mg/L；

　　　ρ_4——在培养后空白样的溶解氧质量浓度，mg/L；

　　　f_1——接种稀释水或稀释水在培养液中所占的比例；

　　　f_2——原样品在培养液中所占的比例。

五、实验注意事项

（1）所需测定的水样，其采集应按照 HJ/T 91 的相关标准来执行。采集的样品应充满并密封于棕色玻璃瓶当中，样品量不能小于 1L，要避光低温保存，并于 24h 内尽快分析。如果 24h 内不能分析的，可以冷冻保存，冷冻样品分析前需解冻、均质化和接种。

（2）稀释水中氧的质量浓度不能过于饱和，使用前需打开瓶口，并自然放置 1h，且应在 24h 内使用，剩下的稀释水应当丢弃。

（3）接种稀释水：根据接种液来源的不同，在每升稀释水中加入适量的接种液，其中：城市生活污水和污水处理厂出水加 1~10mL，河水或湖水加 10~100mL，将接种稀释水存放在20℃左右的环境中，当天配制，当天使用。接种的稀释水 pH=7.2，BOD_5 要不大于 1.5mg/L。

实验十　×××河段的水质监测

一、实验目的

（1）熟悉水环境监测的一般过程。
（2）综合运用水质监测相关知识解决实际问题。

二、实验方案的制定

（1）进行相关资料的查找和收集，对采样现场进行调查。
（2）采样点和监测断面的布设；对相关基础资料进行分析和思考，根据现场的实际情况，进行综合考虑，确定监测断面。同时根据河流的宽度和深度来合理布设监测断面上的采样垂线，最后确定采样点的位置和数量。

三、水样的采集和保存

（1）水样采集和保存方法必须参照相关标准进行，采样的各个环节都要认真对待，为了使测定用的水样能正确反映水体的水质状况，水样必须要有足够的代表性，并且不能受到任何的污染。
（2）选择合适的采样器和盛水器，采样前要对器皿进行多次洗涤，以防止样品被污染。
（3）采集到的水样按不同的监测指标要求进行保存。

四、监测项目的测定

（1）温度的测定。
（2）浊度的测定。
（3）溶解氧的测定。
（4）pH 的测定。
（5）化学需氧量（COD_{Cr}）的测定。
（6）五日生化需氧量（BOD_5）的测定。
（7）氨氮（NH_3-N）的测定。

五、实验结果汇总

测定项目	温度/℃	pH 值	浊度 NTU	溶解氧/mg·L^{-1}	COD_{Cr}/mg·L^{-1}	NH_3-N/mg·L^{-1}	BOD_5/mg·L^{-1}
某河段水样							

六、注意事项

(1) 采样时注意安全。

(2) 根据测定的指标对该河段水质做一个评估，并提出水质净化方案。

七、思考题

(1) 在水样测定中，是否能用 COD_{Mn} 来测定化学需氧量，COD_{Mn} 和 COD_{Cr} 有何区别？

(2) 除了以上水质监测项目，你还知道哪些监测项目吗？

实验十一 空气中的二氧化硫测定

二氧化硫作为空气中主要的污染物之一，对二氧化硫的检测属于空气检测中的一个必测项目。化石燃料的燃烧、工业生产的过程、火山爆发都会产生二氧化硫气体。二氧化硫溶于水中就会生成亚硫酸，大气中的二氧化硫和雨水结合形成酸雨。二氧化硫能通过呼吸作用进入到人体，对呼吸道的黏膜造成重度损害，还会诱发支气管炎和一些其他的呼吸道疾病。因此，通过对空气中二氧化硫含量的测定，可以了解大气污染的状况。本实验介绍甲醛吸收-副玫瑰苯胺分光光度法测定空气中的二氧化硫含量，该方法具有灵敏度高、准确性高等优点。

一、实验目的

(1) 了解测定二氧化硫甲醛吸收-副玫瑰苯胺分光光度法的原理。

(2) 学习并掌握甲醛吸收-副玫瑰苯胺分光光度法测定空气中二氧化硫的方法。

二、实验原理

当气体样品通过甲醛缓冲溶液之后，二氧化硫被充分吸收，生成较为稳定的加成化合物，得到样品溶液。在其加入氢氧化钠，生成的加成化合物就会在氢氧化钠的作用下分解。释放出二氧化硫与盐酸副玫瑰苯胺反应，得到紫色的络合物。用紫外分光光度计测其在波长为 577nm 处的吸光度，即可计算出具体浓度。

三、实验仪器与试剂

1. 仪器

(1) 紫外分光光度计。

(2) 空气采样器：短时间采样的空气采样器，流量在 $0.1\sim1L/min$ 之间，应具备保温功能。24h 连续采样的采样器应具有恒温、恒流、自动计时以及自动控制开关的功能，流量范围在 $0.1\sim0.5L/min$。

(3) 多孔玻板吸收管：短时间内采样应用 10mL 多孔玻板吸收管；24h 连续采样应用 50mL 多孔玻板吸收管。

(4) 一般实验室常用器皿。

2. 试剂

（1）甲醛吸收液储备液（甲醛–邻苯二甲酸氢钾）：称取 2.04g 邻苯二甲酸氢钾和 0.364g 反式 1,2-环己二胺四乙酸，加入质量分数为 37%±1% 的甲醛溶液 5.50mL，再加入 1.5mol/L 氢氧化钠溶液，加入纯水稀释至 100mL 混匀。

（2）甲醛吸收液使用液：取储备液 5mL 于 500mL 容量瓶中，用水定容。

（3）1.50mol/L 氢氧化钠溶液：称取 12g NaOH 用 200mL 水溶解。

（4）0.6g/100mL 氨磺酸钠溶液：称取 0.3g 氨磺酸钠溶解于少量水中，并加入 2mL 1.5mol/L NaOH 溶液至 pH=5，待药品完全溶解后，用纯水稀释至 50mL。

（5）2g/L 盐酸副玫瑰苯胺储备液。

（6）0.025g/50mL 盐酸副玫瑰苯胺：取 50.00mL 副玫瑰苯胺储备液，加 60mL 85% 的浓磷酸，24mL 浓盐酸，混匀后移入 200mL 容量瓶用水稀释至刻度线，摇匀备用。

（7）0.010mol/L 碘溶液（以 $1/2I_2$ 计）：称取 2.54g 碘，加入 8.0g 碘化钾和少量水，搅拌至固体溶解，用水稀释至 200mL，储存于棕色瓶中。使用时稀释 10 倍。

（8）1g/100mL 淀粉指示剂：称取 1g 淀粉，加入少量水搅拌均匀，慢慢倒入 100mL 煮沸水中，继续沸腾，溶液澄清则制备完毕，待其稍冷后，装入试剂瓶中备用。

（9）0.1mol/L 硫代硫酸钠标准贮备液。

（10）1g/L 亚硫酸钠溶液：称取 0.2g 亚硫酸钠和 0.02g 乙二胺四乙酸，溶入 200mL 去除二氧化碳的水中使其溶解。放置 3h 左右标定。得到的该溶液每毫升包含 330~410μg 二氧化硫。

标定方法：

（1）取 6 个碘量瓶（1、2、3、4、5、6），分别加入 50mL 稀释 10 倍的碘溶液。在 1 号、2 号、3 号瓶里加入 25mL 水，在 4 号、5 号瓶内加入 25mL 亚硫酸钠溶液。

（2）将 45mL 左右的甲醛吸收溶液装入 100mL 容量瓶，吸取 2.00mL 亚硫酸钠溶液。并用甲醛吸收液将其定容摇匀。

（3）在 6 号瓶内加入 25.00mL 亚硫酸钠溶液，盖好瓶塞。

（4）把 6 个瓶子放在暗处等待 5min，用硫代硫酸钠溶液滴定，滴定终点为浅黄色，加淀粉指示剂 5mL，继续滴定，蓝色消失则停止。记录滴定所用的量，误差在 0.05mL 以内。

四、实验步骤

（1）采样：在吸收管内装入 10mL 吸收液。设置流量为 0.5L/min，采气时间控制在 45~60min。控制温度在 26±3℃。确定监测时的气压与温度，根据条件计算采样体积。

（2）绘制标准曲线：取 7 支 10mL 带塞比色管。依次吸取 0.00mL、0.25mL、0.50mL、0.75mL、1.00mL、2.00mL、4.00mL 的二氧化硫标准使用液于比色管中，用准备的吸收液定容至刻度线处，依次加入氨磺酸钠溶液 0.5mL，氢氧化钠溶液 0.5mL。混匀后，加入盐酸副玫瑰苯胺溶液 2.5mL，静置，等待显色，显色温度与时间见表 1。

表1 显色温度与时间

显色温度/℃	10	15	20	25	30
显色时间/min	40	20	15	10	5
稳定时间/min	50	40	30	20	10

完全显色后，在波长570nm的条件下测定吸光度，以二氧化硫的含量为横坐标，吸光度为纵坐标，进行绘制曲线。

（3）测定样品：采样完成后，将样品转移至10mL比色管中，并洗涤吸收管，注意吸收液用量为1mL左右，将洗涤液和样品合并后，用吸收液定容至刻度线。测出其在570nm处吸光度，根据得到的标准曲线计算其浓度。

五、实验数据处理

$$\rho = \frac{A - A_0 - a}{b \times V_S} \times \frac{V_t}{V_a}$$

式中 ρ——二氧化硫在空气中的质量浓度，mg/m^3；

A——样品吸光度；

A_0——空白的吸光度；

b——标准曲线的斜率；

a——标准曲线的截距；

V_t——样品溶液的总体积，mL；

V_a——测定时试样的体积，mL；

V_S——标况下（101.325kPa，273K）的采样体积，L，保留小数点后三位。

六、实验注意事项

该实验可能出现氮氧化物和臭氧以及其他的干扰因素。消除氮氧化物的干扰方法：加入氨磺酸钠溶液。消除臭氧干扰的方法：臭氧非常容易分解，只需要在采样后不要及时测定，放置一段时间即可。

七、思考题

（1）为什么要标定亚硫酸钠溶液？

（2）加入淀粉溶液的作用是什么？

实验十二 空气中氮氧化物的测定

氮氧化物有非常多种形式。大气中的氮氧化物主要以一氧化氮和二氧化氮为主，氮氧化物的几个非常主要的来源就是矿物燃料的燃烧、汽车尾气的排放以及固定的工业排放源等。氮氧化物是形成酸雨和酸雾的主要物质。通过对空气中氮氧化物的测定，可以了解区域空气质量。本实验介绍盐酸萘乙二胺比色法测定空气中的氮氧化物，该方法具有准确度高、灵敏度强等优点。

一、实验目的

（1）了解盐酸萘乙二胺比色法的原理。

（2）学习并掌握盐酸萘乙二胺比色法测定空气中氮氧化物的方法。

二、实验原理

采样装置由吸收瓶和氧化管组成。当样品气体进入第一支吸收瓶时，吸收液吸收空气中的二氧化氮，吸收瓶中的化学成分与空气中二氧化氮反应生成粉红色物质。一氧化氮则进入到氧化管中与酸性高锰酸钾溶液反应生成二氧化氮。反应生成的二氧化氮再进入到第二支吸收瓶。空气中的一氧化氮、二氧化氮都反应完全。用紫外分光光度计测两只吸收管的吸光度，分别计算出一氧化氮和二氧化氮的浓度，空气中氮氧化物的浓度则是一氧化氮和二氧化氮的浓度之和。

三、实验仪器

（1）多孔玻板吸收瓶。

（2）大气采样器：流量范围 0.1~1L/min。当采样流量为 0.4L/min 时，相对误差不得高于±5%。

（3）分光光度计。

（4）氧化瓶：可装酸型高锰酸钾溶液，其液柱高度不得低于 80mm。

（5）一般实验室常用器皿。

四、实验试剂

注意：实验用水为不含硝酸盐的蒸馏水。检验方法：配制的吸收液的吸光度在波长 544nm 处，水为参比应该不超过 0.005。

（1）显色液：称取 5.0g 对氨基苯磺酸，置于 1000mL 烧杯中，将 50mL 冰醋酸加入 900mL 水中形成混合溶液，分多次加入烧杯中，搅拌使其溶解，快速转入 1000mL 棕色容量瓶中，加入 0.03g 盐酸萘乙二胺，用水稀释至刻度线，摇匀定容后储存在棕色试剂瓶中。

（2）吸收液：使用时将水和显色液按 1:4 的体积分数混合比例，得到吸收液。

（3）0.25mg/mL 亚硝酸盐储备液：准确称取 0.1875g 在 105±5℃ 条件干燥的亚硝酸钠溶于水，用 500mL 容量瓶定容。将制备的溶液装入密闭棕色瓶中，存放于暗处。

（4）0.0025mg/mL 亚硝酸盐工作液：吸取储备液 2.00mL 于 200mL 容量瓶中，定容。

（5）25g/L 高锰酸钾溶液：称 2.5g 高锰酸钾于烧杯中，加入 50mL 水和 50mL 1mol/L 硫酸溶液。

五、实验步骤

（1）采样：在吸收管内装入 10mL 吸收液，在氧化瓶中装入 10mL 高锰酸钾溶液。设置流量为 0.4L/min，采集时间为 1h 以内。

（2）绘制标准曲线：取七支 10mL 带塞比色管。吸取 0.00mL、0.20mL、0.60mL、0.80mL、1.00mL、1.20mL、1.50mL 标准使用液于比色管中，每支比色管都加入 8.00mL 吸收原液，最后吸取 2.00mL、1.80mL、1.40mL、1.20mL、1.00mL、0.80mL、0.50mL 水分别加入每支比色管中。使得各管溶液均匀混合，将其放置于阴处等待 10min，在 540nm 特定波长处，用 10mm 比色皿，以水作为参比溶液，测定吸光度。以二氧化氮的含量为横坐标，吸光度为纵坐标，绘制曲线。

（3）测定样品：采样完成后，放置 10min，将样品转移比色皿中，测出其吸光度，根据得到的标准曲线计算其浓度。

六、实验结果表示

$\rho_{NO_2}(mg/m^3)$ 计算公式：

$$\rho_{NO_2} = \frac{(A_1 - A_0 - a) \times V \times D}{b \times f \times V_0}$$

$\rho_{NO}(mg/m^3)$（记 NO_2）计算公式：

$$\rho_{NO} = \frac{(A_2 - A_0 - a) \times V \times D}{b \times f \times V_0 \times K}$$

氮氧化物在空气中的质量浓度可以表示为：

$$\rho_{NOx} = \rho_{NO_2} + \rho_{NO}$$

式中　A_1，A_2——第一支、第二支吸收瓶中采得样品的吸光度；

　　　A_0——空白吸光度；

　　　b——标准曲线的斜率，吸光度，mL/μg；

　　　a——标准曲线的截距；

　　　V——采样所用的吸收液的体积，mL；

　　　V_0——标况（101.325kPa，273K）下的采样体积，L；

　　　K——0.68；

　　　D——稀释倍数；

　　　f——0.88（二氧化氮浓度高于 0.72mg/m^3 时，f 取值为 0.77）。

七、实验注意事项

（1）空气中二氧化硫浓度较大时会对二氧化氮的测定产生干扰。

（2）消除空气中臭氧对检测的干扰方法：改造采样装置，在采样瓶的入口的地方接一根长约 20cm 的硅橡胶管。

八、思考题

（1）氧化管的工作原理是什么？

（2）该实验中测得的氮氧化物包括哪几种？

实验十三　空气中臭氧（O_3）的测定

近地表臭氧主要来源于人类的生产生活活动。它是一种强氧化剂，人类长期高浓度接触会出现疲乏、咳嗽、胸闷胸痛等，危害较大。本实验主要介绍靛蓝二磺酸钠分光光度法测定空气中臭氧含量。

一、实验原理

气体通过吸收溶液吸收空气中的臭氧。在磷酸盐缓冲介质中，臭氧与蓝色的靛蓝二磺酸钠反应，生成靛红二磺酸钠。在 610mm 处测定该溶液吸光度，此溶液吸光度同臭氧含量呈负相关，以此来确定空气中臭氧含量的方法。

二、实验仪器

（1）采样导管：玻璃管，内径约为 3mm，尽量短些，最长不超过 2m，配有朝下的空气入口。

（2）多孔玻板吸收管：内可装 10mL 吸收液，以 0.5L/min 流量采气，玻板阻力应为 4~5kPa，气泡分散均匀。

（3）空气采样器流量范围：0~1.0L/min，且稳定。

（4）分光光度计。

（5）恒温水浴或保温瓶。

（6）水银温度计：精度为 ±0.5℃。

（7）双球玻璃管：长 10cm，两端内径为 6mm，双球直径为 15mm。

（8）具塞比色管：10mL。

三、实验试剂

（1）溴酸钾标准贮备溶液，$c(1/6KBrO_3) = 0.1000mol/L$：称取 1.3918g 溴化钾溶于水，移至 500mL 容量瓶，定容，摇匀备用。

（2）溴酸钾-溴化钾标准溶液，$c(1/6KBrO_3) = 0.0100mol/L$：移取 10.00mL 溴酸钾标准贮备溶液于 100mL 容量瓶，再加入溶解有 1.0g 溴化钾（KBr）的溶液，定容，摇匀备用。

（3）硫代硫酸钠标准贮备溶液，$c(Na_2S_2O_3) = 0.1000mol/L$。

（4）硫代硫酸钠标准工作溶液，$c(Na_2S_2O_3) = 0.00500mol/L$：临用前，取硫代硫酸钠标准贮备溶液，用新煮沸并冷却到室温的水准确稀释 20 倍。

（5）硫酸溶液(1+6)。

（6）淀粉指示液，$\rho = 2.0g/L$：称取 0.20g 可溶性淀粉，用少量水调成糊状，徐徐倒入 100mL 沸水，煮沸至溶液澄清。

（7）磷酸盐缓冲溶液，$c(KH_2PO_4-Na_2HPO_4) = 0.050mol/L$：称取 6.8g 磷酸二氢钾

（KH₂PO₄）和 1g 无水磷酸氢二钠（Na₂HPO₄），在水中溶解，稀释至 1000mL。

（8）靛蓝二磺酸钠（$C_{16}H_8O_8Na_2S_2$）（简称 IDS）。

（9）IDS 标准贮备溶液：称取 0.25g 靛蓝二磺酸钠将其溶于水中，转移至 500mL 棕色容量瓶内，用水稀释至标线，摇匀，在室温暗处存放 24h 后进行标定。该溶液在 20℃ 以下暗处存放可稳定 2 周。

标定方法：准确吸取 20.00mL IDS 标准贮备溶液（9）加入 250mL 碘量瓶中，加入 20.00mL 的 KH₂PO₄-Na₂HPO₄ 溶液，再加入 50mL 水，放置在 16±1℃ 的水浴中等待至溶液温度达到水浴温度，再加入 5.0mL 硫酸溶液，立即塞住瓶塞，混匀并开始计时，并且在该温度下暗处放置 35±1.0min 后，加入碘化钾 1.0g，盖上瓶塞，轻轻摇匀使其溶解，再次暗处放置 5min，用硫代硫酸钠标准工作溶液（4）开始滴定，滴定至刚好褪去棕色，溶液呈现淡黄色，加入 5mL 淀粉指示剂溶液（6），再滴定至蓝色消褪，滴定终点为亮黄色，且半分钟之内不褪色，记录所消耗的硫代硫酸钠标准工作溶液的体积。

每毫升靛蓝二磺酸钠溶液相当于臭氧质量浓度 $\rho(\mu g/mL)$ 由下式计算：

$$\rho = \frac{C_1 V_1 - C_2 V_2}{V} \times 12.00 \times 10^3$$

式中　ρ——每毫升靛蓝二磺酸钠溶液相当于臭氧的质量浓度，$\mu g/mL$；

　　　C_1——溴酸钾-溴化钾标准溶液的浓度，mol/L；

　　　V_1——加入溴酸钾-溴化钾标准溶液的体积，mL；

　　　C_2——滴定时所用硫代硫酸钠标准溶液的浓度，mol/L；

　　　V_2——滴定时所用硫代硫酸钠标准溶液的体积，mL；

　　　V——IDS 标准储备溶液的体积，mL；

　12.00——臭氧的标准摩尔质量（1/4O₃），g/mol。

（10）IDS 标准工作溶液：用磷酸盐缓冲溶液（7）将标定后的 IDS 标准贮备液（9）逐级稀释成每毫升相当于 1.00 臭氧的 IDS 标准工作溶液，该溶液于低于 20℃ 的暗处可稳定保存 1 周。

（11）IDS 吸收液：取适量 IDS 标准贮备液，根据空气中臭氧质量浓度的高低，用磷酸盐缓冲溶液稀释成每毫升相当于 2.5μg（或 5.0μg）臭氧的 IDS 吸收液，该溶液在低于 20℃ 的暗处可保存 1 个月。

四、实验步骤

（1）样品的采集与保存：用多孔玻板吸收管装入 10.00mL IDS 吸收液（11），套上黑色避光套进行避光，以流量 0.5L/min 采气 5~30L。如果吸收液褪色（与现场空白样品比较至约 60%），应立即停止采样。在样品运输和储存过程中都应尽量避光。样品可稳定存放于室温暗处下 3 天左右。

（2）现场空白样品：向多孔玻板吸收管中加入同一批配制好空白 IDS 吸收液（11），放置在采样现场。除不采集空气样品外，其他环境条件都应保持与采样点一致。

每批样品需携带两个以上现场空白样品。

（3）标准曲线的绘制：取 6 支 10mL 具塞比色管，按表 1 制备标准色列。

表 1　标准色列

管号	1	2	3	4	5	6
IDS 标准溶液/mL	10.00	8.00	6.00	4.00	2.00	0.00
磷酸盐缓冲溶液/mL	0.00	2.00	4.00	6.00	8.00	10.0
臭氧质量浓度/$\mu g \cdot mL^{-1}$	0.0	0.2	0.4	0.8	1.6	2.4

摇匀后，静置大概 5~10min，用 20mm 比色皿，以水作参比，测定其在 610nm 波长下的吸光度。以校准空白样品的吸光度（A_0）与各标准色列管的吸光度（A）之差为纵坐标，臭氧质量浓度（$\mu g/mL$）为横坐标，用最小二乘法计算校准曲线的回归方程：

$$y = bx + a$$

式中　y——空白样品的吸光度与各标准色列管的吸光度之差，$y = A_0 - A$；

　　　x——臭氧质量浓度，$\mu g/mL$；

　　　b——回归方程的斜率，吸光度·$mL/\mu g$；

　　　a——回归方程的截距。

（4）样品测定：采样后，在吸收管的出气端口使用吸耳球加压，把吸收管中样品溶液吹入 25mL 容量瓶中，用水多次洗涤吸收管定容。用 20mm 比色皿，以水作参比，在波长 610nm 下测量吸光度。

五、实验数据处理

空气中臭氧的质量浓度按下式计算：

$$\rho(O_3) = \frac{(A_0 - A - a) \times V}{b \times V_0}$$

式中　$\rho(O_3)$——空气中臭氧的质量浓度；

　　　A_0——现场空白样品吸光度的平均值；

　　　A——样品的吸光度；

　　　b——标准曲线的斜率；

　　　a——标准曲线的截距；

　　　V——样品溶液的总体积，mL；

　　　V_0——换算为标准状态（101.325kPa，273K）的采样体积，L。

所得结果精确至小数点后三位。

六、实验注意事项

空气中含有其他空气污染物，会使测定结果偏高。

实验十四　空气中 PM10 和 PM2.5 的测定

PM2.5 是悬浮在空气中，空气动力直径不大于 2.5μm 的颗粒物，也称可入肺颗粒物。PM10 是指空气中空气动力直径不大于 10μm 的颗粒物，也称可吸入颗粒物。近年来，细颗粒研究逐渐引起社会广泛关注，重点集中在控制技术和健康影响上，然而了解空气中细颗粒含量是二者研究的前提，因此，掌握空气中 PM10 和 PM2.5 的浓度对开展大气环境保护工作有着重要意义。本实验采用重量法测定空气中的 PM10 和 PM2.5 的含量。

一、实验目的

（1）学习并掌握重量法测定空气中 PM10 和 PM2.5 的方法。

（2）掌握 PM10 和 PM2.5 采样器基本技术及采样方法。

二、实验原理

重量法：一定体积的空气通过可切割颗粒物粒径为 $10\mu m$ 或 $2.5\mu m$ 的切割器，大颗粒被分离，粒径小于 $10\mu m$ 或 $2.5\mu m$ 的颗粒物将被滤膜收集。可依据切割前后滤膜质量之差及采样体积分别计算 PM10 或 PM2.5 质量浓度的方法。在滤膜使用后，经处理可用于颗粒物成分分析。

三、实验仪器

（1）PM10 和 PM2.5 采样器。

（2）采样器孔口流量计。

（3）滤膜：无机滤膜有石英滤膜、玻璃纤维滤膜等；有机滤膜有聚丙烯、聚氯乙烯等。

（4）分析天平：感量 0.1mg。

（5）恒温恒湿箱：温度在 $15\sim30℃$ 范围内，湿度应控制在 $50\%\pm5\%$。

（6）干燥器：内盛变色硅胶。

四、实验步骤

（1）采样时，在比地面高大约 1.50m 的位置设置采样口。注意：在风速较大的条件下，且附近有障碍物和污染源的情况下采样会对结果产生影响，所以应另外选择时间和布设采样点。

（2）间断式采样的方法可用来测定 PM2.5 日平均浓度。采样时，将滤膜用镊子小心的夹取，光滑面背对进气方向放入洁净的内滤网上，并将滤膜压实固定检查是否漏气。间断式采样的方法只需要用到一张滤膜，采样结束后，小心地将滤膜用镊子从滤网上取下。将含固体物质的一面对折两次，放入样品袋内，做好相关的采样记录。

（3）将滤膜放在条件为温度 25℃、湿度 50% 的恒温恒湿箱中进行平衡，时间控制在 24h。平衡完成之后，称量并记录滤膜的质量。

（4）采样结束后，若不能及时对滤膜进行称量，应在 4℃ 条件下冷藏封闭保存。

五、测量结果计算

PM10 和 PM2.5 浓度按下式计算：

$$\rho = \frac{m_1 - m_2}{V} \times 1000$$

式中 ρ ——PM10 或 PM2.5 浓度，mg/m^3；

  m_1 ——采样后滤膜的重量，g；

  m_2 ——空白滤膜的重量，g；

  V ——已换算成标准状态（101.325kPa，273K）下的采样体积，m^3。

六、实验注意事项

（1）采样器需定期用孔口校准器进行流量校准。

（2）要定期检查采样头是否漏气。

（3）采样前后，滤膜称量应使用同一台分析天平。

（4）PM10 带切割性的采样器在使用期间应定期清扫大于 $10\mu m$ 的颗粒物。在一个维护周期内，切割性能指标符合 50% 切割粒径 $D_{a50} = 10\pm0.5\mu m$。PM2.5 切割器切割性能指标符合 50% 切割粒径 $D_{a50} = 2.5\pm0.2\mu m$。

七、讨论与思考

（1）分析影响实验结果的因素是什么？

（2）采样器的工作原理是什么？

（3）滤膜在恒重称量需注意哪些问题？

实验十五　大气降水中 5 种阴离子含量测定

大气降水中主要阴离子包括 F^-、Cl^-、NO_2^-、NO_3^- 和 SO_4^{2-}。F^- 含量能反映区域大气中气态氟的污染情况，Cl^-、NO_2^- 及 NO_3^- 能间接反映降水中 pH 值降低的原因，SO_4^{2-} 含量则反映空气中含硫化合物的污染状况，因此，通过对降水中阴离子含量的测定，可以了解区域大气污染情况。本实验介绍离子色谱法测定大气降水中的阴离子，离子色谱法具有检测限低、准确度高、精密度好、能同时测定这 5 种离子等优点。

一、实验目的

（1）理解离子色谱仪的工作原理。

（2）掌握离子色谱仪的操作方法。

（3）掌握离子色谱仪定量分析阴离子的方法。

二、实验原理

离子色谱法是依据离子交换的原理，当样品随淋洗液进入色谱柱，样品中离子同离子交换柱树脂上的离子发生交换，由于样品中不同离子交换能力不同，其出峰顺序也不一样，进而产生了分离，之后以峰高或峰面积进行定量分析。分离阴离子常用 $NaHCO_3$-Na_2CO_3 的混合液或 Na_2CO_3 溶液做淋洗液；分离阳离子常用稀 HCl 或稀 HNO_3 溶液；检测器常用电导检测器，在离子色谱柱和检测器之间装有抑制器，消除淋洗液中的强电解质电导的干扰。

三、实验仪器

如图 1 所示，离子色谱仪由进样系统、分离系统、检测系统、记录系统四部分组成。进样系统包括高压泵、微量进样器和六通进样阀，分离系统主要为离子色谱柱，检测系统包括抑制器、检测池和电导检测器，记录系统主要为记录仪。

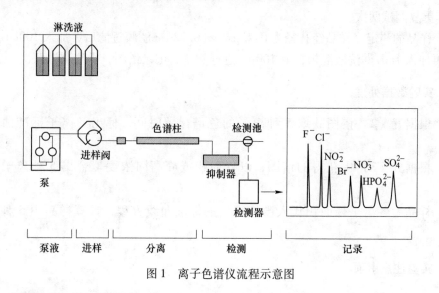

图 1　离子色谱仪流程示意图

四、实验试剂

（1）纯水：要求为电阻不小于 18.2MΩ·cm 的超纯水，且需要用 0.45μm 或 0.22μm 滤膜的抽滤装置。

（2）淋洗液储备液的配置：分别称取 26.04g $NaHCO_3$ 和 25.44g Na_2CO_3 于烧杯中用超纯水溶解，移入 1000mL 的容量瓶中定容，摇匀，储存于聚乙烯塑料瓶，4℃冰箱保存。

（3）淋洗液使用液的配置：取 10mL 储备液于 1000mL 容量瓶中进行定容，摇匀后进行过滤。此溶液 $NaHCO_3$ 浓度为 0.0031mol/L，Na_2CO_3 浓度为 0.0024mol/L。

（4）标准储备液：优级纯的 NaF、KCl、$NaNO_2$、$NaNO_3$、K_2SO_4 和 H_2SO_4。称取在 105℃ 干燥 2h 的适量 NaF、KCl、$NaNO_2$、$NaNO_3$、K_2SO_4，溶于水后于 1000mL 容量瓶定容（加 10mL 淋洗液），混匀备用。要求标准储备液中离子浓度均为 1.00mg/L。

（5）标准使用液：吸取各离子标准储备液 0.5mL 分置于 5 只 50mL 容量瓶，同时每瓶溶液加淋洗液储备液 0.05mL，定容后摇匀，为 5 种离子标准使用液。

（6）5 种离子标准溶液混合液：分别取 5 种离子标准储备液 NaF 0.75mL、KCl 1.00mL、$NaNO_2$ 2.50mL、$NaNO_3$ 5.00mL、K_2SO_4 12.50mL 于同一 500mL 容量瓶中，加 5.00mL 淋洗液储备液，稀释、定容、摇匀，该溶液各离子浓度分别为 F^- 1.5mg/L、Cl^- 2.00mg/L、NO_2^- 5.00mg/L、NO_3^- 10.00mg/L、SO_4^{2-} 25.00mg/L。

（7）实验条件：根据不同型号仪器选择。

五、实验步骤

（1）调整仪器设备：按照说明书设定离子色谱仪测定参数，仪器运行至基线平稳时可进样测定。

（2）吸取 5 种离子标准使用液各 100μL 分别进样，记录谱图，重复测试两次。可确定每种阴离子保留时间。

（3）标准曲线的绘制：依次吸取 5 种离子标准溶液混合液 1.00mL、2.00mL、4.00mL、6.00mL、8.00mL 于 10mL 容量瓶，稀释至刻度，摇匀，取 100μL 进样测量，记录谱图，重复测试两次。

（4）样品的测定：样品经孔径为 0.45μm 或 0.22μm 滤膜过滤后，加入 100mL 容量瓶 99mL，再加入 1mL 淋洗液混匀，取 100μL 进样测量，记录谱图，重复测试两次。

六、实验数据处理

（1）根据五（2）谱图获取 5 种离子的色谱保留时间，标出各离子标准曲线上的位置。

（2）根据五（3）中获得的谱图，以峰面积或峰高同浓度拟合出 5 种离子的标准曲线。

（3）样品中各离子峰面积代入已知离子的标准曲线方程，计算样品中 5 种离子的浓度。

七、实验注意事项

（1）预处理样品时，需通过 0.45μm 或 0.22μm 的滤膜过滤去除水中杂质。

（2）当仪器基线平稳后方可进样，一般需运行半小时。

（3）测定结束后，需对仪器清洗半小时，保护离子色谱柱。

八、思考题

（1）离子色谱仪的抑制器为什么需要再生？

（2）为什么要在测试液中加入淋洗液 1% 的成分？

实验十六　空气中甲醛含量的测定

甲醛含量高低是判断室内空气质量的重要指标。当空气中甲醛含量超过一定限值时，可限制细胞机能，使蛋白质变性，进而对人体造成巨大危害。本实验主要介绍 AHMT 分光光度法测定空气中甲醛的含量。

一、实验原理

当气体通过吸收液时，空气中的甲醛被吸收。碱性条件下吸收液与 4-氨基-3-联氨-5-巯基-1,2,4-三氮杂茂发生反应，之后用高碘酸钾（KIO_4）氧化反应产物，得到 6-巯基-5-三氮杂茂 [4,3-b]-S-四氮杂苯紫红色化合物。该物质颜色深浅同甲醛浓度呈正相关。可用紫外分光光度计在 550nm 处测其吸光度，同时根据采样体积，计算出空气中甲醛含量。

二、实验仪器

（1）空气采样器：流量范围 0~1L/min。

（2）多孔玻板吸收管。

（3）10mL 具塞比色管。

（4）可见分光光度计。

（5）烘箱。

（6）天平：感量 0.1mg。

三、实验试剂

（1）吸收液：称取三乙醇胺 1.00g、偏重亚硫酸钠 0.25g 和乙二胺四乙酸二钠 0.25g 溶于水，并转移至 1000mL 容量瓶，定容，摇匀备用。

（2）0.5% 4-氨基-3-疏氨-5-疏基-1，2，4 三氮杂茂（以下简称 AHMT）溶液：称取 0.25g AHMT 溶于 0.5mol/L 盐酸中，定容至 50mL 容量瓶，于棕色试剂瓶中可保存 6 个月。

（3）5mol/L 氢氧化钾（KOH）溶液：称取 KOH 固体颗粒 28.0g 溶于水，定容至 100mL 容量瓶，摇匀备用。

（4）1.5% 高碘酸钾溶液：称取 15g KIO_4，用 0.2mol/L 氢氧化钾溶液溶解（可水浴加热），稀释至 100mL，备用。

（5）0.1000mol/L 碘溶液：称取 40g 碘化钾（KI），溶于 25mL 水中，并加入 12.7g 碘，待碘完全溶解后，用水将其定容至 1000mL。转移到棕色瓶中，暗处贮存。

（6）1mol/L 氢氧化钠溶液：称量 4.0g 氢氧化钠，溶于水中，并稀释至 100mL。

（7）0.5mol/L 硫酸溶液：取 28mL 浓硫酸缓慢加入水中，冷却后，稀释至 1000mL。

（8）硫代硫酸钠标准溶液 $[c(Na_2S_2O_3) = 0.1000mol/L]$：可使用标准试剂配制。

（9）0.5% 淀粉溶液：称取可溶性淀粉 0.5g，加水调成糊状，再加入 100mL 沸水，煮沸至溶液透明，待其冷却后，加入 0.4g 氯化锌保存。

（10）甲醛标准贮备溶液：取 2.8mL 甲醛溶液（含量为 36%~38%），加至 1L 容量瓶中，加 0.5mL 硫酸并用水稀释至刻度，充分摇匀，利用碘量法进行标定。

甲醛标准贮备溶液的标定：准确量取 20.00mL 甲醛标准贮备溶液（10），置于 250mL 碘量瓶中。加入 20.00mL 0.0500mol/L 碘溶液和 15mL 1mol/L 氢氧化钠溶液，放置 15min。加入 20mL 0.5mol/L 硫酸溶液，再放置 15min，用 0.1000mol/L 硫代硫酸钠溶液滴定，至溶液呈现淡黄色时，加入 1mL 0.5% 淀粉溶液，继续滴定至刚使蓝色消失为终点，记录所用硫代硫酸钠溶液体积。同时用水作试剂空白滴定甲醛溶液的浓度用下式计算：

$$C = \frac{(V_1 - V_2) \times M \times 15}{20}$$

式中　C——甲醛标准储备溶液中甲醛浓度，mg/mL；

　　　V_1——滴定空白时所用硫代硫酸钠标准溶液体积，mL；

　　　V_2——滴定甲醛溶液时所用硫代硫酸钠标准溶液体积，mL；

　　M——硫代硫酸钠标准溶液的摩尔浓度，mol/L；

　　15——甲醛的当量；

　　20——所取甲醛标准溶液的体积。

（11）甲醛标准使用溶液：用时取上述甲醛储备液，此溶液置于室温下即可使用 1 个月。

四、实验步骤

（1）标准曲线的测定：取 7 支 10mL 具塞比色管，按表 1 制备标准色列管。

表 1　甲醛标准色列管

管号	0	1	2	3	4	5	6
标准溶液/mL	0.0	0.1	0.2	0.4	0.8	1.2	1.6
吸收溶液/mL	2.0	1.9	1.8	1.6	1.2	0.8	0.4
甲醛含量/μg	0.0	0.2	0.4	0.8	1.6	2.4	3.2

　　各管加入 1.0mL 5mol/L 氢氧化钾溶液，1.0mL 0.5%AHMT 溶液，盖上管塞，轻轻颠倒混匀三次，放置 20min。加入 0.3mL 1.5% 高碘酸钾溶液，充分振摇，放置 5min。用 10mm 比色皿，在波长 550nm 下，以水作参比，测定各管吸光度。

　　（2）样品采集：用一个多孔玻板吸收管，加入 5mL 吸收液，标记吸收液液面位置，以 1.0L/min 流量，采气 20L。并记录采样时的温度和大气压力。

　　（3）样品测定：采样后，补充吸收液到吸收前水平。准确吸取 2mL 样品溶液于 10mL 比色管中，按照测定标准曲线的步骤测定其吸光度。测定每批样品的同时，用 2mL 未采样的吸收液，以相同步骤来测定其空白值。

五、实验数据处理

　　（1）校准标准曲线的绘制。将标准色列测得的吸光度扣除试剂空白（零浓度）的吸光度，得到校准吸光度，以甲醛含量为横坐标，校准吸光度为纵坐标，绘制标准曲线，并计算回归方程式。

　　（2）结果计算：

　　1）将采样体积按下式换算成标准状态下的采样体积：

$$V_0 = V_t \times \frac{T_0}{273 + t} \times \frac{p}{p_0}$$

　　2）空气中甲醛浓度按下式计算：

$$C = \frac{(A - A_0 - a) \times B_5}{V_0} \times \frac{V_1}{V_2}$$

六、实验注意事项

进行室内空气采样应避开通风口，距墙壁距离应大于 0.5m。高度 0.5~1.5m 之间。

七、思考题

（1）除了 AHMT 分光光度法还有什么别的方法可以测定室内空气中甲醛的含量？

（2）本实验为什么要选择棕色多孔玻板吸收管？

实验十七　　室内空气氡含量的测定

室内空气氡污染分布广，氡污染的主要来源是从建筑材料中析出的氡，氡及其子体对人类有致癌作用，环境氡问题日益显著。因此，通过对室内空气氡污染的监测，可以了解室内空气质量情况。本实验介绍活性炭盒法测定室内空气氡的含量。

一、实验目的

（1）理解活性炭盒法测定氡气的工作原理。
（2）掌握活性炭盒法的操作方法。
（3）进一步熟悉室内空气采样方法。

二、实验原理

空气通过扩散进入炭床内，其中的氡则被活性炭吸附，同时进行衰变，新生的子体产物被沉积在活性炭内。通过 γ 射线谱仪测量活性炭盒中的氡子体特征 γ 射线峰强度。根据子体呈现的特征峰面积计算出室内空气的氡浓度。

三、实验仪器

（1）γ 射线谱仪：由探测器、信号采集、放大电路、指令控制和数据传输电路组成。
（2）活性炭：20~40 目。
（3）滤膜。
（4）采样盒：金属或塑料制成。
（5）烘箱。
（6）天平：感量 0.1mg。

四、实验步骤

（1）取少量活性炭放入烘箱中，并在 120℃ 下烘烤 5~6h，烘烤结束，冷却放入磨口瓶中待用。称取适量干燥后的活性炭将其装入采样盒中，并盖上滤膜，再次称量样品盒的总质量。将活性炭盒密封起来，隔绝外面空气，并制成活性炭样品。

（2）密封包装是到达待测现场后再将其去除，放置 3~7 天。将活性炭盒放置在采样点处，活性炭盒高于地面 50cm 桌子或架子上，敞开面朝上，其上面 20cm 内不得有障碍物。采样完毕，立即将活性炭盒密封起来，并在短时间内送回实验室。

（3）在采样完成 3h 后再进行称量，以计算水分吸收量。用 γ 射线谱仪测出氡子体特征 γ 射线峰内的计数，测量几何条件与刻度保持一致。

五、测量结果计算

氡浓度计算公式：

$$C_{Rn} = \frac{an_r}{t_1^b - \gamma_{Rn} t_2}$$

式中　C_{Rn}——氡浓度，Bq/m^3；

　　a——采样的响应系数；

　　n_r——特征峰对应的净计数率，计数/min；

　　t_1——采样时间，h；

　　b——累积指数，0.49；

　　γ_{Rn}——氡的衰变常数，$7.55 \times 10^{-3}/h$；

　　t_2——采样时间中点至测量开始时刻之间的时间间隔，h。

六、实验注意事项

（1）活性炭对湿度敏感，对测量结果有影响，所以不适合在湿度较大的地区使用。

（2）采样后应在 1~7 天内分析测定，否则最初收集的氡将发生衰变，影响测定结果。

七、思考题

（1）影响测定准确度的因素有哪些？

（2）γ 射线谱仪的工作原理是什么？

实验十八　空气中微生物的测定

空气中悬浮着大量颗粒物，由于颗粒物粒径较小极易附生微生物，能在空气中长久漂浮，且通过呼吸作用进入人体，带来呼吸道感染、过敏等健康问题。因此，掌握空气中微生物含量，对于客观评价空气质量有着重要意义。本实验采用撞击法采集大气微生物样品进行检测。

一、实验目的

（1）了解撞击法的工作原理。

（2）掌握测定空气中微生物的操作方法。

二、实验原理

撞击法是采用撞击式空气微生物采样器采样，在空气压缩机动力作用下，空气将通过狭窄的缝隙或细孔，产生高速气流，空气中悬浮着的带菌粒子获得速度被撞击截留在琼脂平板上，在温度为37℃，时间为48h的条件下培养后，根据采样气体体积和培养皿菌落数计算空气所含的细菌数的方法。

三、实验仪器

（1）恒温培养箱。

（2）高压蒸汽灭菌锅。

（3）干热灭菌器。

（4）平皿：直径 9cm。

（5）撞击式空气微生物采样器。

（6）制备培养基所用仪器：量筒、三角烧瓶、pH 计等。

四、实验试剂

营养琼脂培养基：分别称取蛋白胨 20g、牛肉浸膏 3g、NaCl 5g 以及琼脂 15~20g 于烧杯中用蒸馏水 1000mL 溶解，混合后加热溶解，调 pH 至 7.4，过滤分装，在 121℃ 下高压灭菌 15min 即可。

五、实验步骤

（1）采样点应具有代表性。根据室内空间面积大小设置采样点数，一般室内墙角对角线交点为采样点，该点同四角连线中点为采样点；采样为 0.8~1.5m 的高度；采样点一般离墙面至少 1m，并关闭门窗、空调等。

（2）布设采样点后，将采样器消毒，在仪器使用说明情况下进行采样。

（3）采样结束后，将带菌营养琼脂平板放置于 37℃ 恒温箱中培养 48h，计数菌落数。

（4）根据采样器的流量和采样时间换算成每立方米菌落数（cfu/m³）报告结果。

六、测定结果计算

计算公式如下：

$$细菌总数(cfu/m^3) = \frac{50000}{A \times T}$$

式中　A——平皿面积，cm^2；

　　　T——平板暴露时间，min。

七、实验注意事项

（1）撞击式空气微生物采样器对空气中细菌捕获率需高于 95%。

（2）避免室内空气湿度过高，严格控制卫生工具的清洗消毒。

八、思考题

（1）分析影响实验结果的因素是什么？

（2）采集空气微生物样品的注意事项有哪些？

实验十九　垃圾焚烧站废气中二噁英调查分析

二噁英是对相似理化性质和结构的多氯取代芳烃化合物的统称，含有两百多种结构，写作 PCDD/Fs，具有极强的毒性和致癌性，对人体伤害巨大。存在于自然界中又因其具有极强的热稳定性以及抗酸、碱、氧化剂和还原剂的能力，对环境产生了严重的威胁。二噁英的生成主要来自含氯有机物焚烧以及工业冶炼过程，其中垃圾焚烧所产生的二噁英的比例很高，逐步成为研究的热点。本实验采用气相色谱-高分辨质谱法测定垃圾焚烧站废气中的二噁英，该方法检出限低，但对分析仪器的灵敏度要求较高。

一、实验目的

（1）了解气相色谱-高分辨质谱法的工作原理。

（2）掌握垃圾焚烧站废气中二噁英的样品采集及测定方法。

二、实验原理

利用吸附材料对垃圾焚烧站废气中采样，采集的二噁英类样品利用同位素标记法加入内标，进行样品处理得到提取液，通过净化、浓缩等方式转化为最终分析试样，最后用气相色谱-高分辨质谱法进行分析（图1）。

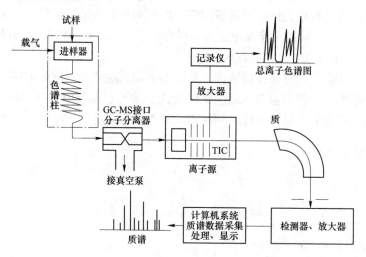

图1　气相色谱-质谱仪工作流程示意图

三、仪器和试剂

1. 仪器

（1）采样装置：包括滤筒、采样管、气相吸附单元、流量计、冷凝装置、控制装置等部分。

（2）索氏提取器。

（3）旋转蒸发仪。

（4）高分辨气相色谱仪。

（5）高分辨质谱仪。

2. 试剂

（1）内标物质：一般选用^{13}C和^{37}Cl标记化合物。

（2）二噁英标准溶液：指以壬烷、癸烷或甲苯等为溶剂制备的标准物质和内标物质的溶液。

（3）过滤材料：石英纤维滤膜、玻璃或石英纤维滤筒。

（4）吸附材料：聚氨基己酸乙酯泡沫，苯乙烯-二乙烯基苯聚合物或树脂等其他吸附材料。

(5) 活性炭或活性硅胶。

(6) 石英棉。

四、实验步骤

(1) 采样：选择烟道内径约 1.7m、含水平烟道和垂直烟道的生活垃圾焚烧炉作为采样点进行采样，并严格按照国家最新标准进行多断面采样。

(2) 样品处理：

1) 处理采样器：仔细把采样器的各个部件拆下并清洗，用甲苯萃取所有合并的清洗液；

2) 制作粗提取液：用甲苯采取索氏提取的方法提取固相部分如滤筒、滤膜等。将所有提取液合并，完成粗提取液的制备。

3) 提取液处理：将粗提液进行浓缩后定容，加入对应的内标物质。根据样品预期浓度分取提取液，进行溶剂转换。完成后再次进行浓缩成为样品溶液，并用多层活性硅胶柱进行样品纯化，完成提取液的处理，用于仪器测试。

(3) 色谱条件：含自动进样器的 HP6890 色谱，DB-5（60m×0.125mm）石英毛细管柱，初始温度 130℃ 保持 3min，以 30℃/min 的速率升高温度至 200℃，再以 5℃/min 的速率程序升高温度至 230℃ 保持 15min，最后以 6℃/min 的速率升高温度至 300℃，保持 20min；分析时汽化器温度适中保持在 280℃，进样量设置为 1μL。

(4) 质谱条件：设置电离方式为 EI，采用的分辨率大于 10000，电子的加速电压设置为 43V，离子源为 280℃。

五、实验注意事项

(1) 至少保证 1h 以上的采样时间。

(2) 优先采用垂直烟道取样，无法满足条件时也可采用水平烟道采样。

六、思考题

(1) 分析影响测定实验结果的因素是什么？

(2) 简述二噁英类样品的提取步骤。

实验二十　土壤 pH 值的测定

随着环境污染问题愈发严重，土壤环境遭到破坏，土壤 pH 值是土壤溶液中氢离子活度的负对数，是土壤的重要基本性质，其对土壤的肥力、各种离子的存在形态等造成显著影响，因此对土壤的 pH 进行测定是十分必要的。

一、实验目的

(1) 掌握土壤 pH 值测定方法。

(2) 复习 pH 计使用操作。

二、实验原理

酸性土壤用浓度为 1mol/L 的氯化钾溶液,中性和碱性土壤采用 0.01mol/L 的氯化钙溶液与土之比为 2.5∶1,盐和土采用 5∶1,枯枝落叶层及泥炭层之比采用 10∶1。用水或盐溶液经玻璃棒充分搅拌后,保持平衡 30min,之后将 pH 玻璃电极和甘汞电极插入浸出液中,用 pH 计读数即可。同时也可以用毫伏计来测其电动势值,测量完毕后再换算成 pH 值。

同时也可以用比色法:通过指示剂在不同 pH 的溶液中会显示不同的颜色,根据其颜色变化即来确定溶液的 pH。混合指示剂是好几种指示剂的混合,也能在一个较大的 pH 范围内,显示出与不同 pH 相对应的不同颜色,测定该范围内的各种土壤 pH。

三、实验试剂与仪器

(1)0.05mol/L 的 $KHC_8H_4O_4$ 溶液(pH = 4.01):10.21g 在 105℃ 烘过的苯二甲酸氢钾($KHC_8H_4O_4$,分析纯),用水溶解后稀释至 1000mL。

(2)0.025mol/L KH_2PO_4 和 0.025mol/L Na_2HPO_4 溶液(pH = 6.87):称取 3.39g 磷酸二氢钾(KH_2PO_4,分析纯)和 3.53g 无水磷酸氢二钠(Na_2HPO_4,分析纯)(最好于 120℃ 下干燥 2h,温度不可过高,易在高温下缩合成磷酸盐)溶于水,定容至 1000mL。

(3)0.01mol/L 的硼砂溶液(pH = 9.18):称取 3.80g 硼砂晶体($Na_2B_4O_7 \cdot 10H_2O$,分析纯)溶于无二氧化碳水,定容至 1000mL。此溶液 pH 值易变动,应注意密封保存。

(4)1mol/L 氯化钾溶液:称取 74.6g 氯化钾溶于 400mL 水中,调整 pH 值处于 5.5~6.0 之间,定容至 1000mL。

(5)0.01mol/L 氯化钙溶液:称取 147.02g $CaCl_2 \cdot 2H_2O$ 溶于 200mL 水中,定容至 1000mL,此溶液为 1.0mol/L 氯化钙溶液。吸取 1.0mol/L 氯化钙溶液 10mL 于 500mL 烧杯中,加 400mL 水,用几滴盐酸或氢氧化钙使之 pH 为 6 左右,后定容至 1000mL,为 0.01mol/L 氯化钙溶液。

(6)实验仪器:饱和甘汞电极;或 pH 复合电极;酸度计;玻璃电极。

四、实验步骤

1. pH 计测量方法

(1)样品的制备:称取通过 2mm 筛孔的风干土样 10g 于 50mL 高型烧杯中,加入 25mL 不含 CO_2 的水或者 1mol/L 氯化钾溶液(酸性土测定用)或 0.01mol/L 氯化钙溶液(中性、石灰性或碱性土测定用)。枯枝落叶层或泥炭层样品称 5g,加入水或盐溶液 50mL。用玻璃棒快速搅动 1~2min,静置 30min,同时要注意避免空气中的氨或者挥发性酸等对 pH 检测的影响。

(2)仪器校正:使用和土壤浸提液 pH 值大小接近的缓冲液进行仪器校正,使标准缓冲液的 pH 值与仪器标度上的 pH 值相一致。

(3)测定:在与上述相同的条件下,玻璃电极或甘汞电极插入土壤悬液中,测量 pH 值。每份样品测完后,即用水冲洗电极,并用干滤纸将水吸干。

2. 电位测定法

称取通过 1mm 筛孔的风干土 10g 两份，都放在 50mL 的烧杯中，一份加无二氧化碳的蒸馏水，另一份加 1.0mol/L KCl 溶液各 25mL（此时土水比为 1：2.5，含有机质的土壤改为 1：5），间歇搅拌或摇动 30min，放置 30min 后，使用酸度计测定后换算成 pH。

3. 比色法

操作步骤：在比色瓷盘孔内（室内要保持清洁干燥，野外可用待测土壤擦拭），滴入混合指示剂 8 滴，放入黄豆大小的待测土壤，轻轻摇动使土粒与指示剂充分接触，约 1min 后将比色盘稍加倾斜用盘孔边缘显示的颜色与 pH 比色卡比较，然后估读土壤的 pH 值。

混合指示剂的配制：取麝草兰（T. B）0.025g，千里香兰（B. T. B）0.4g，甲基红（M. R）0.066g，酚酞 0.25g，溶于 500mL 95%的酒精中，加同体积蒸馏水，再以 0.1mol/L NaOH 调至草绿色即可。pH 比色卡用此混合指示剂制作。

五、实验注意事项

（1）使用玻璃电极注意事项：

1）干放的电极在使用前需在 0.1mol/L 盐酸溶液中或者水中浸泡 12h 以上，使之活化。

2）使用时应先轻轻震动电板，使其内溶液流入球泡部分，防止气泡的存在。

3）电极球泡部分很容易破损，使用时必须仔细、谨慎，最好加用套管保护。

4）电极不用时可保存在水中，如长期不用，可放在纸盒内干放。

5）玻璃电极表面不能沾有油污，忌用浓硫酸或铬酸洗液清洗玻璃电极表面。不能在强碱及含氟化物的介质中或黏土等胶体体系中停放过久，以免损坏电极或引起电极反应迟钝。

（2）使用饱和甘汞电极注意事项：

1）电极应随时由电极侧口补充饱和氯化钾溶液和氯化钾固体。不用时可以存放在饱和氯化钾溶液中或前端用橡皮套套紧干放。

2）使用时要将电极侧口的小橡皮塞拔下，让氯化钾溶液维持一定的流速。

3）不要长时间插在被测溶液中，以防流出的氯化氟污染待测溶液。

4）不要直接接触能侵蚀汞和甘汞的溶液，如浓度大的 S^{2-} 溶液。此时应改用双液接的盐桥，在外套管内灌注氯化钾溶液。也可用琼脂盐桥。琼脂盐桥的制备；称取优等琼脂 3g 和氯化钾（KCl，分析纯）10g，放入 150mL 烧杯中，加水 100mL，在水浴中加热溶解，再用滴管将溶化了的琼脂溶液灌注于直径约为 4mm 的 U 形管中，中间要没有气泡，灌满两端，然后浸在 1mol/L 氯化钾溶液中。

（3）测定时注意事项：

1）土壤颗粒不宜过细，可以通过 2mm 孔径筛为佳。当样品不马上测定时，最好贮存于有磨口的标本瓶中，以免受大气中氨和其他挥发性气体的影响。

2）加水或 1mol/L 氯化钾溶液后的平衡时间对测得的土壤 pH 值是有影响的，且随土壤类型而异。平衡快者，1min 即达平衡；慢者可长至 1h。一般说来，平衡 30min 是合适的。

3）pH 玻璃电极插入土壤悬液后应轻微拨动，以除去玻璃表面的水膜加速平衡，这对于缓冲性弱和 pH 较高的土壤尤为重要。

4）为减少由于土壤悬液影响液接电位而造成的误差，饱和甘汞电极最好插在上部清液中。

六、思考题

（1）pH 计的原理是什么？

（2）校正 pH 计有什么意义？

实验二十一　土壤中铜、锌含量的测定

一、实验原理

土样经过处理后用混合酸体系消解，使待测元素充分进入溶液。将制备好的样品溶液通过进样器吸入原子化器，在空气-乙炔火焰中原子化，产生铜、锌基态原子蒸气，分别选择性的吸收由铜空心阴极灯、锌空心阴极灯发射的特征光，根据吸光度采用标准曲线法定量。

二、实验试剂

（1）盐酸：$\rho = 1.19\text{g/mL}$。

（2）硝酸：$\rho = 1.42\text{g/mL}$。

（3）氢氟酸：$\rho = 1.49\text{g/mL}$。

（4）高氯酸：$\rho = 1.68\text{g/mL}$。

（5）金属铜、锌，光谱纯。

（6）盐酸：1+1。

（7）硝酸：1+1。

（8）硝酸：1+99。

（9）铜标准储备液：准确称取 0.5g 光谱纯金属铜于 50mL 烧杯中，沿烧杯壁缓缓加入 20mL 硝酸溶液（7）并且加热至微热溶解，冷却至室温后，转移至 1000mL 容量瓶定容，摇匀备用。

（10）锌标准储备液：准确称取 0.5g 光谱纯金属锌于 50mL 烧杯中，沿烧杯壁缓缓加入 20mL 硝酸溶液（7）并且加热至微热溶解，冷却至室温后，转移至 1000mL 容量瓶定容，摇匀备用。

（11）铜标准使用液：$\rho(\text{Cu}) = 100\text{mg/L}$。移取铜标准贮备液 10.00mL 于 100mL 容量瓶中，用硝酸（1+99）稀释定容。

（12）锌标准使用液：$\rho(\text{Zn}) = 100\text{mg/L}$。移取锌标准贮备液 10.00mL 于 100mL 容量瓶中，用硝酸（1+99）稀释定容。

三、实验仪器

（1）火焰原子吸收分光光度计。

（2）光源：铜、锌元素锐线光源或连续光源。

（3）电热消解装置：温控电热板或石墨电热消解仪，温控精度±5℃。

（4）分析天平：感量为0.1mg。

（5）一般实验室常用器皿和设备。

四、实验样品处理

采集到样品后应先进行混匀后缩分，经风干后自行挑选取出土样中的非待测物。经过充分碾压后过2mm筛混匀。用玛瑙研钵过筛后的土样研磨至能够全部通过100目筛，混匀后备用。

五、实验试液的制备

将准确称取的0.1000~0.5000g样品放入50mL聚四氟乙烯坩埚中。将其用水稍稍润湿后缓慢加入5mL盐酸，随后将聚四氟乙烯坩埚和样品放置在通风柜电热板上低温加热，从而样品初步分解，待测元素充分进入溶液当中。当溶液蒸发至约2~3mL时，取下样品放置直到溶液微冷，随后向聚四氟乙烯坩埚中加入5mL浓HNO_3溶液、4mL HF溶液、2mL $HClO_4$溶液。加盖后放于150℃左右的电热板加热1h，开盖微摇除硅（开盖时需收集盖上蒸发液入坩埚），为使飞硅效果好此过程需多次进行，并观察消解情况。当样品有浓高氯酸白烟产生时，需继续加盖消解黑色有机碳化物。待黑色有机物消解完全后，开盖赶烟至溶液呈黏稠状。根据消解情况，可适当续加2mL浓HNO_3溶液、2mL HF溶液、1mL $HClO_4$，该过程可重复。取下样品至微冷，转移至已清洗干净的25mL容量瓶，用1%的稀硝酸溶液定容，摇匀待测。需转移坩埚盖和内壁的上样品液。

注意：（1）由于土壤种类众多，有机物质的含量也会有差异，消解时，需随时观察溶液，根据具体情况添加酸量。土壤消解液应透明或淡黄色，无沉淀。

（2）消解时需戴隔热防腐手套操作，防止过高的温度使聚四氟乙烯坩埚变形。

六、空白实验

用石英砂代替试样或不加，按样品消解相同步骤同时进行，每批次样品不少于两个空白样。

七、铜、锌校准曲线的制作

移取铜标准使用液0.00mL、0.10mL、0.50mL、1.00mL、3.00mL、5.00mL，锌标准使用液0.00mL、0.10mL、0.20mL、0.30mL、0.50mL、0.80mL于25mL容量瓶中，用1%硝酸溶液定容。用测得的吸光度值同相应元素含量值制作铜、锌的校准曲线。

八、实验数据处理

（1）把待测样品的吸光度值代入标准曲线即可得出样品浓度。

（2）根据取样量及定容体积（本实验中为 25mL）可计算出土壤中铜、锌含量。按如下公式计算样品中铜、锌的质量分数 $W(mg/kg)$。

$$W = \frac{(\rho_1 - \rho_2)V}{m \times w}$$

式中　W——土壤中元素的质量分数，mg/kg；

　　　ρ_1——试样的浓度，mg/L；

　　　ρ_2——空白样的浓度，mg/L；

　　　V——消解后试样的定容体积，mL；

　　　m——土壤的称样量；

　　　w——土壤样品的干物质含量，%。

九、思考题

（1）除火焰原子吸收光谱法还有什么别的方法可以测定重金属含量？

（2）为什么大家普遍选用火焰原子吸收光谱法？

实验二十二　土壤中有机磷农药含量的测定

一、实验原理

萃取土壤中的有机磷农药采用极性有机溶剂三次进行的方式，测定有机磷农药含量主要选用带火焰光度检测器（FPD）的气相色谱法。当含硫、磷的化合物进入燃烧中的火焰时，将发出一定波长的光，选用适当的滤光片，滤去其他波长的光，然后由光电倍增管将光转变为电信号，放大后记录。

二、实验仪器和试剂

实验仪器：

（1）气相色谱仪。

（2）旋转蒸发仪。

（3）布氏漏斗。

实验试剂：

（1）丙酮。

（2）二氯甲烷。

（3）氯化钠。

（4）色谱固定液（OV-101）。

（5）载体：ChromosorbW HP（80~100 目）。

（6）有机磷农药标准储备液：将色谱纯乐果、甲基对硫磷、马拉硫磷、乙基对硫磷用丙酮配制成 $300\mu g/mL$ 的单标储备液（冰箱内 4℃保存 6 个月），再分别稀释 30~200 倍，配成适当浓度的标准使用液。

三、实验步骤

（1）样品的采集与制备：

1）用金属器械采集样品后将其装入玻璃瓶，样品到达实验室之后尽快进行风干处理。

2）将采回的样品全部倒在玻璃板上，铺成薄层后经常搅动，放置在阴凉处使其慢慢风干。风干后的样品碾碎后，过 2mm 筛（铜网筛），除去沙砾和植物残体。采用四分法的方式将上述样品缩分使其最后留下足够的分析用的样品，再进一步用玻璃研钵将其磨细，全部通过 60 目金属筛后充分摇匀，装瓶备用。在制备样品时，必须注意样品不要受到污染。

（2）样品提取：

1）准确称取 60 目土壤样品 20g，加入 60mL 丙酮后振荡提取 30min，在铺有 Celite545 的布氏漏斗中抽滤，采用少量丙酮洗涤容器与残渣后，倾入漏斗中过滤，混合滤液。

2）将混合后的滤液转移至分液漏斗中，加入 400mL 100g/L 氯化钠水溶液，用 100mL、50mL 二氯甲烷分别萃取两次，每次 5min。萃取液混合后，放置在旋转蒸发器上蒸发至干（<35℃），用二氯甲烷定容，供分析有机磷农药的残留量。

（3）测定：

1）色谱条件：色谱柱：3.5% OV-101 + 3.25% OV-210/Chromosorb W HP（80~100 目）。

2）玻璃柱，长 2m，内径 3mm；也可以用性能相似的其他色谱柱。

3）气体流速：氮气，50mL/min；氢气，60mL/min；空气，60mL/min。

4）柱温：190℃；气化室温度：220℃；检测器温度：220℃。

5）进样量：2μL。

四、实验数据处理

$$有机磷农药残留（mg/kg）= (A \times V)/M$$

式中　A——从工作曲线上查出的有机磷农药测定浓度；

　　　V——提取液的定容体积；

　　　M——土壤样品的质量。

五、实验注意事项

（1）实验所用的试剂大部分有毒，注意安全防护。

（2）本次实验的实验方法，还可参考标准 HJ 921—2017《土壤和沉积物　有机氯农药的测定　气相色谱法》和 HJ 1023—2019《土壤和沉积物　有机磷类和拟除虫菊酯类等 47 种农药测定　气相色谱-质谱法》。

六、讨论与思考

（1）影响农药残留性的因素有哪些？

（2）除了本实验所用到的实验方法，还有哪些方法可以进行农药残留的测定？

实验二十三　城区土壤重金属监测及评价

随着城市化进程的加快和越来越频繁的人类活动，城市土壤正遭受着强烈的干扰，其中典型的就是土壤重金属污染。土壤既是城市空间中的纳污场和净化场，又是城市水、气等环境要素的二次污染源。城市土壤的健康是城市生态系统健康的重要组成部分。本次实验将以 Pb、Cu、Zn、Cr、Ni 这五种重金属作为实验研究对象，运用国内对城市土壤重金属研究中的经典方法，调查城区土壤重金属含量的空间分布及污染评价。

一、实验目的和要求

（1）掌握土壤采样的一般方法和原则。

（2）了解和掌握 Pb、Cu、Zn、Cr、Ni 这五种重金属的测定方法。

（3）了解单项污染指数、内梅罗（Nemerrow）污染指数等指数评价法。

（4）了解"地统计学分析"在土壤质量调查的应用，并能对其进行简单的使用。

二、实验原理

在实验研究区域内，通过一定的方法确定合适的采样点和采样数目，每个采样点所采集的土样均为混合土样。使用火焰原子吸收法测定各采样点各类重金属的含量，用以测得数据及相关资料，计算单项污染指数、内梅罗（Nemerrow）污染指数，用它们进行指数评价，同时应用"地统计学分析"对研究区的土壤重金属含量的空间分布进行分析。

三、实验仪器和试剂

仪器：（1）火焰原子吸收分析仪；（2）电脑（有 ArcGIS10.2 及以上版本的软件）；（3）GPS 定位器。

试剂：试剂请参照《土壤和沉积物　铜、锌、铅、镍、铬的测定　火焰原子吸收分光光度法》。

四、实验步骤

（1）土壤样品采集：选择某城区中具有代表性的城市区域作为实验研究区，选择原则：人口较为密集、城市功能区比较多、尽量避免水域较多的地方。

根据选好的区域划分好采样点，一般采用网格布点法，各采样点要遵循以下原则：1）采样点选择在有利于该土壤类型特征发育的环境，如地形平坦、自然植被良好的区域；2）不在住宅周围、路旁、沟渠或粪堆附近等人为干扰明显地点或水土流失严重以及表土破坏明显的地点采样；3）采样时选取有代表性的地点，并以该点为中心，在其周围 50~100m 的区域内采集 3~5 个土壤样品，将样品混匀后用四分法取约 0.5~1kg 作为该点的土壤样品；4）采样时，尽量使采样点涉及所有土地利用类型，并详细记录样点周围土地利用和土地覆被情况以及农药化肥施用情况。

采集土壤时分表层土壤采样和深层土壤采样，表层土壤采样深度在 0~30cm，受人类活动影响较大，深层土壤采样深度在 30~50cm，受人类活动影响较小。在采样时可以更多采集表层土样。采集土壤时注意使用竹制品或塑料制品采集，放入采样袋时，注意在袋内和袋外各放置样品标签。其他事项可参考《土壤环境监测技术规范》（HJT 166—2004）。

（2）元素含量测定：所要测定的各重金属元素请参照《土壤和沉积物　铜、锌、铅、镍、铬的测定　火焰原子吸收分光光度法》（HJ 491—2019）。

（3）数据处理及分析：本次实验所用的数据处理方法有两个，分别是指数法、地统计学分析。

指数法：单项污染指数、内梅罗（Nemerrow）污染指数，各计算公式如下：

单项污染指数（P_i）：

$$P_i = C_i / S_i$$

式中，C_i 为土壤污染物实测值；S_i 为土壤污染物质量标准。

内梅罗污染指数（P_N）：

$$P_N = \sqrt{(P_{i(AVE)}^2 + P_{i(MAX)}^2)/2}$$

式中　$P_{i(AVE)}^2$ ——单项污染指数平均值的平方；

　　　$P_{i(MAX)}^2$ ——单项污染指数最大值的平方。

通过以上公式和标准的计算对比（表1、表2），求出各采样点的各重金属元素含量是否超标，污染等级为几级。

表1　土壤单项污染指数评价标准

等级	单项污染指数	污染等级
I	$P_i \leqslant 1$	未污染
II	$1 < P_i \leqslant 2$	轻度污染
III	$2 < P_i \leqslant 4$	中度污染
IV	$4 < P_i \leqslant 6$	重度污染
V	$P_i > 6$	极重度污染

表2　土壤内梅罗污染指数评价标准

等级	内梅罗污染指数	污染等级
I	$P_N \leqslant 0.7$	清洁（安全）
II	$0.7 < P_N \leqslant 1.0$	尚清洁
III	$1.0 < P_N \leqslant 2.0$	轻度污染
IV	$2.0 < P_N \leqslant 3.0$	中度污染
V	$P_N > 3.0$	重度污染

地统计学分析（Geostatistical Analyst）是分析统计的一类，用于分析和预测与空间或

时空现象相关的值。在环境科学中，地统计用于评估污染级别以判断是否对环境和人身健康构成威胁，以及能否保证修复。我们运用地统计学分析中的插值方法，用已知采样点的数据通过插值来预测未知点数据。

五、实验注意事项

（1）由于本次实验所要测定的样品较多，在使用仪器时，注意正确的使用操作。

（2）本次实验中所提到的土壤元素背景值，在各专业文献和图书中有多个类别的值，注意背景值的选择。

（3）确保电脑中的 ArcGIS 软件能够运行，且能使用"地统计学分析"模块。

六、讨论与思考

本次实验使用了两种指数来评价污染状况，除了这两个指数，你还知道可以用哪些指数进行污染状况评价吗？

实验二十四　固体废物的水分、灰分、可燃分的测定

固体废物的三成分指的是水分、可燃分（挥发分+固定碳）与灰分，是评定固体废物性质、选择处理处置方式、设计处理处置等的重要依据。所以了解固体废物的水分、灰分、可燃分的含量十分重要。

一、实验目的

（1）了解固体废物样品的采集与制备。

（2）掌握固体废物中三成分的测定方法及原理。

（3）熟悉马弗炉的操作。

二、实验原理

固体废物的主要成分包括水分、可燃分（挥发分+固定碳）与灰分，俗称固体废物的"三成分"。通常采用在标准试验温度下烘干、灼烧固体废物试样，测定呈气体或蒸气而散失的百分量来确定。将固体废物试样在 $105 \pm 5 \, ^\circ\text{C}$ 温度下烘干，损失的成分即为水分，用 $W(\%)$ 表示；然后，取此烘干的固体废物在 $815 \pm 5 \, ^\circ\text{C}$ 温度下灼烧，损失的成分即为可燃分，用 $CS(\%)$ 表示；灼烧后残余的残渣即为灰分，用 $A(\%)$ 表示，是指固体废物中既不能燃烧，也不会挥发的物质。

固体废物的可燃分包括挥发分和固定碳。挥发分又称挥发性固体含量，是指固体废物在 $600 \pm 20 \, ^\circ\text{C}$ 下灼烧 3h 的烧失量，即有机质含量，常用 $VS(\%)$ 表示。挥发分是反映固体废物中有机质含量的一个指标参数。可燃分与挥发分之间的差值即为固定碳。可燃分既是反映固体废物中有机物含量的参数，也是反映固体废物可燃烧性能的指标参数，是选择焚烧设备的重要依据。灰分是反映固体废物中无机物含量的一个指标参数。可燃分和灰分一般同时测定。

三、实验材料和仪器

可根据实际情况选用实际产生的固体废物（如生活垃圾、餐厨废物、污泥和农林废物等）或人工配制的固体废物。

实验仪器：电热干燥箱，温度可控制在 $105\pm5℃$；马弗炉，温度可分别控制在 $600\pm20℃$、$815\pm5℃$；分析天平，精度为 $0.0001g$；干燥器，内装干燥剂；坩埚；量杯；十字板。

四、实验步骤

（1）采样制样：按照 HJ/T 20 或 CJ 313 要求采集与制备固体废物样品。对于生活垃圾，将采集来的样品先进行粗破碎至 100mm 以下，采用四分法取样 25kg，烘干测定含水率；再经细粉碎机粉碎至 5mm 以下，采集 500g；再经研磨仪粉碎至 0.5mm 以下，四分法取样约 100g，装瓶备用。

（2）灰分和可燃分的测定：

1）准备 2 个坩埚，烘干置于干燥器中冷却，分别称取其质量，并记录数据 C。

2）各取 5g 烘干好的试样（绝干），分别加入准备好的 2 个坩埚中（重复样），准确称重并记录数据 S。

3）将盛放有试样的坩埚放入马弗炉中，在 $815\pm10℃$ 下灼烧 3h，待温度降至 $300℃$ 左右时，取出坩埚放在石棉网上，盖盖，在空气中冷却 5min，然后放入干燥器冷却至室温，称重并记录数据 R。

4）分别计算含灰量，最后结果取平均值：

$$A(\%) = (R - C)/(S - C) \times 100\%$$

式中　A——试样灰分含量，%；

　　　R——灼烧后坩埚和试样的总质量，g；

　　　S——灼烧前坩埚和试样的总质量，g；

　　　C——坩埚的质量，g。

5）可燃分 $CS\%$ 计算：

$$CS(\%) = (1 - A) \times 100\%$$

（3）挥发分的测定：分析的步骤大部分同可燃分的测定步骤一致，主要是灼烧温度不同。

1）准备 2 个坩埚，烘干置于干燥器中冷却，分别称取其质量，并记录数据 C。

2）各取 5g 烘干好的试样（绝干），分别加入准备好的 2 个坩埚中（重复样），准确称重并记录数据 S。

3）将盛放有试样的坩埚放入马弗炉中，在 $600\pm20℃$ 下灼烧 3h，待温度降至 $300℃$ 左右时，取出坩埚放在石棉网上，盖盖，在空气中冷却 5min，然后放入干燥器冷却至室温，称重并记录数据 R。

4）分别称量并计算含灰量，最后结果取平均值：

$$A'(\%) = \frac{R - C}{S - C} \times 100\%$$

式中　　A——试样灰分含量,%;

　　　　R——灼烧后坩埚和试样的总质量, g;

　　　　S——灼烧前坩埚和试样的总质量, g;

　　　　C——坩埚的质量, g。

5）挥发分 VS（%）计算：

$$VS(\%) = (1 - A') \times 100\%$$

五、实验注意事项

注意灰分、挥发分和可燃分的相互关系以及测定过程中不同的处理温度。同时温度较高，注意安全，照看炉子不要分心。

六、讨论与思考

（1）固体废物挥发分和可燃分之间的区别。

（2）固体废物灰分、挥发分和可燃分测定的意义。

实验二十五　　固体废物的浸出毒性鉴别

浸出毒性的测定主要是针对浸出液中的金属含量进行测定。重金属是固体废物中一种不易降解、不能被生物利用、危害性大的污染物。固体废物浸出液中的金属污染物主要有砷、镉、铬、铜、铅、汞等。

原子吸收分光光度法也称原子吸收光谱法（AAS），简称原子吸收法。该法具有测定速度快、干扰少、应用范围广、可在同一试样中分别测定多种元素等特点。本实验以原子吸收光谱法测定固体废物中的 Cu 为例。

一、实验目的和意义

（1）掌握测定危险废物浸出液中重金属的预处理方法。

（2）掌握固废浸出液样品的消解与 AAS 法测定重金属的原理与操作方法。

二、实验原理

火焰原子吸收分光光度法是根据某元素的基态原子对该元素的特征谱线产生选择性吸收来进行测定的分析方法。将试液直接吸入火焰，在空气-乙炔火焰中，铜的化合物解离为基态原子，并对空心阴极灯的特征辐射谱线产生选择性吸收。在给定条件下，测定铜的吸光度。

三、实验仪器和试剂

1. 仪器

（1）原子吸收分光光度计。

（2）铜空心阴极灯。

（3）乙炔钢瓶。

（4）压缩机，应备有过滤装置，除去油、尘和水汽。

（5）移液设备、容量瓶、样品瓶、烧杯等玻璃仪器。

2. 试剂

（1）硝酸（1+1），分析纯。

（2）铜标准储备液：$\rho = 1.000\text{mg/mL}$，购买或参考实验二十一。

（3）铜标准使用液：$\rho = 50\text{mg/L}$，移取铜标准储备液 5.00mL 于 100mL 容量瓶中，加水定容至标线，摇匀，临用时现配。

四、实验步骤

（1）样品的采集与保存：按照 HJ/T 298 和 HJ/T 20 的相关规定要求进行样品的采集和保存。

（2）样品的制备：挑除样品中的杂物，将采集的所有样品破碎，使样品颗粒全部通过 3mm 孔径的筛子。

（3）含水率测定：根据废物含水情况，称取 20～100g 样品，置于干燥恒重的带盖容器，105℃烘干恒重，计算样品含水率。

（4）浸出液制备：称取干基为 100g 的试样于 2L 提取瓶中，根据样品的含水率，按液固比 10∶1（L/kg）计算所需浸提剂体积，加入合适量提取剂，盖紧瓶盖后固定在振荡器上，振荡频率为 100±10 次/min，振幅 40mm，室温振荡 8h，静置 16h。振荡中有气体产生，应定时于通风橱释放过度压力。

用压力过滤器过滤静置好的溶液。过滤液可根据情况用硝酸酸化消解，然后定容，备用。

五、测定分析

（1）仪器准备：

1）把测定元素对应的空心阴极灯装在灯架上。选择需要的波长，按说明书选好狭缝位置。

2）接通仪器电源，预热仪器，指导空心阴极灯发射稳定。时间需要 30min。然后调节灯电流到规定值。

3）启动空气气源，调节压力和流量达到规定值。然后打开乙炔气源，调节压力和流量达到规定值。

4）点燃火焰并立即用去离子水喷雾以清洗燃烧器。

5）工作条件：测定波长 324.7nm、灯电流 1mA、狭缝 0.2nm、燃烧器高度 10mm、火焰性质、贫燃焰。需要注意的是，不同型号仪器的最佳测定条件不同，可根据仪器说明书选择。

（2）校准曲线绘制：分别向 6 个已编号的 50mL 容量瓶中，按顺序加入铜标准溶液 0.00mL、0.50mL、1.00mL、2.00mL、3.00mL、5.00mL。由低浓度到高浓度测定溶液的吸光度，在波长 324.7nm 处，分别以吸光度为纵坐标，以相对应金属的质量为横坐标绘制标准曲线。

（3）空白和试样的测定：同标准溶液的测定。以蒸馏水为空白溶液，分别测定空白和试样的吸光度，从相应的标准曲线上查出试样中铜的浓度。

六、思考题

（1）浸出液中金属的来源及存在形态有哪些？

（2）试样中可能出现的干扰情况有哪些？对实验结果有何影响，如何消除？

实验二十六　固体废物粒度分析

固体废物在日常生活中，影响这人们生活的方方面面，甚至对于人体健康也有较大的危害，同时在固体废物资源化中，分析和掌握固体废物的基本特性对提高固废资源化程度有重要价值。了解固体废物粒度对固废监测有着重要的意义。

一、实验目的

本实验通过对固体物料的筛分分析，使大家了解和掌握粒度分析中套筛的使用，并对筛分过程及其筛分效果进行量化计算。

二、实验原理

固体颗粒的大小称为粒度。实际上固体废物是不同尺寸的固体废物颗粒的混合物，将这些混合物分成若干级别，这些级别叫作粒级。物料中各级别的相对含量称为粒度组成。测定物料的粒度组成或粒度分布以及比表面积，就叫粒度分析。它是了解物料粒度特性，确定物料加工工艺或资源化的重要依据。

筛分分析是粒度分析中的一种方法，适用于微米级以上的固废颗粒群的粒度测定，在固废粒度分析中常用。

三、实验设备与仪器

实验设备与仪器：500g 台秤或天平；由 20 目、60 目、100 目和 200 目四个筛子组成的套筛；振动筛分机。

四、实验步骤

（1）把各不同目数的筛子，按由粗到细和从上至下顺序叠好，并放在底盘上。

（2）称筛分物料 200g，放在最上层筛上，盖上盖子。

（3）提起振动筛分机固定杆，把含物料的套筛放在振筛上，上面放上圆布。拧紧固定杆左右和上面的螺丝，把套筛固定好。并检查一遍套筛是否已完全固定好。

（4）插上振筛插头，在数显上调节筛分时间到 5s。

（5）按下绿色按钮起动，5s 后振筛自动停机，检查套筛是否固定好，如果没有问题，在数显上调节筛分时间到 10min。

（6）停机后松螺丝，把套筛取下来，称量各筛子筛上产物的重量，并记录。

（7）称量后把 200 目的产物放回原筛上，底盘清空，难筛粒清干净。重复上述筛分过程，再筛 10min，取下并记录筛上筛下的重量。

五、实验数据分析

（1）根据实验数据做一个筛分表格，包括累积产率。

（2）根据上述数据做出粒度累积曲线图。

（3）计算某种金属在各粒级的分布，例如：Fe 在各粒级的分布图。

六、安全注意事项

（1）注意不用湿的手插上或取下电源插座，以及不用左手操作。

（2）注意把振筛上的套筛固定好，如中途有松动现象，马上停机。待固定后重新开机，以免物料振出伤人。

七、思考题

（1）你认为在实验中有哪些需要注意的地方？

（2）测量粒度的意义是什么？

实验二十七　校园环境噪声监测与评价

学校作为文化教育基地，良好的环境有利于师生的身心健康；反之，噪声污染会带来精神疲劳，效率低下等。因此，为了教学、科研及学习各项工作的顺利开展，对校园环境噪声进行监测与评价是十分有必要的。

一、实验目的

（1）掌握某区域内环境噪声监测的方法。

（2）学习如何使用声级计。

（3）了解噪声污染图的绘制方法。

二、监测仪器及条件

（1）实验要求在无雪无雨的天气进行，声级计的传声器应保持清洁，风力超过 3 级需配防风罩，超过 5 级以上的大风停止测量。

（2）实验仪器为精度 2 级的声级计，配三脚架，使用方法参见仪器说明书。

（3）定位仪，准确定位监测点的坐标，后期绘制校园噪声污染情况图需要。

（4）要求声级计的传声器离地面 1.2m 的高度进行测量，监测点位置离任一反射面（除地面）不小于 3.5m，若遇建筑物，测点设置置于建筑物外部。

三、实验步骤

（1）根据《城市区域环境噪声测量方法》（GB/T 14623—1993）将校园划分为适当大小的正方形网格（网格要大小适中，网格过多监测时间会过长，过少则不能代表该区域的噪声实际情况），监测点位应选在每个网格中心处附近的位置，若中心处因地形等其他因素不易于测量，可适当调整测量的位置。

（2）确定白天和夜晚监测时段（白天时段 8：00～22：00，夜晚时段 23：00～6：00），并将其等分为若干个时段（如以小时为单位划分，8：00～20：00 可等分为 12 个时段），每一时段内约 2/3 的时间用于监测，剩余的时间用于休息和处理突发事件，如 1h 内，只需连续测量 40min 即可。测量应避开节假日与非正常工作日。

（3）根据制定的安排表，对每一时段的每一监测点分别进行监测，读数方式用慢挡，每隔 5s 读一个瞬时 A 声级，读取 100 个连续数据，读数的同时要记录附近的主要噪声源（如交通噪声、施工噪声等）和天气条件，对测量点位置进行定位。

四、实验数据结果与处理

将各时段的每个监测点所测得的数据顺序排列，找出 L_{10}、L_{50}、L_{90}，求出等效连续 A 声级 L_{eq}，作为该时段内该点位的环境噪声评价量。根据声环境功能区划分，确定校园属于几类区，应执行几类标准。查阅《声环境质量标准》（GB 3096—2008），找出标准值并将检测结果与标准值对照，判断是否达标。根据监测点测得的数值大小，是否超标以及主要噪声源等，为每一时段设计绘制校园噪声分布情况图。

五、实验注意事项

（1）使用噪声测量仪器前应当阅读使用说明书，避免因仪器种类的不同影响监测数据。

（2）为达到练习的效果，如果仪器有自动处理数据的功能，建议不使用，而是记录数据后手动计算。

（3）若因雨雪大风等自然因素导致某一时刻无法测量，应于日后在同一时间补测。

（4）本次实验时间长，数据量大，应提前做好规划工作并妥善保管实验数据。

六、校园噪声监测流程

（1）制定周全、可行的监测方案，根据校园平面图划分区域确定点位，并合理安排检测时间表。

（2）按照监测方案在各监测点监测不同时段的噪声值并记录其详细情况。

（3）对监测数据进行处理，计算等效连续 A 声级。

（4）查阅我国现行《声环境质量标准》（GB 3096—2008），根据监测结果判断对应区域在某时段内是否达标。

（5）将噪声值用不同的颜色表示，根据结果自行设计绘制每一时段的噪声污染图。

实验二十八　建筑施工场界噪声监测与评价

建筑工地是城市主要噪声来源之一，对于周围有噪声敏感建筑物的建筑施工工地，噪声的监测尤为重要。本次实验将进行建筑工地噪声检测。

一、实验目的

（1）学习如何使用声级计。

（2）掌握建筑施工场界噪声监测的方法。

二、监测仪器及条件

（1）实验要求在无雪无雨的天气进行，声级计的传声器应保持清洁，风力超过 3 级需配防风罩，超过 5 级以上的大风停止测量。

（2）实验仪器为精度 2 级的声级计，配三脚架，使用方法参见仪器说明书。

（3）要求声级计的传声器离地面 1.2m 的高度进行测量，监测点位置离任一反射面（除地面）不小于 3.5m，若遇建筑物，测点设置置于建筑物外部。

三、实验步骤

（1）通过实地考察或通过有关部门提供的建筑方案等方式，确定待测建筑施工场地边界线，并标记出边界线和噪声敏感区之间的距离。确定出建筑工地的作业活动区域与方式，从而初步判断噪声的来源以及强度，最终通过以上信息，在边界线上确定测点，测点原则上应是与敏感建筑物距离最近的点，如果有多个敏感建筑物，可以取多个测点。

（2）仪器读数方式为快挡，分别在昼间和夜间测量噪声值。昼间用 20min 的等效 A 声级数据代表昼间测量值，夜间用 8h 的等效 A 声级代表夜间噪声值。测量期间，施工场所应处于正常活动状态，包括进出施工场地的各类车辆。同时应当记录被测建筑工地及其边界线的示意图；敏感建筑物相对于施工场地的方位、距离以及每个敏感建筑物对应的测点。

四、实验数据处理

将各时段的每个监测点所测得的数据顺序排列，找出 L_{10}、L_{50}、L_{90}，求出等效连续 A 声级 L_{eq}，作为该时段内该点位的环境噪声评价量。查阅《声环境质量标准》（GB 3096—2008），找出标准值并将检测结果与标准值对照，判断是否达标。

五、实验注意事项

（1）使用噪声测量仪器前应当阅读使用说明书，避免因仪器种类的不同影响监测数据。

（2）为达到练习的效果，如果仪器有自动处理数据的功能，建议不使用，而是记录数据后手动计算。

（3）为了使本实验有实际意义，应选择工地正在施工的时段进行测量。

（4）在建筑工地附近活动时注意安全。

实验二十九　　城市道路噪声监测与评价

城市道路是一个城市的重要组成部分，同时也是主要的噪声来源之一，对道路两侧的敏感建筑物，交通噪声会对其造成直接的影响。因此，城市道路的噪声检测与评价是十分重要的。

一、实验目的

（1）掌握声级计的使用方法。
（2）掌握交通噪声检测的方法。

二、监测仪器及条件

（1）实验要求在无雪无雨的天气进行，声级计的传声器应保持清洁，风力超过 3 级需配防风罩，超过 5 级以上的大风停止测量。
（2）实验仪器为精度 2 级的声级计，配三脚架，使用方法参见仪器说明书。
（3）要求声级计的传声器离地面 1.2m 的高度进行测量，监测点位置离任一反射面（除地面）不小于 3.5m，若遇建筑物，测点设置置于建筑物外部。

三、实验步骤

（1）选择待测道路后，通过实地调查确定交通运行特征以及两侧的噪声敏感建筑物分布情况，以此为基础划分出若干典型路段，每个典型路段内选择一个测点进行噪声监测。监测地点原则上应选择在两个交通道路口之间的交通线上，并尽量避免靠近其他噪声源（如人群闹市区、交通枢纽等），一般离马路边沿 20cm，离路口距离大于 50m。
（2）读数方式采用慢挡，每隔 5s 读一个瞬时 A 声级，连续读取 200 个数据（大约 17min），同时记录车流量和最大升级 L_{max}。监测分昼、夜两个时段进行（对昼间和夜间的定义参见《声环境质量标准》（GB 3096—2008））。测量的同时应当记录以下内容：时间、日期、地点、测量人员、测量时间内的气象条件、测点示意图、噪声源以及交通流量等。

四、实验数据处理

将各时段的每个监测点所测得的数据顺序排列，找出 L_{10}、L_{50}、L_{90}，求出等效连续 A 声级 L_{eq}。对于多个检测路段，按路段长度进行加权算术平均，得出此道路的环境噪声平均值。查阅《声环境质量标准》（GB 3096—2008），找出标准值并将检测结果与标准值对照，判断是否达标。

五、实验注意事项

（1）使用噪声测量仪器前应当阅读使用说明书，避免因仪器种类的不同影响监测数据。
（2）为达到练习的效果，如果仪器有自动处理数据的功能，建议不使用，而是记录数据后手动计算。
（3）测量时应避开节假日与非工作日时段。

（4）实验时注意交通安全。

实验三十　机场周围飞机噪声监测

机场附近的建筑通常会受到噪声影响。由于飞机起飞、降落和低空飞行时均会产生较大的噪声，机场通常建立在远离人群密集处的郊区。对机场周围的噪声监测分为精密测量和简易测量。本次实验将采用简易测量方法对机场周围飞机噪声进行监测。

一、实验目的和要求

（1）掌握声级计的使用方法。
（2）掌握机场周围飞机噪声的简易测量方法。

二、监测仪器及条件

（1）实验要求在无雪无雨的天气进行，声级计的传声器应保持清洁，风力超过3级需配防风罩，超过5级以上的大风停止测量。
（2）实验仪器为精度2级的声级计，配三脚架，使用方法参见仪器说明书。
（3）要求声级计的传声器离地面1.2m的高度进行测量，监测点位置离任一反射面（除地面）不小于3.5m，若遇建筑物，测点设置置于建筑物外部。
（4）要求测量的飞机噪声级最大值至少超过环境背景值20dB，测量结果才被认为可靠。

三、实验步骤

（1）在机场附近的噪声敏感点布置测点，如机场附近的村庄、居民点、医院等。
（2）对监测时间内的每一次飞行事件（起飞、降落等）进行数据记录，记录其A声级最大值（L_{Amax}）和实际持续时间（T_d），在飞机高速通过时使用快响应，其他时间使用慢响应。
（3）在没有飞行事件时，测量背景噪声。最终应对飞机起落情况进行统计，包括起降事件、飞行次数、飞行方向等。

四、实验数据分析

飞机的噪声评价通常使用有效感觉噪声级。有效感觉噪声级（L_{EPN}）的测量和计算过程是十分复杂的，通常我们用A声级加15dB来进行估算，计算公式如下：

$$L_{EPN} = L_{Amax} + 10\lg\left(\frac{T_d}{20}\right) + 13$$

对于一段时间内的连续噪声级，通过以下公式计算有效连续感觉噪声级（L_{WECPN}）

$$L_{WECPN} = \overline{L}_{EPN} + 10\lg(N_1 + 3N_2 + 10N_3) - 39.4(dB)$$

式中　$\overline{L}_{EPN}$——N次飞行的有效感觉噪声级的能量平均值；
　　　N_1——白天的飞行次数；

N_2——傍晚的飞行次数；

N_3——夜间的飞行次数。

三段时间的具体划分由当地政府决定。

五、实验注意事项

（1）噪声测量仪器的种类很多，使用前应仔细阅读使用说明书。

（2）测量的飞机噪声级最大值至少超过环境背景值 20dB，测量结果才被认为可靠，必要时需更换测点。

（3）白天和夜间的背景噪声值可能会有区别，建议多测几次环境背景噪声。

实验三十一　监测数据的回归分析

一、实验目的

（1）通过回归分析的方法确定研究各变量之间是否存在相关关系，并预测或控制变量的数值，并学习估计此种控制或预测可达到的精确度。

（2）学习在微机上使用 Excel 软件进行回归分析。

二、实验方法原理

环境监测中通常需要研究各变量之间是否存在相关性，所以需要利用统计学的相关知识，对所采集的统计数据进行数学处理，确定因变量与自变量之间的相关性，从而推算出对应的回归方程，以此为基础逐步外推，从而分析因变量的变动规律。

通过回归分析，我们可以从大量的数据中找出规律，用一个函数来表示所有的监测数据，并且这个函数可以一定程度上反映出因变量与自变量之间的关系。回归分析的基本模型一般可表示为：$Y = f(X, u)$，其中 Y 是因变量，X 是自变量，u 是未知参数。

三、操作步骤

（1）加载和激活分析工具库：

1）单击"文件"选项卡，单击"选项"，然后单击"加载宏"类别。如果使用的是 Excel 2007，请单击" Microsoft Office 按钮 Office 按钮图像"，然后单击"Excel 选项"。

2）在"管理"框中，选择"Excel 加载宏"，再单击"转到"。

3）在"加载项"框中，选中"分析工具库"复选框，然后单击"确定"。

（2）执行回归分析：

1）单击"数据"选项卡，找到"分析"中的"数据分析"，单击。

2）选择"回归"，单击确定。

3）在弹出的窗口中，选择待分析数据的区域（注意 X 值和 Y 值分别选择）和输出区域，在残差一栏中勾选"线性拟合图"可以生成更为直观的图表，如图 1 所示，分析结果将被输出至新工作表。

图1 选择分析项目

4）单击确定，得到分析结果如图2所示。

回归统计	
Multiple R	0.637097
R Square	0.405892
Adjusted R	0.331629
标准误差	12.93218
观测值	10

方差分析

	df	SS	MS	F	ignificance F
回归分析	1	914.0691	914.0691	5.465568	0.047575
残差	8	1337.931	167.2414		
总计	9	2252			

	Coefficients	标准误差	t Stat	P-value	Lower 95%	Upper 95%	下限 95.0%	上限 95.0%
Intercept	28.46595	7.441311	3.825395	0.005051	11.30626	45.62564	11.30626	45.62564
X Variable	1.75109	0.749016	2.337856	0.047575	0.023857	3.478323	0.023857	3.478323

RESIDUAL OUTPUT

观测值	预测 Y	残差
1	35.47031	13.52969
2	31.96813	-5.96813
3	35.47031	-3.47031
4	59.98558	-3.98558
5	54.7323	8.267695
6	38.97249	19.02751
7	40.72358	10.27642
8	56.48339	-5.48339
9	37.2214	-14.2214
10	38.97249	-17.9725

图2 分析结果

四、实验数据分析

利用 Excel 回归分析研究各变量间的相关关系和密切程度，从而发现这一关系与预测的目标之间的影响因素，并从中挑选出主要的影响因素。

五、问题讨论

当回归分析模型出现偏差时，如何通过调整 Excel 程序使得图形能够较准确反映出自变量与因变量间的相关关系？

实验三十二 监测数据的方差分析

一、实验目的

（1）学习掌握方差分析的方法来分析数据，用于研究各影响因素对研究对象的影响程度。

（2）学习在微机上使用 Excel 软件进行方差分析。

二、实验方法原理

环境监测中的各因素的变动都可能在不同程度地影响测量结果，所以通过方差分析影响程度，对标准物质准备、质量控制和方法标准化等工作是至关重要的。

方差分析的原理通俗的解释就是将试验数据的总离散分解为来源于不同因素的离散，并做出数据估计，从而发现各个因素在总离散中所占的重要程度。

以单因素方差分析为例，现假定一个因素 B 具有 c 个水平的因变量，进行方差分析检验，步骤如下。

（1）建立假设：

H_0：$\mu_1 = \mu_2 = \cdots = \mu_c$；

H_1：μ_1，μ_2，$\cdots$，μ_c 不全等。

（2）计算样本均值和样本方差：

$$\bar{x}_j = \frac{\sum\limits_{i=1}^{n_j} x_{ij}}{n_j}$$

式中　$\bar{x}_j$——第 j 个水平的样本均值；

x_{ij}——第 j 个水平的第 i 个数值；

n_j——第 j 个水平的样本容量。

$$S_j^2 = \frac{\sum\limits_{i=1}^{n_j} (x_{ij} - \bar{x}_j)^2}{n_j - 1}$$

S_j^2 是第 j 个水平的样本方差。

（3）计算组间方差：

组间方差记为 MSB，表示是 B 因素的均方：

$$MSB = \frac{\sum_{j=1}^{c} n_j \, (\bar{x}_j - \bar{\bar{x}})^2}{c-1}$$

式中　$\sum_{j=1}^{c} n_j \, (\bar{x}_j - \bar{\bar{x}})^2$——水平项平方和，记为 SSB；

　　　　$c-1$——SSB 的自由度。

$$\bar{\bar{x}} = \frac{\sum_{j=1}^{c} \sum_{i=1}^{n_j} x_{ij}}{n_T}$$

式中　$\bar{\bar{x}}$——总的样本均值；

　　n_T——每个样本容量之和。

（4）组内方差的估计：

组内方差记为 MSE，其计算公式为：

$$MSE = \frac{\sum_{j=1}^{c} \sum_{i=1}^{n_j} (x_{ij} - \bar{x}_j)^2}{n_T - c}$$

式中　$\sum_{j=1}^{c} \sum_{i=1}^{n_j} (x_{ij} - \bar{x}_j)^2$——误差项平方和，记为 SSE；

　　　　$n_T - c$——SSE 的自由度。

（5）构造 F 统计量进行检验：

$$F = \frac{MSB}{MSE} \sim F(c-1, \, n_T - 1)$$

如果 c 个总体均值不相等，则组间方差（MSB）会大于组内方差（MSE）。当 F 值大到某一临界值时，就可以拒绝 H_0。临界值的大小由给定的 α 和自由度决定。所以，当给定显著性水平为 α 时，F 的拒绝域为 $F > F_{\alpha}(c-1, \, n_T - c)$。

（6）方差分析表：

方差分析表				
方差来源	离差平方和	自由度 df	均方 MS	F 值
组间	SSB	$c-1$	MSB	
组内	SSE	$n_T - 1$	MSE	MSB/MSE
总方差	SST	$n_T - c$		

三、操作步骤

（1）加载和激活分析工具库：

1）单击"文件"选项卡，单击"选项"，然后单击"加载宏"类别。如果使用的是 Excel 2007，请单击"Microsoft Office 按钮 Office 按钮图像"，然后单击" Excel 选项"。

2）在"管理"框中，选择"Excel 加载宏"，再单击"转到"。

3）在"加载项"框中，选中"分析工具库"复选框，然后单击"确定"。

（2）执行单因素方差分析：

1）单击"数据"选项卡，找到"分析"中的"数据分析"，单击。

2）选择"方差分析：单因素方差分析"，单击确定。

3）在弹出的窗口中，选择待分析数据的区域（注意行和列）和输出区域，如图 1 所示，分析结果将被输出至新工作表。

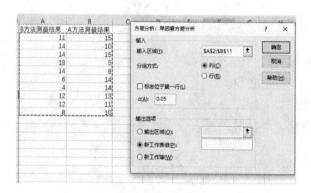

图 1　选择分析项目

4）得到分析结果，如图 2 所示。

SUMMARY						
组	观测数	求和	平均	方差		
列 1	10	113	11.3	17.78889		
列 2	10	115	11.5	10.94444		
方差分析						
差异源	SS	df	MS	F	P-value	F crit
组间	0.2	1	0.2	0.013921	0.907384	4.413873
组内	258.6	18	14.36667			
总计	258.8	19				

图 2　分析结果

其中，*SS* 代表平方和；*df* 代表自由度；*MS* 代表均方（平方和/自由度）；*F* 代表检验统计量；*P*-value 代表观测到的显著性水平；*F* crit 是检验临界值。

四、实验数据处理

用 Excel 方差分析程序验证不同组间数据的差异并进行相应的检验，进而总结对实验对象的影响因素及影响程度。

五、问题讨论

如果 3 组数据均分别服从正态分布且方差齐，但 3 组样本量不同，是否可以进行单因素方差分析？如果要进行组间比较，程序应如何调整，使得结果更为准确？

参 考 文 献

[1] 王晓玉，樊萍．浅谈环境监测的质量控制和质量保证［J］．中国高新技术企业，2017（7）：115-116.

[2] 张琳．浅论环境监测的数据审核与质量保证分析［J］．资源节约与环保，2015（3）：164.

[3] 靳霞．浅谈环境监测中的质量保证［J］．科技与创新，2017（7）：53.

[4] 王向明，黄文．上海市环境监测质量管理规划探讨［J］．环境监测管理与技术，2010，22（3）：1-4.

[5] 俞美香，龚凤兰．对现场监测质量管理的思考［J］．环境科学与技术，2010，33（S1）：158-160.

[6] 袁力．加强环境监测质量管理人员队伍建设的思考［J］．环境监测管理与技术，2010，22（5）：5-7.

[7] 叶付勇．关于我国现行环境监测体制的几点反思［J］．北方环境，2011，23（6）：9-10.

[8] 吴君莲，杜燃利．浅析环境监测技术的应用现状及发展［J］．科技经济导刊，2019，27（18）：102.

[9] 王子胜．环境监测技术的应用现状及发展趋势［J］．中小企业管理与科技（中旬刊），2019（6）：159-160.

[10] 邓梓枫．环境监测技术存在的问题及对策研究［J］．广东化工，2016，43（13）：204-205.

[11] 彭华婷．标准化土壤环境监测技术的应用实践及发展趋势［J］．中国标准化，2017（20）：102-103.

[12] 张嘉浩，过树清．环境监测技术的应用及质量控制方法的探究［J］．资源节约与环保，2018（2）：52-53.

[13] 潘盛宁，郑彬彬，胡义平．环境监测技术的应用及质量控制方法探讨［J］．中小企业管理与科技（上旬刊），2018（7）：163-164.

[14] 田明．关于环境监测技术的应用及质量控制方法的探究［J］．当代化工研究，2017（1）：52-53.

[15] 宋志伟，李胜业．关于环境监测技术的应用及质量控制方法的探究［J］．城市建设理论研究（电子版），2017（10）：281-282.

[16] 杨继明．关于环境监测技术的应用及质量控制方法的探究［J］．环境与发展，2017，29（4）：207-208.

[17] 施玲丽．浅述遥感技术在环境监测中的运用［J］．能源与节能，2017（11）：102-103.

[18] 赵秀红．关于环境监测技术的思考［J］．城市建设理论研究（电子版），2017（29）：197.

[19] 吴晓红，李磊，马玲莉．浅谈计算机技术在环境监测中的应用［J］．资源节约与环保，2016（3）：105.

[20] 贾延波．信息技术在环境监测中的应用［J］．科技传播，2012（24）：140.

[21] 邓权．环境保护工作中环境监测的作用分析［J］．华夏地理，2016（7）：98.

[22] 张郸．城市商业密集区社会生活噪声监测工作的探讨［J］．农家参谋，2018（18）：221.